高等学校电子信息类教材

VHDL 及数字电路验证

VHDL and Digital Circuit Verification

刘树林　刘宁庄　王媛媛　编著

电子工业出版社

Publishing House of Electronics Industry

北京·BEIJING

内 容 简 介

本书内容除绪论外主要分为两大部分：第一部分（第 2～7 章）以理论知识为主，系统介绍硬件描述语言（VHDL）的程序框架及组成、数据类型、数据对象、主要描述语句、语言属性和构造体描述风格，着重于可综合门级电路、使用频率较高的描述语句的学习应用；第二部分（第 8～13 章）围绕数字电路的设计验证展开论述，主要介绍组合和时序逻辑电路设计、状态机设计验证、典型 IP 核的设计验证以及 FPGA 最小系统应用设计。

本书遵循"淡化理论，够用为度"的原则。在理论方面，注重基本概念、基本方法及常用设计方法的学习，淡化复杂、使用频次少的语法，力求通俗易懂，精练实用；在设计验证方面，精心选取了大量通用、工程实践性强的设计实例，通过仿真验证，强化设计理论和设计方法。为巩固学习效果，每章都配有习题。

本书可作为微电子学与固体电子学、电子科学与技术及电气工程等专业的教材或参考书，也可供工程技术人员阅读参考。

本书电子教学课件（PPT 文档）可从华信教育资源网（www.hxedu.com.cn）注册后免费下载，或者通过与本书责任编辑（zhangls@phei.com.cn）联系获取。

图书在版编目（CIP）数据

VHDL 及数字电路验证 / 刘树林，刘宁庄，王媛媛编著. —北京：电子工业出版社，2017.1
高等学校电子信息类教材
ISBN 978-7-121-30250-3

Ⅰ. ①V… Ⅱ. ①刘… ②刘… ③王… Ⅲ. ①硬件描述语言－程序设计－高等学校－教材
②数字电路－高等学校－教材 Ⅳ. ①TP312 ②TN79

中国版本图书馆 CIP 数据核字（2016）第 260110 号

责任编辑：张来盛（zhangls@phei.com.cn）　　特约编辑：王沈平
印　　刷：三河市华成印务有限公司
装　　订：三河市华成印务有限公司
出版发行：电子工业出版社
　　　　　北京市海淀区万寿路 173 信箱　邮编　100036
开　　本：787×1 092　1/16　印张：19　字数：486 千字
版　　次：2017 年 1 月第 1 版
印　　次：2017 年 1 月第 1 次印刷
印　　数：2 500 册　　定价：49.80 元

凡购买电子工业出版社的图书有缺损问题，请向购买书店调换。若书店售缺，请与本社发行部联系。联系及邮购电话：（010）88254888，88258888。

质量投诉请发邮件至 zlts@phei.com.cn，盗版侵权举报请发邮件至 dbqq@phei.com.cn。

本书咨询联系方式：（010）88254467；zhangls@phei.com.cn。

前　　言

随着微电子技术和电子设计自动化（Electronic Design Automation，EDA）的快速发展，现场可编程门阵列（Field Programmable Gate Array，FPGA）正朝着全新一代片上可编程 FPGA 器件（System on Chip FPGA，SoC FPGA）的方向发展。和传统的 FPGA 相比，SoC FPGA 不仅继承了传统 FPGA 器件的功能，而且在性能和容量上有了很大的提升，在器件功能方面也取得了很大的扩展。SoC FPGA 已经从最初的单一逻辑运算角色演变为面向不同应用领域的可优化高速处理平台，即将核心硬件和各类软件平台融合在一起，提供了一种单芯片系统解决方案。硬件描述语言（Hardware Description Language，HDL）作为一种形式化的描述语言，在 FPGA 的发展过程中起到了举足轻重的作用。从诞生到现在，硬件描述语言已经从早期的只能完成单一数字电路描述功能的角色演变为具有大规模、复杂系统行为的描述能力，并可以借助 EDA 软件平台，自上而下地逐层完成相应电路的描述、仿真、优化和综合，直到生成器件。VHDL 语言作为最早出现的硬件描述语言，与其他硬件描述语言相比，具有层次化的设计结构，更强的行为描述能力，丰富的仿真语句和库函数。VHDL 语言的行为描述能力和程序结构决定了 VHDL 语言更适合一些大型复杂系统的早期验证功能的可行性，具备对系统进行仿真模拟的可能性，符合市场化的设计系统高效的特点。VHDL 语言现已成为国际标准语言，也被绝大多数的 EDA 软件和半导体器件厂商所接受，掌握 VHDL 语言正日益成为我国高校大学生和工程技术人员的必备技能。目前，在很多高校的电子相关专业开设了 FPGA 和硬件描述语言两方面的课程，内容和侧重点有所相同。

本书以"淡化理论，够用为度"的原则，在理论学习方面，注重基本概念、基本方法及常用设计方法的学习，淡化语法结构复杂、使用频次少的语句。本书力求通俗易懂，精练实用。在设计验证方面，本书精心选取了大量通用性广、工程实践性强的设计实例，通过仿真验证，强化设计理论和设计方法。为了巩固读者的学习效果，每章都配有一定数量的习题。

本书是编著者依据多年的教学和科研经验，参考大量的国内外优秀教材编写而成的，书中配有丰富的设计实例，并且全部经过仿真验证。全书共 13 章，除绪论外可分为两大部分：第 2～7 章为第一部分，详细介绍 VHDL 硬件描述语言；第 8～13 章为第二部分，详细介绍基于 VHDL 的数字电路设计及验证方法。

第 1 章是绪论，内容包括电路系统的概念、分类及特点，VHDL 语言产生的背景、功能及特点，可编程器件的基本概念及特点。

第 2 章是 VHDL 语言的程序框架及组成，介绍 VHDL 语言的语法规则和命名，以及程序框架和组成。

第 3 章是 VHDL 语言的数据类型，介绍标准的预定义数据类型、用户自定义数据类型和数据类型转换函数。

第 4 章是 VHDL 语言数据对象及运算操作符，介绍数据对象的概念、分类和特点，以及运算操作符的分类。

第 5 章是 VHDL 语言的主要描述语句，介绍并发描述语句和顺序描述语句。

第 6 章是 VHDL 语言的属性，介绍 VHDL 语言预定义的数值类属性、函数类属性、数据类型类属性、数据区间属性和用户自定义属性。

第 7 章是 VHDL 语言构造体的描述方式，介绍行为描述方式、结构化描述方式、数据流描述方式和混合描述方式。

第 8 章是数字逻辑电路设计，介绍简单组合逻辑电路和时序逻辑电路的设计。

第 9 章是状态机设计，介绍状态机的组成、描述风格、状态编码、状态机剩余状态处理方法及状态机的复位方法。

第 10 章是 ModelSim 仿真与测试平台的搭建，介绍 ModelSim 软件的使用方法，测试激励文件的产生方法和测试平台的搭建步骤。

第 11 章是 Quartus II 集成开发环境，介绍 Quartus II 集成开发软件的主要功能、开发流程和一些辅助功能。

第 12 章是 FPGA 器件及开发平台，介绍 Altera 公司 FPGA 芯片的分类、命名和结构特点，以及 FPGA 最小系统和各部分的电路组成。

第 13 章是 FPGA 典型应用设计，介绍 IP 核的概念，若干典型应用实例的设计及验证方法。

"VHDL 及数字电路验证"是微电子科学与工程专业的必修课，是通信工程、测控技术、电子工程等相关电子类专业的选修课，属于一门理论和实践并重的课程。该课程旨在培养学生在集成电路设计方面的前端设计验证能力，是非常注重工程实践的一门课程。

本课程的先修课程是"数字电子技术基础"和"数字逻辑电路设计"。本课程的参考课时为 64～72 学时，实践训练为 10～20 学时，使用者可根据实际情况对内容进行取舍。

本书第 1 章由刘树林编写，第 6、7、8、10、11、13 章由刘宁庄编写，第 2、3、4 章由王媛媛编写，第 5 章由杨波编写，第 9 章由高瑜编写，第 12 章由伍凤娟编写。本书电子教学课件（PPT 文档）可从华信教育资源网（www.hxedu.com.cn）注册后免费下载，或者通过与本书责任编辑（zhangls@phei.com.cn）联系获取。

本书由西安邮电大学电子工程学院副院长杜慧敏教授负责审定。在本书编写过程中，西安邮电学院刘有耀副教授和江南大学物联网工程学院的柴志雷博士提出了宝贵的意见，在此表示衷心的感谢。

在本书的编写过程中，参考了大量的国内外教材和论文，在此向这些文献的作者表示衷心的感谢。

由于编著者水平有限，加之时间仓促，书中难免存在不当之处，敬请广大读者和同行批评指正。

编著者

2016 年 10 月

目　　录

第1章 绪 论

本章简要介绍电路系统的分类和特点、EDA 发展的三个阶段及 VHDL 语言产生的背景和语言特点,并介绍 PLD 器件由简单低密度器件发展至复杂高密度器件的器件特点及器件结构。

1.1 电路系统

1.1.1 电路系统的分类

电路系统所包含的范畴和应用范围非常广泛,功能千差万别,它既可以是常规的消费类电子,也可以是航空、航天类的测控系统,还可以是高电压电子线路。总之,电路系统是一种由半导体元器件及控制芯片组成,具有特定功能及具体参数的电子线路或电子装置。从电路系统的组成及功能进行分类,一般可以把电路系统分为两大类型,即模拟电路子系统和数字电路子系统。电路系统分类及组成框图如图 1.1 所示。

电路系统			
模拟电路系统		数字电路系统	
模拟电压传感器	模拟电流传感器	数字采集电路	数字滤波电路
高频放大电路	低频放大电路	组合逻辑电路	时序逻辑电路
数模转换 (D/A)	模数转换 (A/D)	时钟电路	控制电路
执行结构		输出电路	

图 1.1 电路系统分类及组成框图

1.1.2 模拟电路系统及其特点

模拟电路系统由运算放大器、功率放大器、数据转换器、比较器、稳压器及基准电压电路等组成,完成对模拟电压或电流信号的调理和转换。

模拟电路系统具有以下特点:

(1)系统设计复杂。在模拟电路系统中,其设计具有一定的复杂性,这是因为对于性能要求高的系统,对元器件的要求也非常高,模块化设计要求高,不方便信号传输。

(2)模拟电路发展缓慢。模拟电路发展缓慢的原因是模拟电子线路的频带宽度、精度、增益放大倍数和动态调整范围等方面的问题亟待解决。

(3)技术空间前景广阔。随着微电子技术和半导体工艺的快速发展,模拟电路设计规模不断增大,系统验证时间不断加长,迫切需要稳定性好、可靠性高的单片集成模拟芯片或者数模混合芯片来快速构建复杂的模拟电路系统,以缩短设计验证时间。因此,模拟电路在器件发展及自动测试综合系统方向发展前景广阔。

1.1.3 数字电路系统及其特点

数字电路系统主要完成数字信号的采集、加工、传送、存储和处理功能。无论结构复杂程度如何，它都由一个控制部件统一调度指挥完成。数字电路的表现形式多种多样：它既可以是一个结构单一、功能单一的设计单元，如比较器、加法器或数据分配器，稍微复杂一点的包括交通灯控制器、数字抢答器等；也可以是若干数字逻辑器件组成的具有特定性能的复杂逻辑部件，如 FIR 数字滤波器。不论其复杂程度、规模大小如何，数字电路系统实质上处理的都是一定的数字逻辑电路问题，包括组合逻辑电路和时序逻辑电路。

数字电路具有如下特点：

（1）稳定性好，抗干扰能力强。数字系统所处理的信息是离散的数字量，只处理 1 和 0 两个逻辑电平，因而信号稳定，抗干扰能力强，非常适合远距离的信号传输。数字电路和模拟电路相比，对构成系统的电子元器件要求不高，即能以较低的硬件实现较高的性能。

（2）传输距离远，可靠性高。通过模数、数模转换器，可实现模拟信号的接收和回传，改变了模拟信号传输难的问题，方便实现远距离可靠传输。数字电路系统采用校检、纠错和编码等信息冗余技术，提高了数据处理的能力和传输数据的可靠性。这些技术的应用，使数字系统容易实现多机并行通信和多机组网。

（3）易于存储。大规模集成电路技术发展迅速，使半导体存储器可以存储多帧信号，从而完成用模拟技术不可能达到的处理和存储功能。

（4）模块化程度更高，方便设计。数字系统更容易划分成不同的功能模块，而这些功能模块可由相应的功能部件来实现，从而使系统的设计和各个模块的设计相对独立。数字系统的设计、验证和测试可以脱离系统本身单独测试完成，这样不仅可以提高设计效率、缩短设计周期、增强系统的可靠性，而且可使系统本身更方便管理，具有更强的可移植性。

1.2 VHDL 语言的产生背景、功能及特点

1.2.1 EDA 概念

随着微电子技术及半导体工艺的飞速发展，电路系统的设计复杂程度越来越高，规模也越来越大，电子设计自动化（Electronic Design Automation，EDA）在整个电路设计中所占的比重也越来越大。VHDL 硬件描述语言是随着 EDA 的发展而产生的，是整个 EDA 发展中不可缺失的一个环节。EDA 主要以大规模可编程逻辑器件为设计载体，以硬件描述语言为系统逻辑描述的主要表达方式，利用计算机及计算机专业应用软件，在特定的 EDA 软件平台上完成设计文件的语法检查、软件编译、功能仿真，直至完成对特定目标芯片的适配编译、逻辑映射、时序仿真和编程下载等工作。

1.2.2 EDA 技术发展阶段

1. CAD 阶段

电路原理设计、逻辑设计和印刷电路板的设计一般需要在复杂的技术条件下完成。在计算机辅助设计程序诞生之前，这些设计、绘制工作全都是依赖人工来完成的。

计算机辅助设计（Computer Aided Design，CAD）阶段始于 20 世纪 70 年代，主要采用计

算机辅助软件完成集成电路版图编辑、PCB 布局布线等工作。在 CAD 诞生之前，以 CMOS 工艺为基础的可编程逻辑技术及其器件已经问世，正是半导体工艺技术的发展促进了 CAD 技术的发展。CAD 阶段的特点如下：

- 工具软件功能单一，PCB 软件的采用，将设计人员从大量繁杂且重复性的计算和绘图工作中解放出来。
- 软件兼容性较差，各个工具软件是由不同的公司和专家开发的，只解决了某个领域的问题，各个软件之间输入、输出无法有效实现，因此需要人工处理，大大影响了设计速度。
- 对于大型、复杂的电子系统的设计，由于缺乏统一的规划和行业标准，无法提供系统级的仿真和综合软件。如果在设计后期发现错误，弥补措施将变得不可能，将会大大影响产品的发布时间，致使错失市场先机。

2. CAE 阶段

随着电子计算机辅助设计程序软件的不断开发与应用，随后在较短的时间内 CAD 的功能有了很大的改进与发展。除了纯粹的图形绘制，辅助设计程序软件还能把电路的功能设计，通过电气连接、网络表结合到一起，实现了电子工程设计。

计算机辅助工程（Computer Aided Engineering，CAE）阶段始于 20 世纪 80 年代，可采用计算机程序软件完成原理图输入、电路分析、印刷电路板的布局和布线工作。CAE 阶段的发展推动了 CMOS（互补场效应管）工艺技术，在此阶段出现了现场可编程门阵列器件（Field Programmable Gate Array，FPGA）。硬件描述语言（Hardware Description Language，HDL）的出现促进了 CAE 技术的快速发展，为电子设计自动化阶段奠定了基础。CAE 阶段的特点如下：

- 采用了统一的数据管理技术，可以将各个不同工具及软件集成起来，变成一个功能齐全、验证方便的系统软件；
- 基于单元库的半定制设计方法已经问世，并取得了极大的发展，将集成电路设计推入到大规模集成电路设计阶段；
- 具有自动布线功能及热特性、噪声、可靠性等分析功能的软件，取得了快速蓬勃的发展，电子设计进入早期的电子设计自动化。

3. EDA 阶段

电子设计自动化（Electronic Design Automation，EDA）阶段始于 20 世纪 90 年代，它是一项以计算机为工作平台，融合了应用电子技术、信息处理及智能化技术，进行电子产品自动化设计的新技术。在硬件方面，EDA 技术融合了大规模集成电路制造技术、集成电路版图技术、可编程器件编程技术和自动测试技术；在计算机辅助工程方面，EDA 融合了计算机辅助设计（Computer Aided Design，CAD）、计算机辅助制造（Computer Aided Manufacturing，CAM）、计算机辅助测试（Computer Aided Test，CAT）、计算机辅助分析（Computer Aided Analyzer，CAA）和计算机辅助工程（Computer Aided Engineering，CAE）等技术。

EDA 阶段，在系统设计方法、软件工具等方面进行了彻底的变革，取得了巨大成功。在电子技术设计领域，可编程逻辑器件（如 CPLD、FPGA）的应用，已得到了广泛的普及，这些器件为数字系统的设计带来了极大的灵活性。这些器件可通过软件编程对其硬件结构和工作方式进行重构，从而使得硬件的设计如同软件设计那样方便快捷。EDA 技术的发展极大地改变了传统数字系统电路的设计方法、设计过程和设计观念，促进了微电子技术的迅速发展。

在 EDA 阶段，电子设计工程师除了采用计算机辅助软件作为设计工具，还可在软件 EDA 平台上，采用硬件描述语言 HDL 完成设计文件，然后由 EDA 软件自动地完成编译、仿真、适配和编程下载等工作。EDA 技术的出现，极大地提高了电路设计的效率和可操作性，减轻了设计者的劳动强度。

利用 EDA 工具，电子设计工程师可以从概念、算法、协议等方面开始设计电子系统；同时整个设计的绝大多数工作可以通过计算机软件自动处理完成，包括电子产品的电路设计、IC 版图或 PCB 版图设计和性能分析。EDA 的概念或范畴应用非常宽泛，涉及机械、电子、通信、航空航天、化工、矿产、生物、医学、军事等各个领域。目前 EDA 技术已在各大公司、企事业单位和科研教学部门获得广泛应用。例如，在飞机制造过程中，从图纸设计、性能测试及特性分析到飞行模拟，都可能涉及 EDA 技术。在 EDA 阶段，硬件描述语言的标准得到确立，集成电路设计工艺步入了超深亚微米阶段；同时百万门大规模可编程逻辑器件的诞生，也促进了 EDA 技术的快速发展。

EDA 软件工具可大致分为芯片设计辅助软件、可编程芯片设计辅助软件和系统设计辅助软件等三类。目前，进入我国并具有广泛影响的 EDA 软件是系统设计辅助软件和可编程芯片设计辅助软件，典型的软件有 Protel、Pspice、Multisim、Orcad、Pcad、LSIIogic、MicroSim、ISE、ModelSim 及 Quartus II。这些软件工具都具有较强的功能，一般可用于多个方面。例如，很多软件都可以进行电路设计与仿真，同时还可以进行 PCB 自动布局布线，可输出多种网表文件与第三方软件接口。

在 EDA 阶段，不仅 EDA 软件技术取得了快速发展，而且可编程器件的工艺技术也获得了突破。究其原因，除了 EDA 软件工具，硬件描述语言的诞生和标准化，也大大促进了高密度 PLD 器件的发展。

EDA 阶段的特点如下：
- 基于 FPGA 的 DSP 技术，为高速数字信号处理算法提供了实现途径；
- SOPC（System On a Programmable Chip）步入了大规模应用阶段；
- 电子设计成果以自主知识产权 IP（Intellectual Property）的方式得以明确表达；
- 支持标准硬件描述语言且功能强大的 EDA 软件不断推出；
- 电子技术领域全方位融入 EDA 技术；
- EDA 技术使得电子领域多学科的界限更加模糊，它们相互包容、相互渗透，使系统的性能得到进一步提高。

1.2.3 EDA 技术的研究内容

根据 1.1 节的知识，电路系统可以理解为由若干相互连接、相互作用的基本电路组成的具有特定功能的电路整体。由图 1.2 可知，EDA 技术设计的主体对象为电路及系统。EDA 所涉及的领域包括三种，即印制电路板设计、全定制或半定制 ASIC 设计和 FPGA/CPLD 开发应用。

从图 1.2 可以看出，EDA 技术的研究内容非常广泛，而且涉及的领域非常多：既包括数字电路的设计，也包括模拟电路的设计；既包括 PCB 的设计，也包括涉及微电子领域的版图设计。本教材中侧重 PLD 可编程器件的设计编程，尤其是以 FPGA 作为核心控制部件的系统设计。同时，HDL 语言作为 EDA 阶段的重要标志，已成为打破硬件系统设计和软件系统设计界限的重要工具。软件设计人员可以利用 HDL 语言，设计出符合要求的硬件系统。因此，HDL

语言也是 EDA 软件学习的重要内容。

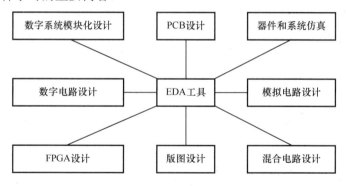

图 1.2　EDA 工具设计主体对象

1.2.4　HDL 语言的概念及分类

1. HDL 语言的概念

HDL（Hardware Description Language，硬件描述语言）是 EDA 技术的重要组成部分，是一种利用文本输入方法描述数字电路和系统的语言。硬件描述语言不仅可以描述硬件电路的端口功能，还可以通过多种方式描述硬件电路的内部功能。利用这种语言，在进行数字电路系统设计时，可以从上层到下层逐层描述每个模块的设计思想，用一系列分层次的模块表示复杂的数字系统。然后利用 EDA 工具，逐层进行仿真验证；再把其中需要变为实际电路的模块进行组合，经过自动综合工具转换到门级电路网表。最后再通过专用集成电路 ASIC 或可编程逻辑器件自动布局布线工具，把网表转换为要实现的具体电路布线结构。　硬件描述语言作为一种高效的设计输入方式，更加擅长复杂硬件电路的特性描述，是自顶向下设计方法的重要设计手段和设计特征。

2. HDL 语言的种类

硬件描述语言种类繁多，常见的有 VHDL、Verilog HDL、ABEL、AHDL、System Verilog 和 SystemC。它们当中有的来源于 Pascal 语言，有的从 C 语言发展而来，而有些已成为 IEEE 标准的 HDL 语言，但大部分仍然是企业标准。其中 VHDL 语言来源于美国军方，而其他硬件描述语言则来源于企业、公司。目前比较有代表性且广泛应用的硬件电路描述语言有：VHDL 语言和 Verilog HDL 语言，两种语言拥有几乎所有主流 EDA 工具的支持，并已成为 IEEE 的标准语言。

3. Verilog HDL 简介

Verilog HDL 是 Verilog 公司推出的硬件描述语言，在 ASIC 设计方面与 VHDL 语言平分秋色，注重门级电路的设计仿真。Verilog HDL 能抽象地表示电路的行为和结构，支持逻辑设计中层次与范围的描述，并且可以简化电路行为的描述。Verilog HDL 具有电路仿真和验证机制，支持电路描述由高层到低层的综合转换。

Verilog HDL 推出较早，是从 C 语言发展而来的，具有 C 语言基础的使用者比较容易掌握，因此 Verilog HDL 拥有更广泛的客户群体和更丰富的资源。早期 Verilog HDL 的缺点是在系统级抽象方面较弱，不太适合特大型的系统；但经过 Verilog 2001 标准的补充之后，系统级表述性能和可综合性能有了大幅度提高。Verilog 语言的发展过程如下：

- Verilog HDL 是 1983 年由 GDA（Gate Way Design Automation）公司的 Philmoorby 首创的；
- 1986 年 Moorby 提出用于快速门级仿真的 Verilog XL 算法，促使 Verilog HDL 语言得以迅速发展；
- 1989 年 Cadence 公司收购 GDA 公司，Verilog HDL 成为 Cadence 公司的私有财产，并于 1990 年公开 Verilog HDL 语言；
- 基于 Verilog HDL 的优越性，IEEE 组织 1995 年制定了 Verilog HDL 的 IEEE 标准，即 Verilog HDL 1364-1995。

1.2.5 VHDL 语言的发展及特点

1．VHDL 语言的发展历程及功能

VHDL 的英文全称是 Very High Speed Hardware Description Language，产生于 EDA 的发展阶段。VHDL 于 1983 年由美国国防部（DOD）发起创建，经过 IEEE 进一步发展，于 1987 年 12 月作为"IEEE-1076 标准"发布。自 IEEE 公布了 VHDL 的标准版本之后，各 EDA 公司也相继推出了自己的 VHDL 设计环境，宣称自己的设计工具支持 VHDL。从此以后，VHDL 在电子设计领域得到了广泛的应用，并逐渐取代了原有的非标准硬件描述语言，成为硬件描述语言的业界标准之一。

VHDL 作为一种硬件描述语言，主要用于设计大规模数字硬件电路和复杂系统，现已逐渐成为设计师们设计数字硬件所必须掌握的工具语言。由于集成电路规模的日趋变大，复杂程度也日益增长，这种语言的优越性也越来越明显。与传统的门级设计方法相比较，VHDL 可以使设计师们能够在更加抽象的层次上把握和描述电路及系统的设计结构与功能特性。

2．VHDL 语言的特点

VHDL 语言具有严谨的语法结构和丰富的语法成份，是一种功能非常强大的硬件描述语言，具有非常强的表达能力。无论是具有超强抽象度的系统级描述，还是具体到 PCB 板级、芯片级、门级描述的电路，它都可以在不同的抽象程度上进行描述，并得到分析验证。同样，和 Verilog 语言一样，它同样支持系统级、寄存器级和门级三种不同层次的设计。基于以上描述，在自顶向下（TOP-DOWN）设计的全过程中都可以使用 VHDL 硬件描述语言进行模拟论证和综合。

3．VHDL 与 Verilog HDL 的特点比较

（1）相同点：
- 这两种语言都是用于数字电子系统设计的硬件描述语言，而且都已经成为 IEEE 标准。VHDL 语言 1987 年成为 IEEE 标准，Verilog 语言 1995 年成为 IEEE 标准。
- VHDL 和 Verilog HDL 都具有电路的描述和建模能力，能从多个层次对数字系统进行建模和描述。例如：由高层到低层的综合转换，形式化地抽象电路的行为和结构；通过电路仿真与验证机制来达到电路设计的正确性，通过寄存器级的描述、综合，转换成门级网表。同时，二者在硬件描述时，电路描述本身与实现的工艺无关，并且大多数 EDA 软件都支持这两种硬件描述语言。

（2）不同点：

- VHDL 来源于军方组织，而 Verilog 起源于民间。
- 从语言本身来看，VHDL 语言比较严谨，类似于结构化的描述语言；而 Verilog HDL 语言类似于 C 语言，语法结构比较灵活，便于快速上手。
- Verilog HDL 是专门为 ASIC 设计而开发的，通常适于对寄存器传输级（RTL）和门级电路的描述，是一种较低级的描述语言。VHDL 语言通常适于对行为（功能）级、寄存器传输级（RTL）和门级电路的描述，是一种高级描述语言，适于对各类系统功能进行描述。
- 在市场占有率上，VHDL 语言和 Verilog HDL 语言各有所长，市场占有率相差不大。Verilog HDL 在亚太市场占有较大比重，而 VHDL 在欧美市场占有主流地位。

总之，HDL 语言具有与硬件电路无关和与设计平台无关的特性，支持现代化的自顶向下的设计模式，并且具有良好的硬件电路描述和建模能力。HDL 语言在程序易读性、层次化和结构化设计方面具有巨大的潜力。因此，HDL 语言是硬件设计领域的一次变革，对复杂电子系统的硬件设计产生了巨大的影响。

1.3　PLD 与 FPGA

随着数字集成电路的高速发展，数字电路的设计规模日益增加，系统复杂程度也越来越高，很多具有特定功能的专用集成电路（Application Specific IC，ASIC）已经很难满足系统设计师们的要求。所有的设计任务完全由 ASIC 承担已不能满足要求，部分设计任务需要在出厂后由客户自行配置完成，因而出现了这种软件可配置、硬件可编程的逻辑器件。

可编程逻辑器件（Programmalbe Logic Device，PLD）是 20 世纪 70 年代发展起来的通用新型数字集成器件，它由基本的的逻辑门电路、触发器和内部连线电路组成，利用配置软件和相关硬件电路进行编程，从而实现特定的数字电路功能。由于半导体工艺技术及 EDA 水平的高速发展，现代的 PLD 和传统的 PLD 相比已经发生了翻天覆地的变化。

根据 PLD 的发展历程、设计结构、集成规模、实现原理、编程方式及应用场合的不同，通常可以将 PLD 分为两大类：简单低密度可编程器件和复杂高密度器件。上述器件经过了集成度从低到高、器件结构从简单到复杂、器件功能从单一到多样化的发展历程。在器件的制作工艺上经历了从严格的双极工艺到采用 CMOS EPROM、SRAM、FLASH 和反熔丝等工艺技术的发展过程。在器件的结构上经历了从早期的与、或门阵列到可编程查找表结构的发展过程。从发展趋势来看，PLD 目前正在向密度更大、可靠性更高、功耗更小和价格更低的方向发展。PLD 的具体分类如图 1.3 所示。

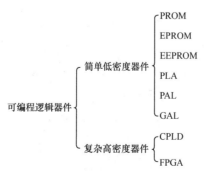

图 1.3　可编程逻辑器件（PLD）分类

从图 1.3 中可以看出，可编程逻辑器件的分类简单，器件类别的数量有限，但 PLD 半导体厂商数量却很繁多，而且性能特点及侧重点也不尽相同，所以读者对于可编程器件的学习，应着重学习每一类器件的基本结构、器件组成、性能特点和编程方式。

1.3.1 简单低密度器件（SPLD）

1. SPLD 的结构特点

SPLD 的基本组成单元为与阵列和或阵列，主要用来实现组合逻辑函数。输入由缓冲器组成，它使输入信号具有足够的驱动能力并产生互补输入信号。通过对编程特征码的编程，输出信号可以提供不同的输出方式，如 GAL 器件，可实现器件的组合输出或寄存器方式输出。输出三态门控制数据直接输出或反馈到输入端。SPLD 的基本结构如图 1.4 所示。

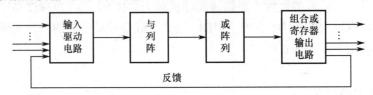

图 1.4　SPLD 的基本结构

PROM、PLA、PAL 和 GAL 四种简单低密度电路结构特点如表 1.1 所示。

表 1.1　SPLD 电路的结构特点

类　型	阵　列		编 程 方 式	输 出 方 式
	与阵列	或阵列		
PROM	固定	可编程	双极性熔丝工艺	三态、可熔极性
PLA	可编程	可编程	双极性熔丝工艺	三态、可熔极性
PAL	可编程	固定	双极性熔丝工艺	三态、I/O，寄存器反馈
GAL	可编程	固定	E^2COMS 工艺	用户定义

从上面的描述可以看出，简单低密度可编程器件是 ASIC 发展的重要阶段，也是其一个重要分支，是厂家作为一种通用性器件生产的半定制器件。用户可以通过对器件编程实现所需要的逻辑功能，具有成本较低、使用灵活、设计周期短的特点。GAL 器件由于具有灵活的输出逻辑宏单元结构（OLMC），可实现不同的组态输出。因此，GAL 器件对 PLA、PAL 器件具有兼容性，可以完全代替 PLA、PAL 器件。GAL 的两种基本型号 GA16V8 和 GAL20V8 可代替数十种 PAL 器件，因而得到广泛的实际应用。

2. 可编程只读存储器（PROM）

PROM 器件为可编程只读存储器，采用熔丝工艺编程，出厂后只能写入一次，不能擦除和重写。PROM 器件由不可编程的与阵列和可编程的或阵列构成。常用的 PLD 门阵列交叉点上的连接方式，即固定连接单元、可编程连接单元和可编程未连接单元、未连接单元的符号如图 1.5 所示。

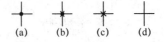

图 1.5　PLD 交叉点表示符号

从图 1.5 可以看出，十字交叉点，若为黑点，表示固定连接，即为不可编程，如图 1.5（a）所示；若不仅为黑点，而且在交点打了叉，则表示为可编程操作，且已经连接，如图 1.5（b）所示；交点仅仅打了叉，表示信号可编程操作，但未连接，如图 1.5（c）所示；无叉无点表示未连接，如图 1.5（d）所示。

PLD 采用的常用电路符号如图 1.6 所示，输入为与门阵列，输出为或门阵列。其中，（a）为多输入与门电路，（b）为多输入或门电路，（c）为互补输出缓冲器的表达形式。可以看出，逻辑符号采用简化、易懂的方式完成。

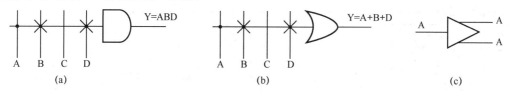

图 1.6　PLD 采用的常用电路符号

3．可编程逻辑阵列（PLA）

PROM 的与阵列固定且不可编程，实际相当于一个译码器，可产生输入变量的所有最小项；然而随着输入信号的增多，最小项数呈指数增长，并且绝大多数的逻辑函数并不需要所有的最小项，于是诞生了与阵列和或阵列均可编程的 PLA 器件。PLA 器件诞生于 20世纪 70 年代中期，由于这种器件资源利用率低、价格偏高、编程较复杂，因此并未得到广泛的应用。

4．可编程阵列逻辑（PAL）

PLA 和 PROM 相比，其资源利用率得到了提高。由于 PLA 器件的与阵列和或阵列均可编程，于是造成了软件算法复杂，工艺实现难度增大，而且降低了器件的速度。因此，在 1977年美国 MMI 公司率先研发出了或阵列固定、与阵列可编程的可编程阵列逻辑器件，英文缩写为 PAL。PAL 器件采用熔丝编程方式，双极性工艺制造，因此器件的工作速度较高。由于 PAL器件的输出结构种类很多，设计灵活，因而成为第一个普遍使用的可编程逻辑器件，如PAL16L8。

5．通用阵列逻辑（GAL）

通用阵列逻辑（GAL）和可编程阵列逻辑（PAL）的主要区别是，GAL 的输出结构可由用户自定义，是一种灵活可编程的输出结构。GAL 的每一个输出端都集成了一个输出逻辑宏单元（Output Logic Macro Cell，OLMC）。GAL 的两种基本型号 GAL16V8（20 引脚）和 GAL20V8（24 引脚）可代替数十种 PAL 器件。

1.3.2　CPLD

复杂可编程逻辑器件（CPLD）诞生于 20 世纪 80 年代，是一种在 PAL 和 GAL 的基础上发展起来的超大规模集成芯片，适用于设计较大规模的数字逻辑电路。CPLD 大多采用 E^2CMOS 和 FLASH 工艺制作 CMOS、EPROM、E^2PROM 和快闪存储器（Flash Memory）等编程技术，因而具有高密度、高速度和低功耗等特点。CPLD 已广泛应用于网络、仪器仪表、汽车电子、数控机床、航天测控设备等领域。

1. CPLD 的基本结构

以 Altera 的 MAX7000 CPLD 为例（其他型号的结构与此非常相似）这种 CPLD 结构可分为 3 部分，分别为可编程逻辑阵列块（Logic Array Block，LAB）、可编程互连阵列（Programmable Interconnect Array，PIA）和可编程输入输出控制模块（I/O Control Block）。部分 CPLD 还集成了 RAM、双口 RAM 和 FIFO，以适应 DSP 应用设计的要求。其基本结构如图 1.7 所示。

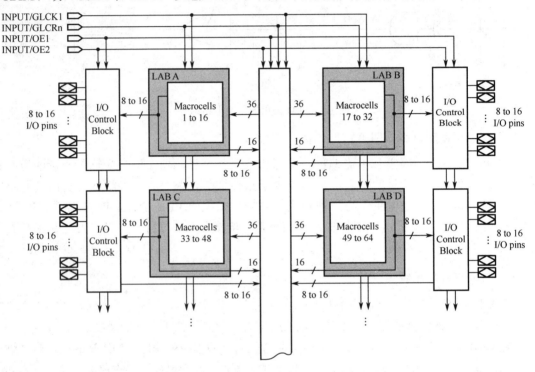

图 1.7 MAX7000A 器件基本结构

1）逻辑阵列块

在图 1.9 所示的基本结构中，核心组成部分为 LAB，而 LAB 是由 16 个宏单元组成的。多个 LAB 之间通过可编程连线阵列（PIA）和全局总线连接在一起，全局总线由所有的专用输入、I/O 引脚和宏单元馈给信号。因此，每个 LAB 包括以下 3 种输入信号：

* 来自 PIA 的 36 个通用逻辑输入信号；
* 用于辅助寄存器功能的全局控制信号；
* 从 I/O 引脚到寄存器的直接输入信号。

2）宏单元

宏单元的基本结构与 SPLD 类似，通过改变与或逻辑阵列来完成时序逻辑或组合逻辑。器件的宏单元可以单独配置成时序逻辑或者组合逻辑工作方式，宏单元连同 I/O 引脚一起，称为输出逻辑宏单元。每个宏单元由逻辑与阵列、乘积项选择矩阵和可编程寄存器等 3 个功能块组成。每个宏单元含有一个扩展乘积项，可供其所在 LAB 内的任意或全部宏单元使用和共享，以便实现更加复杂的功能。

3）扩展乘积项

扩展乘积项的功能是补充单独宏单元逻辑资源不足的问题。由于每个宏单元的 5 个乘积项数量有限，因此借助于共享和并联的方式，可以增加输入信号的数量，完成较复杂的逻辑功能。共享扩展项是自身宏单元预留的，反馈到逻辑阵列的反向乘积项。并联扩展项是当自身宏单元输入门数不足时，借助于临近宏单元的乘积项。这样的结构可以保证在综合时，用尽可能少的逻辑资源得到尽可能快的速度，并将器件的资源利用到最佳状态。

4）可编程连线阵列

可编程连线阵列（Programmable Interconnect Array，PIA）将各 LAB 相互连接在一起，构成所需的逻辑函数。通过 PIA 可把器件中任一信号源连接到其目的地，即将所有 MAX7000A 的专用输入、I/O 引脚和宏单元输出均馈送到 PIA，PIA 可把这些信号送到器件内的各个位置。PIA 是构成整个 CPLD 器件功能的传输枢纽。只有每个 LAB 所需的信号才真正通过 PIA 连接在一起。

5）I/O 控制块

输入/输出控制单元是内部信号到 I/O 引脚的接口部分，可控制 I/O 引脚单独地配置为输入、输出或双向工作方式。所有 I/O 引脚都有一个三态缓冲器，每个三态缓冲器由全局使能信号控制，或者把使能端直接连接到地（GND）或高电平（VCC）上。当三态缓冲器的控制端接地时，其输出为高阻态，此时 I/O 引脚可作为专用输入引脚；当该控制端接高电平时，输出使能有效。

2. CPLD 器件的编程

早期的 SPLD 中的 PROM 器件存储单元采用熔丝或反熔丝工艺，利用二极管、晶体三极管或场效应管的开关状态存储数字信息。熔丝工艺是将熔断丝串联在存储单元的位线与三极管的发射极之间，在写入数据时只需要将存入 0 的那些存储单元的熔丝烧断即可，如图 1.8 所示。

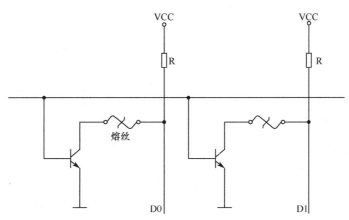

图 1.8　熔丝工艺的存储方式

反熔丝工艺用绝缘件代替熔丝，在写入数据 1 时将存储单元的绝缘件击穿，使位线与三极管的发射极导通。总之，无论是熔丝工艺还是反熔丝工艺，编程只能是一次性的，不能重复编程。

EPROM 工艺通过紫外线照射存储单元使之存储的电荷泄放,写入数据时需要较高的编程电压将电荷注入;因为操作过于复杂,成本较高,而且速度较低,因此没有得到较好的推广。E^2PROM 工艺可以用电信号擦除信息,但擦除和写入信息时也需要高电压,所以通常情况下其工作在可读状态,且存储单元结构复杂。Flash 工艺兼顾了 E^2PROM 工作速度和 EPROM 结构简单的优点,程序擦除和写入时不需要编程器,高压脉冲产生电路和编程控制电路集成在存储芯片中,工作电压 5V 即可完成编程。该编程方式的使用,使器件的集成度、编程速度、可靠性均得到明显的改善,被称为"快闪"。

CPLD 器件采用 E^2PROM 或 Flash 工艺,所设计的电路信息断电后能保留。向 CPLD 内存放所设计的结构信息称为编程,编程次数超过 1 万次。CPLD 器件通过编程器将 EDA 综合软件产生的编程数据直接传输给指定的 CPLD 器件,这一技术称为系统可编程(In System Progammalble,ISP)。

1.3.3 FPGA

1. 概述

现场可编程门阵列(Field Programmable Gate Array,FPGA)是在 SPLD、CPLD 等可编程器件的基础上进一步发展起来的高密度可编程器件。目前,FPGA 已在社会各生产领域得到了广泛的运用,是当今电子系统中不可缺少的组成部分,在电子系统中起着关键作用。它是作为专用集成电路(ASIC)领域中的一种半定制电路而出现的,既解决了定制电路的不足,又克服了原有可编程器件门电路数有限的缺点。目前 FPGA 的品种很多,有 Xilinx 的 XC 系列、TI 公司的 TPC 系列、Altera 公司的 Cyclone 系列等。

FPGA 是由存放在片内 RAM 中的程序来设置其工作状态的,因此,工作时需要对片内的 RAM 进行编程。用户可以根据不同的配置模式,选用不同的编程方式。加电时,FPGA 芯片将配置芯片中的数据读入片内编程 RAM 中;配置完成后,FPGA 进入工作状态。掉电后,FPGA 恢复成初始状态,内部逻辑关系不复存在,因此 FPGA 能反复使用。当需要修改 FPGA 功能电路时,只需重新给配置芯片下载不同的配置数据即可。当同一片 FPGA 配置不同的编程数据时,可以产生不同的电路功能。

主从模式可以支持一片 PROM 编程多片 FPGA;串行模式可以采用串行 PROM 编程 FPGA;外设模式可以将 FPGA 作为微处理器的外设,由微处理器对其进行编程。基于查找表技术的 FPGA 具有以下特点:

- 采用 FPGA 设计 ASIC 电路时,用户不需要投片生产,就能得到合适的芯片;
- FPGA 可用作其他全定制或半定制 ASIC 电路的中试样片;
- FPGA 内部具有丰富的触发器和 I / O 引脚;
- FPGA 是 ASIC 电路中设计周期最短、开发费用最低、风险最小的器件之一;
- FPGA 采用高速 CMOS 工艺,功耗低,可以与 CMOS、TTL 电平兼容。

2. FPGA 的分类

FPGA 发展迅速,按逻辑功能、器件结构、连线类型及编程方式可分为四大类,具体分类如图 1.9 所示。按逻辑功能的大小分类,FPGA 分为粗粒度 FPGA 和细粒度 FPGA。细粒度 FPGA 的逻辑功能块较小,资源可以充分利用;但是伴随着设计密度的增加,信号的路径延时也将增加，从而影响器件的整体速度。粗粒度 FPGA 的逻辑功能模块大，功能强，可以用相对数量较少的功能块和内部连线完成较复杂的逻辑功能，获得较好的性能；但缺点是资源不能得到充分利用。从器件结构上分类，可分为查找表结构、多路开关结构和多级与非门结构。根据内部连线结构的不同，FPGA 可分为分段互联型 FPGA 和连续互联型 FPGA 两类。分段互联型 FPGA 中具有多种不同长度的金属线，各金属线之间通过开关矩阵或反熔丝编程连接，布线灵活方便，但布线延时无法预测；连续互联型 FPGA 利用相同长度的金属线，连接与距离远近无关，布线延时是固定的和可预测的。根据编程方式，FPGA 可分为一次编

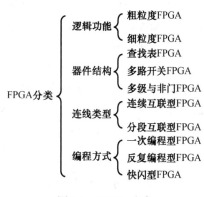

图 1.9　FPGA 分类

程型和可重复编程型两类。一次编程型 FPGA 采用反熔丝开关元件，具有体积小、集成度高、互连线特性阻抗低、寄生电容小和高速度的特点，此外还具有加密位、防复制、抗辐射、抗干扰、无须外接 PROM 或 EPROM 特点；但其只能一次编程，比较适合用于定型产品及大批量应用。可重复编程型 FPGA 的显著优点是可反复编程，系统上电时，给 FPGA 加载不同的配置数据就可以完成不同硬件的功能，甚至可在系统运行中改变配置，实现系统功能的重构。快闪型 EPROM 型 FPGA 具有非易失性和可重复编程的特点。

3．FPGA 的结构特点

目前绝大多数的 FPGA 器件都采用基于 SRAM 的查找表结构。而查找表结构最关键的就是查找表技术（Look Up Table，LUT）。LUT 本质上是一个四输入的查找表，是一个四位地址线的 16×1 比特位的 RAM。当用户通过原理图或硬件描述语言完成设计输入，再经过 PLD 开发软件综合成基本的门级电路后，就把综合结果存入 RAM。当输入不同的地址时，通过 LUT 查找表，可获取相应的逻辑表达式所对应的结果。

世界著名的半导体公司 Altera、Xilinx 和 Lattice 均有 FPGA 器件供应，如 Altera 公司的 Startix、Cyclone 系列，Xilinx 公司的 Spartan、Virtex 系列，Lattice 公司的 EC/ECP、XP 系列，均获得了市场的认可和广泛应用。

1.3.4　器件供应商及第三方软件介绍

1．半导体供应商

随着可编程逻辑器件应用的日益广泛，许多 IC 制造厂家已经涉足 PLD/FPGA 领域。目前世界上有十几家生产 CPLD/FPGA 的公司，最大的 3 家分别是 Altera、Xilinx 和 Lattice，其中 Altera 和 Xilinx 占有 60%以上的市场份额。

1）Altera 公司

Altera 公司于 1983 年成立，中文名称为阿尔特拉，总部位于美国加州，是一家专业设计、生产和销售高性能、高密度可编程逻辑器件（PLD）及相应开发工具的公司。Altera 公司是可编程芯片逻辑解决方案的倡导者，可帮助系统和半导体公司快速、高效地实现创新，突出产品优势，赢得市场竞争。Altera 公司在 20 世纪 90 年代以后发展很快，是全球最大的可编程逻辑器件供

应商之一。2015 年 12 月，英特尔斥资 167 亿美元收购了 Altera 公司。Altera 公司的主要产品系列为 MAX3000/7000、FLEX10K、APEX20K、ACEX1K、Stratix 和 Cyclone 等。Altera 公司在推出各种可编程逻辑器件的同时也在不断升级其相应的开发工具软件，开发工具软件已从早期的 A+PLUS、 MAX+PLUS 发展到目前的 MAX+PLUSⅡ、Quartus 和 QuartusⅡ。MAX+PLUSⅡ和 QuartusⅡ具有完全集成化、易学易用的可视化设计环境，还具有工业标准 EDA 工具接口，并可运行在多种操作平台上。

厂商网址：http://www.altera.com.cn/。

2）Xilinx 公司

Xilinx 公司于 1984 年成立，中文名称为赛灵思，总部位于美国加州，是 FPGA 的发明者，老牌 FPGA 公司，是全球最大可编程逻辑器件供应商之一；产品种类较全，主要有 XC9500、Coolrunner、Spartan 和 Virtex 等，开发软件为 ISE。通常，在欧洲和美国使用 Xilinx 公司产品的人多，在日本和亚太地区公司产品用 Altera 的人多。由于全球 PLD/FPGA 产品 60%以上是由 Altera 和 Xilinx 提供的，因此可以讲 Altera 和 Xilinx 共同决定了 PLD 技术的发展方向。

厂商网址：http://www.xilinx.com/。

3）Lattice 公司

Lattice 公司于 1983 年成立，中文名称为莱迪思，总部位于美国俄勒冈州波特兰市，是 ISP 技术的发明者。ISP 技术极大地促进了 PLD 产品的发展，与 Altera 和 Xilinx 相比，其开发工具略逊一筹。Lattice 公司是全球智能互连解决方案市场的领导者，提供市场领先的 IP 和低功耗、小尺寸的器件；其主要产品有 ispMACH4000、iCE、ECP 以及 MachXO 系列等。

厂商网址：http://www.latticesemi.com/。

4）Actel 公司

Actel 公司于 1985 年成立，中文名称为爱特，总部位于美国纽约，是反熔丝（一次性烧写）PLD 的领导者。由于反熔丝 PLD 抗辐射、耐高低温、功耗低、速度快，所以在军品和宇航级产品上有较大优势。Altera 和 Xilinx 则较少涉足军品和宇航级产品市场。

除了反熔丝系列，Actel 公司还推出了可重复擦除的 ProASIC3 系列。Actel 器件都基于 Flash 结构，无须配置；而 Altera、Xilinx 和 Lattice 都是采用 SRAM 结构，掉电数据丢失，所以需要一块配置芯片。Actel 的 FPGA 与其他公司相比，其另一个优点就是上电即运行。

厂商网址：http://www.actel.com/。

5）Cypress 公司

Cypress 公司于 1982 年成立，中文名称为赛普拉斯，总部位于美国加州。Cypress 公司的 PLD 产品包括 PSoC 可编程片上系统系列。PLD/FPGA 虽然不是 Cypress 公司的主要业务，但也有一定的用户群体。Cypress 公司可提供各种高性能、混合信号、可编程解决方案。

厂商网址：http://www.cypress.com。

6）Quicklogic 公司

Quicklogic 公司于 1988 年成立，总部位于美国加州，是一家专业  PLD/FPGA 公司。它以一次性反熔丝工艺为主，有一些集成硬核的 FPGA 比较有特色，其通用 FPGA 产品系列是 pASIC、2&3 和军用系列产品，嵌入式产品系列有 QucikRAM、QucikPCI 和 QuickDSP 系列。

厂商网址：http://www.quicklogic.com/。

7）Atmel 公司

Atmel 公司于 1984 年成立，中文名称为爱特梅尔，总部位于美国加州圣约瑟市。Atmel 公司是非易失性存储技术的领先者，主要产品包括通用非易失性存储器、微控制器和可编程逻辑器件。FPGA 系列产品包括 AT6000 系列、AT40K（5V）和 AT40KAL（3.3V）。Atmel 公司为 SRAM FPGA 和 Xilinx 提供的高密度、高性能和低成本的配置存储器，在品质上与原厂家还有一些差距，在高可靠性产品中使用较少，多用在低端产品上。2016 年，Atmel 公司被美国芯片制造商微芯科技（Microchip Technology）以 36 亿美元收购。

厂商网址：http://www.atmel.com/。

2．第三方软件公司

EDA 工具软件厂商三巨头为 Cadence、Synopsys 和 Mentor Graphics。

1）Cadence 软件公司

Cadence 公司于 1988 年成立，总部位于美国加州圣何塞。Cadence 公司是全球最大的电子设计技术、程序方案服务和设计服务供应商，EDA 产品涵盖了电子设计的整个流程，包括系统级设计，功能验证，IC 综合及布局布线，模拟、混合信号及射频 IC 设计，全定制集成电路设计，IC 物理验证，PCB 设计和硬件仿真建模等。

Verilog HDL 是在 C 语言的基础上发展起来的一种硬件描述语言，语法较自由。目前 ASIC 设计大多采用这种语言。Verilog HDL 语言是美国 Cadence Design Systems 公司于 1983～1984 年组织开发的。

公司网址：http://www.cadence.com/。

2）Synopsys 软件公司

Synopsys 公司于 1986 年成立，中文名称为新思，总部位于美国加利福尼亚州。Synopsys 公司是逻辑综合技术商品化的先驱，致力于复杂集成电路、FPGA 和系统级芯片（System on Chip，SoC）仿真、综合和验证工具的开发。典型工具软件有 LEDA，是可编程的语法和设计规范检查工具，它能够对全芯片的 VHDL 和 Verilog 描述或者两者混合描述进行检查，加速 SoC 的设计流程。工具软件 FPGA Compiler 提供针对 FPGA 和 CPLD 实现的逻辑综合工具，具有优化时序、功耗和面积的功能。工具软件 PrimePower 提供动态功耗的门级仿真和分析，可精确分析基于门级的设计的功耗问题。

公司网址：http://www.synopsys.com/。

3）Mentor Graphics 公司

Mentor Graphics 公司于 1981 年成立，总部位于美国的俄勒冈州。

Mentor Graphics 公司是全球电子设计自动化的领导厂商，提供一系列关键验证工具，种类繁多，主要涉及系统单芯片验证系列、硬件描述语言与 FPGA 设计、实体设计与分析软件和电路板与系统级设计等 4 个方面。Mentor Graphics 公司开发的 ModelSim 是硬件描述语言仿真软件，它能提供友好的仿真环境，是业界唯一的单内核支持 VHDL 和 Verilog 混合仿真的仿真器。它采用直接优化的编译技术、Tcl/Tk 技术和单一内核仿真技术，编译仿真速度快，编译的代码与平台无关，便于保护 IP 核，其个性化的图形界面和用户接口可为用户加快调试提供强有力的手段。因此，ModelSim 是 FPGA/ASIC 设计的首选仿真软件。

ModelSim SE 支持 PC、UNIX 和 Linux 混合平台，可提供全面、完善和高性能的验证功能，全面支持业界广泛的标准。

公司网址：https://www.mentorg.com.cn/。

习题

1. 什么是电路系统？电路系统通常分为几类，各有何特点？
2. EDA 的发展分为哪几个阶段，各有何特点？
3. VHDL 与 Verilog 的异同点是什么？
4. 试分析图 1.10 所示电路，写出 F 的逻辑函数表达式。
5. SPLD 器件分为哪几类，各有什么特点？
6. CPLD 的结构由哪几部分组成，每部分实现什么功能？

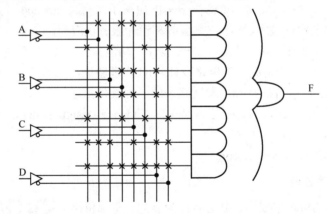

图 1.10　习题 4 用图

第 2 章 VHDL 程序框架及组成

2.1 概述

VHDL 语言具有很强的电路描述和建模能力，能从多个层次对数字系统进行建模和描述，从而大大简化硬件设计任务，提高设计效率和可靠性。VHDL 语言具有与具体硬件无关和与设计平台无关的特性，具有良好的电路行为描述和系统描述能力。VHDL 语法格式严谨，抽象描述能力强，因而很适合为系统电路建立抽象硬件电路模型。这种与硬件电路无关的模型经过 EDA 工具的综合处理后，最终可以生成具体的门级网表或者版图参数描述的工艺文件。整个过程通过 EDA 工具自动完成，大大减小了设计人员的工作复杂度，缩短了设计周期，提高了产品设计的成功率。

由于 VHDL 语言已作为一种 IEEE 的工业标准，因此其设计文件具有较强的规范性，设计文件可以非常方便地移植和复用在不同的设计中。

VHDL 语言主要用于描述数字系统的结构、行为和功能接口。VHDL 的语言形式、描述风格与高级程序语言类似；但在执行方式上，一般的程序语言是顺序执行方式，而 VHDL 语言是并行执行方式。VHDL 语言具有以下突出优点：

- 系统硬件描述能力强，适合复杂项目的团队合作开发；
- 超强的行为描述能力可以避开底层器件结构的设计；
- 设计者可以不懂硬件结构，而进行独立设计；
- 由于符合 IEEE 标准，设计模块容易实现共享和复用；
- 丰富的仿真语句和库函数，可使系统设计的前期评估得到可靠验证；
- 语法严谨，程序结构清晰，易于实现层次化设计。

2.2 语法规则及命名

2.2.1 书写规定

在具体讲解 VHDL 语言之前，经常需要对语义和用法进行解释，为了更好地阐述语法规则，本书采取了一些书写习惯。当然，这些书写习惯也是自然语言使用的符号。为了便于学习者掌握这些书写规定及其含义，现逐项列举如下：

保留字	用大写字母表示
数据类型	用大写字母表示
库	用大写字母表示
标识符	用小写字母表示
语句描述	用小写字母表示
简化书写	用尖括号"< >"表示
任选项	用方括号"[ ]"表示
注释项	用 "--"表示

2.2.2　标识符

标识符主要用于命名或标识 VHDL 设计中的一个项目内容，包括实体名、构造体名、程序包名、程序包体名、元件名、配置名、过程名、函数名、常量名、变量名、信号名和文件名等。

VHDL 中的标识符分为两种：基本标识符和扩展标识符。VHDL'87 标准仅允许使用基本标识符，而不允许使用扩展标识符。但是 VHDL'93 和 VHDL2001 标准既支持基本标识符，也支持扩展标识符。在命名标识符时，一定要遵循这些规范，一个合法的标识符必须遵循以下规则：

- 组成的字符集：大写字母 A~Z，小写字母 a~z，数字 0~9，下画线 "_"；
- 长度不能超过 32 个有效字符序列；
- VHDL 的基本标识符由若干字符组成；
- 不允许下画线连用和用下画线结束；
- 任何保留字都不能用作标识符；
- 首字符必须是字母开头；
- 所有的标识符和保留字不区分大小写；
- 单引号和双引号括起来的字符应区分大小写。

常见错误标识符举例：

data__out;	--连续使用了两个下画线
a1_;	--以下画线结尾
_a0;	--以下画线为首
8bitcounter;	--以数字为首
data@in;	--使用了非法字符
constant	--保留字
a<="xxxxxxxx";	--x 用小写字母是错误的

正确标识符举例：freq，clk_divide_8，rom_table，data_out，constant10，datain，a<="XXXXXXXX"。

但是，有两种情况是例外，即用单引号括起来的字符常数和用双引号括起来的字符串，这时大写字母和小写字母是有区别的。虽然所有的标识符和保留字不区分大小写，但在本教材中，所有保留字、数据类型及专用字一律用大写字母，而用户自定义的描述语句一律用小写字母，如标识符、数据对象名和子程序名等。这样书写的目的是使程序的可读性增强，便于程序的维护和移植。

2.2.3　扩展标识符

同名的扩展标识符和基本标识符是不同的，扩展标识符是区分大小写的。例如：\a\和\A\是不同的标识符。

扩展标识符用反斜杠来界定，例如：\data_table\。

扩展标识符可以包含图形符号和空格等，例如：\data @ _bus\。

扩展标识符的两个反斜杠之间可以使用保留字，例如：\ENTITY\。

扩展标识符的两个反斜杠之间可以用数字开头，例如：\8_data_table\。

扩展标识符允许多个下画线相连，例如：\data _ _ _ table\。

扩展标识符中如果含有一个反斜杠，这时则应该用相邻的反斜杠来代替。例如：如果扩展标识符的名称为 data\bus，那么此时的扩展标识符应该表示为\data\\bus\。

2.2.4 保留字及专用字

在 VHDL 中，被预留用于专门用途的标识符称为保留字（RESERVED WORD）。保留字代表着组成 VHDL 模型的基本架构，所以不允许再用作普通的标识符来表示其他用途。为了避免设计中误用，表 2.1 给出了 VHDL2001 标准包含的全部保留字。

表 2.1　VHDL2001 标准包含的全部保留字

ABS	ACESS	AFTER	ALIAS	ALL	AND	ARCHITECTURE
ARRAY	ASSERT	ATTRIBUTE	BEGIN	BLOCK	BODY	BUFFER
BUS	CASE	COMPONENT	CONFIGURATION	CONSTANT	DOWNTO	DISCONNECT
ELSE	ELSIF	END	ENTITY	EXIT	FILE	FOR
FUNCTION	GENERATE	GENERIC	GROUP	GUARDED	IF	IMPURE
IN	INERITIAL	INPUT	IS	LIRARY	LINKAGE	LITERAL
LOOP	LABEL	MAP	MOD	NAND	NEW	NEXT
NOR	NOT	NULL	OF	ON	OPEN	OR
OTHERS	OUT	POSTPONED	PROCEDURE	PROCESS	PROTECTED	PURE
PACKAGE	PORT	RANGE	RECORD	REGISTER	REJECT	REM
REPORT	RETURN	ROL	ROR	SRA	SRL	SUBTYPE
SELECT	SEVERITY	SHARED	SIGNAL	SLA	SLL	THEN
TO	TRANSPORT	TYPE	UNAFFECTED	UNITS	UNTIL	USE
VARIALBE	WAIT	WHEN	WHILE	WITH	XNOR	XOR

除了保留字，VHDL 中还有一些类型字和专用字也不允许作为标识符使用。一些常用的类型字和专用字如表 2.2 所示。

表 2.2　常用的类型字和专用字表

ACTIVE	BIT	BIT_VECTOR	BOOLEAN	CHARACTER	DELAYED
ERROR	EVENT	FAILURE	FALSE	HIGH	IMAGE
INTEGER	LEFT	LENGTH	LINE	LOW	NATURAL
NOTE	POSTIVE	QUIET	READ	READLINE	READ_MODE
REAL	RIGHT	SIGNED	STABLE	STRING	STD_LOGIC
TEXT	TIME	TRANSACTION	TRUE	UNSIGNED	WARNING
WRITE	WRITELINE	STD_LOGIC_VECTOR		APPEND_MODE SEVERITY_LEVEL	WRITE_MODE

2.3 VHDL 基本架构

一个完整的 VHDL 程序包括 5 部分，它们分别是库（LIBRARY）、实体（ENTITY）、构造体（ARCHITECTURE）、配置（CONFIGURATION）和包集合（PACKAGE）。对于一个基本的 VHDL 程序，必不可少的组成部分为库（LIBRARY）、实体（ENTITY）和构造体

（ARCHITECTURE）。VHDL 程序的完整架构如图 2.1 所示。

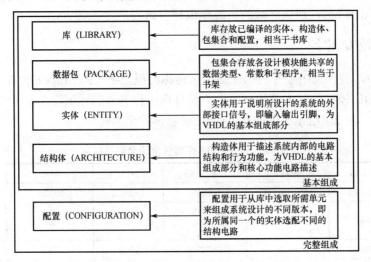

图 2.1　VHDL 程序的完整架构

2.3.1　设计库

1.　库的概念

库（LIBRARY）是经编译后的常用数据的集合，它存放包集合定义、实体定义、构造体定义和配置定义。除此之外，库中还存放着当前设计中所需要的所有设计单元，设计者可以通过库进行查询和调用。库中不仅可以存放系统已经编译好的设计单元，也可以将用户自定义且验证无误的设计成果存放到库中，以实现代码的重用和设计共享。在 VHDL 设计程序中，库的描述总是放在设计实体（ENTITY）的最前面，库的调用在系统仿真、综合软件编译时完成。在一个设计单元中，库是必不可少的，而且可以同时调用多个库，包括用户自定义库。总之，库的建立和声明，可以使 VHDL 的代码结构更加清晰。

2.　库的声明及调用

使用库之前，首先要对库进行声明，只有在库声明之后，才可以在设计中调用库中的代码。
库的声明格式：

```
LIBRARY 库名;
```

库的调用格式：

```
USE 库名.数据包名.设计单元;
```

例 2-1　库的声明及调用举例。

```
LIBRARY IEEE;
USE IEEE.STD_LOGIC_1164.ALL;
```

特别注意：

（1）在 VHDL 程序中，可以存在多个不同的库，但各个库之间是相互独立的，不能相互嵌套。

（2）STD 库和 WORK 库在实际设计中是不需要声明的，它们都是默认可见的，设计系统会自动调用它们当中的函数或设计实体。

3. 库的作用范围

库的作用范围只受限于一个设计单元的开始到结束，包括它所属的实体、构造体和配置语句等。因此在一个源文件中出现不同的设计单元时，若不同的设计单元调用同样的库，则必须在每个设计单元前单独声明。

例 2-2 库的作用范围举例。

```
LIBRARY IEEE;
USE IEEE.STD_LOGIC_1164.ALL;
ENTITY com1 IS                    --库作用范围开始
END com1;
ARCHITECTURE archi OF com1 IS
END archi;                        --库作用范围结束
LIBRARY IEEE;
USE IEEE.STD_LOGIC_1164.ALL;
ENTITY com2 IS                    --库作用范围开始
END com1;
ARCHITECTURE archi OF com2 IS
END archi;                        --库作用范围结束
```

4. 库的分类

目前，常用 VHDL 库可以归纳为 5 个，它们分别是 IEEE 库、STD 库、ASIC 矢量库、WORK 库和用户自定义库，其中常用的是 IEEE 库、STD 库和 WORK 库。

1）IEEE 库

IEEE 库是最常用的资源库，库中包含的包集合有 STD_LOGIC_1164、NUMERIC_BIT、NUMERIC_STD、MATH_REAL、MATH_COMPLEX、VITAL_TIMING 和 VITAL_PRIMITIVES，这些包集合是 IEEE 正式认可的标准包集合。SYNOPSYS 公司也提供一些包集合，如 STD_LOGIC_ARITH、STD_LOGIC_UNSIGNED。这些包集合虽然没有得到 IEEE 的承认，但是仍汇集在 IEEE 库中。

数据包 STD_LOGIC_1164 包括以下内容：定义了 STD_LOGIC、STD_LOGIC_VECTOR、STD_ULOGIC 和 STD_ULOGIC_VECTOR 等多值逻辑系统；数据包 STD_LOGIG_ARITH 定义了有关算术运算的设计单元，包括有符号和无符号的数据类型、相关算术运算函数和数据类型转换函数等。经常用到的函数有 CONV_INTEGER(A)、CONV_UNSIGNED(A)、CONV_SIGNED(A)和 CONV_STD_LOGIC_VECTOR(P，B)。

2）STD 库

STD 库是 VHDL 设计环境的标准库，在库中有名称为"STANDARD"的包集合。由于STD 库是 VHDL 的标准配置，因此设计者调用"STANDARD"包集合中的数据时，可以不用显式调用，仿真软件会自动加载调用。STD 库中还包含名为"TEXTIO"的包集合。"TEXTIO"包集合完成 VHDL 仿真与磁盘文件之间的交互，使 VHDL 的仿真功能扩展到文本文件。在使用"TEXTIO"包集合中的数据时，应先说明库和包集合名，然后才可以使用该包集合中的数据。

例 2-3 STD 库声明举例。

```
LIBRARY STD;
USE STD.TEXTIO.ALL;
```

3）ASIC 库

为了进行门级仿真，器件公司均提供面向 ASIC 的逻辑门库，该库中存放着与逻辑门一一对应的设计实体。为了使用面向 ASIC 的库，对库进行说明是必要的。

4）WORK 库

WORK 库是当前工作库，即在当前工程中的所有的设计文件所存放的库。使用该库无须进行其他声明，系统会自动加载 WORK 库。

5）用户自定义库

用户可以将已经反复验证无误的设计，包括共用包集合和设计实体等汇集在一起定义成一个独立的库，构成用户自定义库或用户库。此库可以供其他设计实体使用。

例 2-4 用户自定义库举例。

```
LIBRARY  lib_user;
USE  lib_user.mypkg.ALL;
```

在上例中，用户自定义的库名为 lib_user，在该库中调用了 mypkg 的数据包。根据设计需要，用户可以在 mypkg 中添加已经设计、验证无误的设计实体、子程序、数据类型和数据客体。

2.3.2 包集合

和库相比，包集合（PACKAGE）归属于某一个确定的库，若将库类比成图书馆的某一类型的书库，如工业库、外语库等，那么包集合则相当于库中的书架。在包集合汇集了 VHDL 语言中所要用到的信号定义、常数定义、数据类型、元件语句、函数定义和过程定义等部件单元。包集合是一个已经编译的设计单元，也是库结构中的一个子单元。使用包集合时首先要指定一个库，然后指定包集合，最后指定包集合中的某个设计单元或者全部。

包集合的结构如下：

```
PACKAGE 包集合名  IS
[说明语句];
END  包集合名;
PACKAGE BODY  包集合名 IS
[说明语句];
END  包集合名;
```

一个包集合（PACKAGE）由两大部分组成：包集合标题（HEADER）和包集合体（BODY）。包集合标题列出所有项的名称，包括数据类型和函数的调用说明，为必选项；包集合体（PACKAGE BODY）具体给出各项的细节，包括描述实现该函数功能的语句和数据的赋值语句，是一个可选项。包集合标题和包集合体分开描述有利于编译的单元数目尽可能地减少。

例 2-5 调用包集合举例。

```
USE IEEE.STD_LOGIC_1164.ALL;
```

该语句的含义是使用 IEEE 库中名称为 STD_LOGIC_1164 包集合中所有定义或说明项。

例 2-6 包集合的定义举例。

```
PACKAGE std_logic_1164 IS
TYPE std_ulogic IS  ( 'U', 'X', '0', '1', 'Z', 'W', 'L', 'H', '-' );
TYPE std_ulogic_vector IS ARRAY ( NATURAL RANGE < > ) OF std_ulogic;
SUBTYPE std_logic IS resolved std_ulogic;
TYPE std_logic_vector IS ARRAY ( NATURAL RANGE < >) OF std_logic;
FUNCTION resolved ( s : std_ulogic_vector ) RETURN std_ulogic;
END STD_LOGIC_1164;          --包集合头定义结束
PACKAGE  BODY STD_LOGIC_1164  IS
FUNCTION resolved ( s :std_ulogic_vector ) RETURN std_ulogic IS
VARIABLE result : std_ulogic := 'Z';
BEGIN
    IF (s'LENGTH = 1) THEN  RETURN s(s'LOW);
    ELSE
        FOR i IN s'RANGE LOOP
        result := resolution_table(result, s(i));
    END LOOP;
END IF;
RETURN result;
END resolved;
END STD_LOGIC_1164;
```

STD_LOGIC_1164 包集合是所属 IEEE 库中非常重要的一个系统预定义包。在例 2-6 中，随机抽取了该包集合部分对象及函数，声明了名称为 std_ulogic 和 std_ulogic_vector 的数据类型，名称为 std_logic 和 std_logic_vector 的子数据类型，名称为 resolved 的判决函数。包集合体中对判决函数 resolved 进行了功能描述。

例 2-7 自定义数据包举例。

```
LIBRARY IEEE;
USE IEEE.STD_LOGIC_1164.ALL;
PACKAGE mypkg IS
CONSTANT k:INTEGER:=4;
TYPE instruction IS (add,sub,adc,inc,srf,slf);
SUBTYPE cpu_bus IS STD_LOGIC_VECTOR(k-1 DOWNTO 0);
FUNCTION add (a,b:IN INTEGER) RETURN INTEGER;
END mypkg;
PACKAGE BODY mypkg IS
FUNCTION add (a,b:IN INTEGER) RETURN INTEGER IS
VARIABLE result: INTEGER;
BEGIN
result:=a+b;
RETURN result;
```

在例 2-7 中，自定义了名称为 mypkg 的包集合。在该包集合中，声明了常量 k、枚举类型 instruction、函数 add。在包集合体中，包括了 add 的函数体描述。

2.3.3 实体

实体（ENTITY）是 VHDL 语言的基本单元，是对电子系统外特性的描述，用于描述设计系统的外部接口信号，即电路的输入/输出引脚描述。通俗地讲，如果用 VHDL 描述一款芯片，则实体可以理解为该芯片的所有输入、输出和输入/输出引脚。

实体描述结构：

```
ENTITIY 实体名 IS
        [类属参数说明];              --可选项
        端口信号描述;               --必选项
END ENTITIY 实体名;
```

1. 类属参数（GENERIC）说明

类属参数为实体描述的可选组成部分，位置说明必须放在端口说明之前，常用于指定参数，它是实体描述的可选项。类属参数为该设计实体提供一定的参数信息，包括延时信息、矢量宽度和数据范围等参数信息。其格式如下：

```
GENERIC （参数名 1：数据类型 1：=静态初始值 1,
         参数名 2：数据类型 2：=静态初始值 2,
         参数名 n：数据类型 n：=静态初始值 n);
```

例 2-8 GENERIC 举例。

```
GENERIC(delay_time:TIME:=1 ns, m: INTEGER:=1);
```

例 2-8 示例的含义是：GENERIC 中声明了两个参数，分别是 delay_time 和 m。在 VHDL 程序中，构造体中的参数 delay_time 的值为 1 ns，m 的值为整型数。这两个参数在当前设计实体中是不能发生改变的；而在更高层次的设计调用时，此参数可以被更高层次的设计实体映射改变，因此可提高设计实体的可重用性和可移植性。

2. 端口描述

端口描述是实体描述中必不可少的组成部分，为设计实体与外部接口的描述，也可是外部引脚信号的名称。可见，端口描述实际上是对端口信号的描述。端口描述包括端口名称、信号模式及端口类型三个方面的信息。具体的描述格式如下：

```
PORT (端口名称 1，端口名称 2：信号模式 端口类型 1;
       端口名称 3：端口模式 端口类型 2;
       ...
       端口名称 n-1，端口名称 n：端口模式 端口类型 m);
```

端口名称是赋予每个外部引脚的名称，名称的含义要明确，通常由英文字母的缩写或数字共同组成，应尽量做到通俗易懂，"顾名"即可"思义"。比如，D 开头的端口名表示数据，A 开头的端口名表示地址，clk 表示时钟信号，RESET 表示复位信号等。

任何一个 ASIC 专用芯片，在芯片引脚信号上，除了电源和地引脚，常见的信号模式有 4 种类型，即输入模式（IN）、输出模式（OUT）、输入输出模式（INOUT）和缓冲输出模式

（BUFFER）。端口模式的示意图如图 2.2 所示。

四个端口类型描述如下：

- 输入模式和输出模式是单向引脚，而 INOUT 为双向引脚；
- 缓冲输出模式是一个输出引脚，但该模式的信号可以供本电路内部使用，是一个伪双向端口；
- OUT 类型的端口是不能供内部使用的。

每一个端口模式的信号模式、类型及含义如表 2.3 所示。

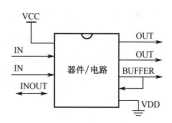

图 2.2　端口模式示意图

表 2.3　端口的信号模式、类型及含义

信号模式	类型	含义
IN	输入	输入，不能用作信号输出
OUT	输出	输出（构造体内部不能再使用），OUT 允许对应多个信号
INOUT	输入，输出	真正的双向端口类型
BUFFER	缓冲输出	输出（构造体内部可再使用），允许对应一个信号

BUFFER 与 OUT 的区别：

BUFFER 为伪双向端口，OUT 为单向输出端口。BUFFER 在作为输出端口的同时，可以被内部构造体使用，而 OUT 则不允许。因此，当底层设计实体的端口信号类型为 BUFFER 时，顶层映射的信号也要用 BUFFER 类型完成，而 OUT 则无此要求。二者的区别如图 2.3 所示。

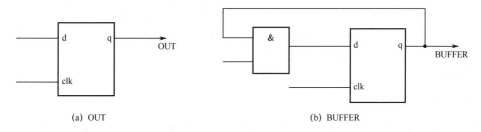

(a) OUT　　　　　　　　　　　　(b) BUFFER

图 2.3　BUFFER 与 OUT 的区别

信号的端口类型很多，常见的有 BIT、BIT_VECTOR、STD_LOGIC 和 STD_LOGIC_VECTOR 等，第 3 章将会对数据类型进行详细讨论。

在名称的定义上，必须严格按照标识符的要求定义，不允许与 VHDL 保留的关键字发生冲突，而且名称的定义应尽量做到简单易懂，这样程序的可读性和可维护性会大大提高。

例 2-9　图 2.4 是一个 3/8 译码器芯片 74LS138，它的 ENTITY 可以描述如下：

```
ENTITY ls_138 IS
PORT(a,b,c,g1,g2a,g2b:IN STD_LOGIC;
ny0,ny1,ny2,ny3,ny4,ny5,ny6,ny7:OUT STD_LOGIC);
END ls_138;
```

优化端口描述：

```
ENTITY ls_138 IS
PORT(a,b,c,g1,g2a,g2b:IN STD_LOGIC;
ny:OUT STD_LOGIC_VECTOR(7 DOWNTO 0));
END ls_138;
```

例 2-10 CD4094 是带输出锁存和三态控制的串入并出高速转换器，具有使用简单、控制灵活和驱动能力强等优点。图 2.5 是芯片 CD4094 的外围引脚图，现用 VHDL 的实体描述其外围端口，代码如下：

```
ENTITY cd_4094 IS
PORT(stb,data,clk:IN STD_LOGIC;
q:OUT STD_LOGIC_VECTOR(7 DOWNTO 0);
qs,nqs:OUT STD_LOGIC;
END cd_4094;
```

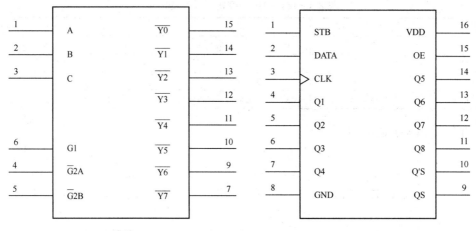

图 2.4 74LS138 器件引脚   图 2.5 CD4094 器件引脚

2.3.4 构造体

1. 构造体的含义及概念

构造体（ARCHITECTURE），或称为结构体，是 VHDL 语言的核心组成部分。构造体和实体构成 VHDL 语言的基本设计单元。构造体中具体地描述了待描述硬件电路的行为模型、寄存器的组成电路和内部逻辑元件的连接关系，即构造体定义了设计单元具体的功能。构造体对实体的描述可以用 3 种方式完成，即行为描述（基本设计单元的数学模型描述）、寄存器传输描述（数据流描述）和结构描述（逻辑元件连接描述）。不同的描述方式，只是不同描述语句所体现的描述风格不同而已，而构造体的结构是完全一样的。

由于构造体是实体功能的具体描述，因此构造体的描述位置在实体的后面。通常，在编译实体之后才能对构造体进行编译。如果实体需要重新编译，那么相应的构造体也应重新进行编译。

一个设计实体可有多个构造体，代表实体的多种实现方式。各个构造体的地位相同，并通过配置来完成实体和构造体的选配关系，此内容在介绍 CONFIGURATION 时将详细讲述。

2. 构造体的语法结构

完整的构造体主要包括两部分，以关键字 BEGIN 划分：关键字 BEGIN 前为第一部分，即声明部分，用以声明内部信号、常量、数据类型、函数和部件；关键字 BEGIN 后为第二部分，即为设计描述部分，用来描述电路的功能，是整个设计的核心部分。3 种不同设计风格的描述均在此区域完成，而且具有并行触发的硬件电路特点。构造体的语法结构如下：

```
ARCHITECTURE 构造体名 OF 实体名 IS
```

```
    [定义语句];
    BEGIN
    [并行处理语句];
END ARCHITECTURE 构造体名;
```

3．构造体的名称

设计者可以对构造体的名称自由命名,但一般要遵循一定的命名规范,尽量做到一目了然。通过构造体名称,使得阅读 VHDL 程序的读者能直接了解设计者所采用的描述方式。OF 后面紧跟的实体名表明该构造体所属是哪一个实体,IS 表示构造体命名的结束。对于所属的实体而言,构造体名称是所属实体的唯一名称。

例 2-11　构造体命名举例。

```
ARCHITECTURE behavioral OF entity_name IS        --行为描述
ARCHITECTURE data_flow OF entity_name IS         --数据流描述
ARCHITECTURE structural OF entity_name IS        --结构化描述
ARCHITRCTURE archi OF entity_name IS             --普通名称描述
```

4．声明语句

声明语句为构造体的选配部分,根据设计的需要,决定是否要进行内部信号、常量、数据类型、子函数和子部件的声明。

例 2-12　构造体声明举例。

```
ARCHITECTURE behav OF mux IS
SUBTYPE digit IS INTEGER RANGE 10 DOWNTO 0;--整数子类型定义
TYPE week IS (sun,mon,tue,wed,thu,fri,sat);--枚举类型定义
SIGNAL bus:STD_LOGIC_VECTOR(7 DOWNTO 0);--信号定义
CONSTANT m:INTEGER:=8; --常量定义
PROCEDURE  add_p(a:IN digit;b:IN digit;q:OUT digit) IS --过程函数声明
BEGIN
    q:=a + b;
END PROCEDURE;
FUNCTION  add_f(a:IN digit;b:IN digit) RETURN digit IS  --函数声明
VARIABLE tem:digit;
BEGIN
    tem:=a + b;
RETURN tem;
END FUNCTION;
COMPONENT com1 IS          --组件声明
GENERIC(m:TIME:=1 ns);
PORT(d0,d1,sel:IN BIT;q:OUT BIT);
END COMPONENT;
BEGIN
END ARCHITECTURE behav;
```

在例 2-12 的构造体描述中,在构造体的声明区声明了子类型(digit)、枚举类型(week)、整数常量(m)、总线信号(bus)、过程子程序(add_p)、函数子程序(add_f)和部件名为 com1 的声明。在结构体的描述区语句为空。

2.3.5 配置

1. 配置的定义

配置（CONFIGURATION）用于把特定的构造体关联到一个确定的实体，为复杂的系统设计提供项目管理和工程组织。配置描述的是层与层之间的连接关系以及实体与结构之间的连接关系。

2. 配置的功能

设计者可以利用配置语句来选择不同的构造体，使构造体与待设计的实体相对应。在仿真某一个实体时，可以利用配置来选择不同的构造体，进行性能对比试验后获取性能最佳的构造体。

3. 配置的格式

```
CONFIGURATION 配置名 OF 实体名 IS
    FOR 选配的结构体名
END FOR;
END 配置名;
```

配置语句根据不同情况，其说明语句有简有繁，下面举例予以说明。

例 2-13 用 VHDL 语言描述一个组合电路，输入为 8421BCD 码。当输入对应的十进制数 $3 \leqslant x \leqslant 6$ 时，组合函数输出为 1。分别用与非门和或非门实现该组合电路。

（1）分析。可以采用两种设计方案：第一种方案采用的基本元件是反相器和与非门；另一种方案采用的基本元件是反相器和或非门。由于采用的电路结构不同，因而两种构造体的描述是不一样的，但是可以通过配置语句实现不同构造体和实体的连接。

（2）设 8421BCD 码的输入信号为 a、b、c、d，其中 a 为最高有效位；设输出逻辑信号为 y，且规定 $3 \leqslant x \leqslant 6$ 时 y=1，否则 y=0。根据题意，可列出的真值表如表 2.2 所示。

表 2.4 8421 BCD 码真值表

a	b	c	d	y	a	b	c	d	y
0	0	0	0	0	1	0	0	0	0
0	0	0	1	0	1	0	0	1	0
0	0	1	0	0	1	0	1	0	d
0	0	1	1	1	1	0	1	1	d
0	1	0	0	1	1	1	0	0	d
0	1	0	1	1	1	1	0	1	d
0	1	1	0	1	1	1	1	0	d
0	1	1	1	0	1	1	1	1	d

（3）y 的卡诺图如图 2.6 所示。

（4）逻辑表达式计算。

从图 2.6 可以化简 y 的与或表达式为：$y = b\overline{d} + b\overline{c} + \overline{b}cd$。利用摩根定律对其进行变换，得与非逻辑表达式如下：

$$y = \overline{\overline{b\overline{d} + b\overline{c} + \overline{b}cd}} = \overline{\overline{b\overline{d}} \cdot \overline{b\overline{c}} \cdot \overline{\overline{b}cd}}$$

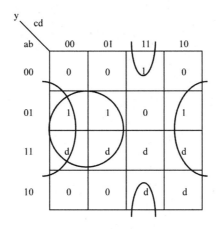

图 2.6　卡诺图化简

或非门的逻辑表达式如下：

$$y = \overline{(b+d)(b+c)(\overline{b}+\overline{c}+\overline{d})} = \overline{\overline{(b+d)(b+c)(\overline{b}+\overline{c}+\overline{d})}}$$
$$= \overline{\overline{(b+d)} + \overline{(b+c)} + \overline{(\overline{b}+\overline{c}+\overline{d})}}$$

（5）实现的电路图如图 2.7 和图 2.8 所示。

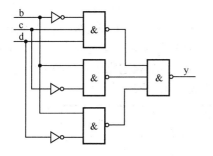　　　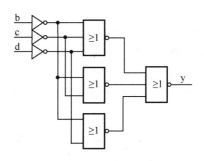

图 2.7　用与非门实现　　　　　　　图 2.8　用或非门实现

（6）用 VHDL 分别描述图 2.7 和图 2.8 所示的电路。其代码如下：

```
LIBRARY IEEE;
USE IEEE.STD_LOGIC_1164.ALL;
ENTITY bcd_8421 IS
PORT (a,b,c,d:IN STD_LOGIC;
      y:OUT STD_LOGIC);
END bcd_8421;
ARCHITECTURE arhch_1 OF bcd_8421 IS
SIGNAL nb,nc,nd,tem1,tem2,tem3:STD_LOGIC;
BEGIN
  nb<=NOT b;
  nc<=NOT c;
  nd<=NOT d;
  tem1<= NOT (nb AND c AND d);
  tem2<= b  NAND nc;
  tem3<= b  NAND nd;
  y<=NOT(tem1 AND tem2 AND tem3);
```

```
END arhch_1;
ARCHITECTURE arhch_2 OF bcd_8421  IS
SIGNAL nb,nc,nd,tem1,tem2,tem3:STD_LOGIC;
BEGIN
  nb<=NOT b;
  nc<=NOT c;
  nd<=NOT d;
  tem1<= NOT (nb OR nc OR nd);
  tem2<= b   NOR c;
  tem3<= b   NOR d;
  y<=NOT(tem1 OR tem2 OR tem3);
END arhch_2;
CONFIGURATION cf_nand OF bcd_8421 IS
          FOR arhch_1
END FOR;
END cf_nand;
CONFIGURATION cf_nor OF bcd_8421 IS
          FOR arhch_2
END FOR;
END cf_nor;
```

从 VHDL 描述代码可以看出，不同的两个构造体对应同一个设计实体，配置实现了设计实体和构造体的一一对应关系。名称为"cf_nand"的配置建立了构造体名称为"arhch_1"和实体名为"bcd_8421"的对应关系；而名称为"cf_nor"的配置建立了构造体名称为"arhch_2"和实体名为"bcd_8421 的对应关系。具体的配置示意图如图 2.9 所示。

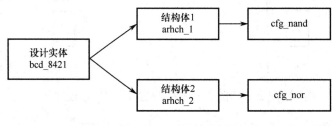

图 2.9 配置示意图

（7）采用综合软件对上述配置 cf_nand 和 cf_nor 程序进行语法分析编译后，获得相应的 RTL 原理图如图 2.10 和图 2.11 所示。

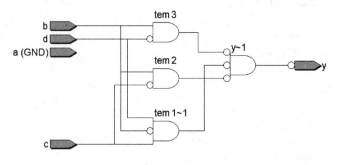

图 2.10 与非门 RTL 原理图

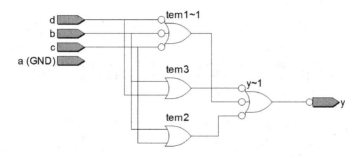

图 2.11　或非门 RTL 原理图

从 RTL 原理图与设计原理图的比较可以看出，图 2.10 和图 2.7 是一致的，而图 2.11 和图 2.8 是一致的。

（8）仿真结果如图 2.12 所示。

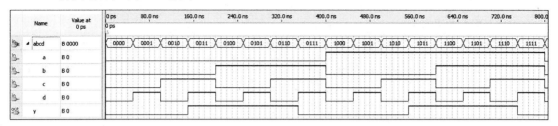

图 2.12　8421 BCD 码的仿真结果

从仿真结果可以看出，针对唯一的设计实体，不同的构造体描述会产生截然不同的 RTL 原理图和门级电路，但功能仿真的结果是一致的，可见对同一设计实体有多种不同的描述方法，而且是符合设计要求的。

总之，一个设计实体可对应多个构造体，代表实体的多种实现方式。各个构造体的地位相同，只是描述电路的风格及实现的功能存在差异。在实际的仿真和综合电路时，一个设计实体只能对应唯一的构造体描述方式。要正确运用 VHDL 语言完成一个数字逻辑电路的描述，除了掌握必备的硬件语言知识，扎实的逻辑代数、触发器、组合逻辑电路和时序逻辑电路的知识也是必不可少的。数字逻辑电路知识虽不是本教材的重点内容，但在后面章节中将会涉及。

2.4　小结

本章主要介绍了 VHDL 语言的语法规则及命名、语言框架组成，包括设计库、包集合、实体、结构体、构造体和配置，要着重熟悉并掌握实体和构造体的结构。

习题

1．简述 VHDL 的程序组成及各自的功能。
2．简述 LIBRARY 和 PACKAGE 的区别。
3．简述端口类型 INOUT 和 BUFFER 的异同。
4．采用端口描述方式描述器件 ADC0832。
5．采用端口描述方式描述一个带有清零和复位端的 8 位锁存器的引脚图。

第3章 VHDL 语言数据类型

经过前面内容的学习，读者已初步掌握了 VHDL 语言的基本组成和框架。一个完整有效的 VHDL 代码，必须正确地使用 VHDL 的数据类型。本章将学习 VHDL 的所有基本数据类型，尤其是那些可以综合的数据类型。此外，本章还将对数据类型的兼容性和数据类型的相互转换进行介绍。

3.1 数据类型概述

VHDL 硬件描述语言和其他高级语言类似，具有多种数据类型。它们对于大多数数据类型的定义和使用是一致的，如系统预定义的数据类型。然而，VHDL 除了系统预定义数据类型，还有自定义数据类型。另外，在学习数据类型时，要区分哪些数据类型是可综合的，哪些数据类型适用于模型仿真验证，这一点在学习时非常重要。

VHDL 中的数据类型大致可以分成两大类：

- 标准的预定义数据类型；
- 用户自定义的数据类型。

在使用数据类型时，下面的几个概念必须明晰：

- 一个数据对象只能具有一个特定的数据类型；
- 对某对象进行操作的类型必须与该对象的数据类型相匹配，否则将会造成错误描述；
- 具有不同数据类型的对象之间不能直接进行赋值操作，中间要完成相关的数据类型转换。

这些规则的遵循将使得所描述的 VHDL 程序更加可靠，更加容易调试，不易犯错。所以，即使对于一些简单的操作，也要通过调用数据类型转换函数才能完成。

3.2 标准预定义数据类型

VHDL 标准的预定义数据类型共有 12 种，它们都能在 VHDL 标准程序包（PACKAGE）中找到出处。常见的标准预定义数据类型如表 3.1 所示。

在实际使用中，数据包 STANDARD 中定义的所有预定义数据类型已隐式调用进 VHDL 的源文件中，因而不必通过 USE 语句以显式调用。在 IEEE 1076 和 IEEE 1164 标准中包括一系列预定义的数据类型。例如，这些数据类型可以在下面的包集合中找到详细的描述：

- STD 库的 STANDARD 包集合：定义了位（BIT）、布尔（BOOLEAN）、整数（INTEGER）和实数（REAL）数据类型。
- IEEE 库的 STD_LOGIC_1164 包集合：定义了 STD_ULOGIC、STD_ULOGIC_VECTOR、STD_LOGIC 和 STD_LOGIC_VECTOR 数据类型。
- IEEE 库的 STD_LOGIC_ARITH 包集合：定义了 SIGNED 和 UNSIGNED 数据类型，以及 CONV_INTEGER(p)、CONV_UNSIGNED(p,b)和 CONV_STD_LOGIC_ VECTOR(p,b) 等数据类型转换函数。

- IEEE 库的 STD_LOGIC_SIGNED 和 STD_LOGIC_UNSIGNED 包集合：定义了一些函数，这些函数可以使 STD_LOGIC_VECTOR 类型的数据进行类似于 SIGNED 和 UNSIGNED 类型数据一样的运算。

表 3.1　标准的预定义数据类型

序号	数 据 类 型	含　义	可综合性
1	BOOLEAN	FALSE 或 TRUE，用于逻辑关系运算	可综合
2	BIT	取值为逻辑 0 或逻辑 1，用于逻辑运算	可综合
3	BIT_VECTOR	基于 BIT 类型的数组，用于逻辑运算.	可综合
4	STD_LOGIC	标准九值逻辑	可综合
5	STD_LOGIC_VECTOR	标准九值逻辑矢量类型	可综合
6	INTEGER	取值范围：$-(2^{31}-1)\sim(2^{31}+1)$，用于数值计算。	可综合
7	REAL	取值范围：$-1.0\times10^{38}\sim1.0\times10^{38}$	不可综合
8	TIME	时间单位：fs, ps, ns, us, ms, s（sec），min, h（hr）	不可综合
9	CHARACTER	ASCII 字符，通常用单引号括起来	不可综合
10	SEVERTIY LEVEL	NOTE, WARNING, ERROR, FAILURE	不可综合
11	NATURAL	整数的子集	不可综合
12	STRING	字符矢量	不可综合

3.2.1　可综合数据类型

1. 布尔量（BOOLEAN）

VHDL 中最重要的预定义枚举类型之一是类型布尔量。布尔量具有两种状态，是一个二值逻辑，即"真"或者"假"。虽然布尔量是二值枚举量，但和位（BIT）不同，它没有数值的含义，也不能进行算术运算，只可以进行关系运算。若要在描述中使用布尔数据类型，则需要加载 STANDARD 库。例如，它可以在条件判断语句中使用，测试结果产生一个布尔量 TRUE 或者 FALSE。一般这一类型的数据，初始值总为 FALSE。程序包 STANDARD 中定义的布尔数据类型的源代码如下：

```
TYPE BOOLEAN IS (FALSE,TRUE);
```

因此，布尔数据类型用来表示条件值，可以控制行为模型的执行。关系操作符=（相等）、/=（不等）、<（小于）、<=（小于等于）、>（大于）和>=（大于等于）的操作结果是一个布尔值。例如：

```
IF ( a=10 )  THEN  --如果 a 等于 10，产生的结果为真；否则产生结果为假
IF (clk='1')  THEN  --如果 clk 为高电平，产生的结果为真；否则产生的结果为假
```

2. 位（BIT）

和布尔数据类型一样，位数据类型也是一个两值逻辑，即用'0'或'1'表示。在使用时必须加单引号标注，适用于与、或、非等逻辑运算。

位（BIT）数据类型也属于枚举类型，其取值只能是 1 或 0。位数据类型的数据对象，如变量、信号等，可以参与逻辑运算，其运算结果仍是位的数据类型。VHDL 综合器用一个二进制位表示 BIT。程序包 STANDARD 中定义的位数据源代码如下：

```
TYPE BIT IS('0','1');
```

位数据类型可以用来描述数字系统中总线的值。位数据不同于布尔数据，当然也可以用转换函数进行转换。

例 3-1　位的使用举例。

```
SIGNAL  x:BIT;                --将 x 声明为一个位宽为 1 的 BIT 类型的信号
```

在定义了上述信号以后，可以采用下面的方式给信号赋值（必须使用"<="操作符给信号赋值）：

```
x<='1';  --x 的位宽为 1。
```

3．位矢量（BIT_VECTOR）

位矢量数据类型应用非常广泛，它是位向量容器，或者说是基于 BIT 数据类型的数组，即用双引号括起来的一组位数据。常用位矢量数据类型表示总线数据、地址信号等状态。

程序包 STANDARD 中定义的位矢量源代码如下：

```
TYPE BIT_VECTOR IS ARRAY(NATURAL RANGE< >) OF BIT;
```

例 3-2　位矢量举例。

```
SIGNAL a:BIT_VECTOR(7 DOWNTO 0);      --a (7) 是最高位，a (0) 是最低位
SIGNAL b:BIT_VECTOR(0 TO 7);          --a (0) 是最高位，a (7) 是最低位
SIGNAL y:BIT_VECTOR(3 DOWNTO 0);      --将 y 声明为一个位宽为 4 的位矢
                                         量，其最左边的一位是最高位
SIGNAL w:BIT_VECTOR(0 TO 7);          --声明为一个位宽为 8 的位矢量，其
                                         最右边的一位是最高位
y<="0111";                            --y 是位宽为 4、值 0111 的信号。
w<="01110001";                        --w 是位宽为 8、赋值为"01110001"
                                         的信号。
```

4．STD_LOGIC 标准九值逻辑

在位（BIT）数据类型中，数字逻辑只有'0'和'1'；但在实际的电路描述中，除了强'0'和强'1'这两种状态，还有其他的电平状态需要表示。这是因为：当两个或两个以上数字逻辑电路的输出端连接在同一个电气节点上时，这个节点上的电平不仅与它们当前的输出电平值有关，也与每个状态的驱动能力强弱有关，而驱动能力强的电路可以将节点电平强行拉高。建立多逻辑值系统就是为了对硬件电路进行更加详尽的描述。多输入驱动源电平判据表如表 3.2 所示。

为此，预定义了 STD_LOGIC 数据类型，它是标准的九值逻辑，它们是从 IEEE 1164 标准中引入的。它们和 BIT 类似，但又不同于 BIT，它不是两值逻辑，是九值逻辑。其预定义格式如下：

表 3.2　多输入驱动源电平判据表

	X	0	1	Z	W	L	H	-
X	X	X	X	X	X	X	X	X
0	X	0	X	0	0	0	0	X
1	X	X	1	1	1	1	1	X
Z	X	0	1	Z	W	L	H	X
W	X	0	1	W	W	W	W	X
L	X	0	1	L	W	L	W	X
H	X	0	1	H	W	W	H	X
-	X	X	X	X	X	X	X	X

```
TYPE std_ulogic IS ( 'U', 'X', '0', '1', 'Z', 'W', 'L', 'H', '-' );
```

```
SUBTYPE STD_LOGIC IS resolved std_ulogic;
```

在上面的 9 种状态中，'U'代表未初始化，'X'代表未知状态，'0'代表强逻辑低电平，'1'代表强逻辑高电平，'Z'代表高阻态，'W'代表弱未知，'L'代表弱逻辑低电平，'H'代表弱逻辑高电平，'-'代表无关状态。在上述 9 种逻辑可能取值中，只有'0'、'1'和'Z'是可综合的，其他 6 种主要用于模型的创建和仿真。

STD_LOGIC 和 STD_LOGIC_VECTOR 是 IEEE 1164 标准中定义的具有 9 种逻辑值的数据类型（'X' , '0', '1', 'W', 'Z', 'L', 'H', '-', 'U'）。

从上面 std_ulogic 和 std_logic 的定义可以看出，STD_LOGIC 是 STD_ULOGIC 的子类型，而且具有决断功能。判决功能是当一个信号由多个驱动器驱动时，调用预先定义的决断函数以解决冲突并决定赋予信号哪个值。STD_LOGIC 类型支持多个驱动器驱动同一条总线，但由于器件延时，故通常不是同时到达。如果一个 STD_ULOGIC 信号由两个以上的驱动器驱动，将导致错误，因为 VHDL 不允许一个非决断信号由两个以上的驱动器驱动。

例 3-3 标准九值逻辑决断功能举例。

```
LIBRARY IEEE;
USE IEEE.STD_LOGIC_1164.ALL;
ENTITY resolved_test IS
    PORT (a,b:IN STD_LOGIC;
    y:OUT STD_LOGIC);
END resolved_test;
ARCHITECTURE archi OF resolved_test IS
BEGIN
  y<=a AND b;
  y<=a OR b;
END archi;
```

通过例 3-3 中的程序可以看出，在构造体的并行区描述语句中，信号输出 y 同时受到了"a AND b"和"a OR b"的驱动，其原理图实例如图 3.1 所示。其含义是，在某一条总线上，如果有多个信号源以相同的信号强度对它进行驱动，则会产生总线竞争，此时总线上的信号电平可能是一个不能确定的逻辑电平。例 3-3 的仿真结果如图 3.2 所示。

通过图 3.2 仿真结果可以发现，当"a AND b"和"a OR b"的逻辑运算结果不一致时，y 的输出驱动值为不确定的逻辑值'X'。根据表 3.2 可知，当同一总线上的逻辑值为'0'和'1'时，决断输出的逻辑值为'X'。

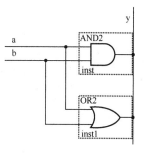

图 3.1　总线冲突原理图

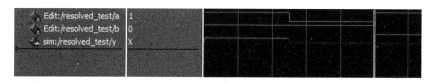

图 3.2　总线冲突仿真结果

5. STD_LOGIC_VECTOR 标准矢量九值逻辑

STD_LOGIC_VECTOR 是标准的矢量九值逻辑，和位矢量相似，其区别主要表现在逻辑元素的数量上。BIT_VECTOR 为二值逻辑的集合，没有决断功能；而 STD_LOGIC_VECTOR 为九值逻辑的集合，且具有决断功能。

例 3-4 标准矢量九值逻辑举例。

```
SIGNAL y: STD_LOGIC_VECTOR(3 DOWNTO 0):="0001";
    --声明 y 是一个位宽为 4 的矢量，其最左边的一位是高位，右边为低位。
y<="Z001";
```

6. 整数（INTEGER）

整数类型（INTEGER）代表正整数（POSITIVE）、负整数和零。在进行硬件实现时，整数利用 32 位的位矢量表示，可实现的整数范围为：$-(2^{31}-1) \sim (2^{31}-1)$。VHDL 综合器要求对具体的整数做出范围限定，否则无法综合成硬件电路。其定义的格式如下：

```
TYPE 数据类型名 IS 数据类型定义 约束范围
```

例 3-5 整数类型举例。

```
TYPE signed IS INTEGER RANGE  0 TO 255
SIGNAL s1 : INTEGER RANGE 0 TO 255;
SIGNAL s1 : signed ;
```

其中信号 s1 的取值范围是 0～255，可用 8 位二进制数表示，因此 s 将被综合成位宽为 8 的总线信号。

常用整数常量的书写方式示例如下：

```
2                       --十进制整数
10E4                    --十进制整数
16#D2#                  --十六进制整数
2#11011010#             --二进制整数
```

例 3-6 完整的整数数据类型举例。

```
LIBRARY IEEE;
USE IEEE.STD_LOGIC_1164.ALL;
ENTITY test_integer  IS
    PORT(a,b:IN INTEGER RANGE -16 TO 25;
         c,d:OUT INTEGER RANGE -32 TO 31);
    END test_integer;
ARCHITECTURE archi OF test_integer IS
BEGIN
    c<=a-b;
    d<=a+b;
END archi;
```

3.2.2 不可综合数据类型

1. 浮点类型（REAL）

在 VHDL'87 和 VHDL'93 中，浮点类型为 6 位有效数字，取值范围为-1.0E+38～-1.0E+38，

相当于 IEEE 32 位单精度。使用约束字 RANGE 可以约束浮点类型的取值范围。

例 3-7 浮点类型举例。

```
TYPE a IS RANGE -10.0 TO +10.0;
TYPE b IS RANGE 1.0 DOWNTO 0.0;
```

其中，浮点类型变量 a、b 的初始值赋值分别为-10.0 和 1.0。

由于综合效率低的原因，浮点数据类型仅作为抽象描述硬件方案模型的验证，而不能用于硬件综合。因此，VHDL 设计工具对浮点类型的支持仅限于常量说明的范围，而不涉及硬件综合领域。

2. 时间（TIME）

在实际的电路设计中，经常会涉及很多的物理量，如时间、电流、电压和功率等。这些物理量的数据类型不能被综合，但它们在仿真及模型验证中是非常有用的。常见的物理量数据类型，其完整的书写格式如下：

```
TYPE 数据类型名 IS 范围;
    UNITS 基本单位;
    单位;
END  UNITS;
```

在上述格式中，常见的物理量类型为仿真时间，完整的时间类型数据应包含整数和单位两部分，而且整数和单位之间至少应留一个空格的位置。在包集合 STANDARD 中给出了时间的预定义，其单位为 fs、ps、ns、 ps、µs、ms、s（sec）、min 和 h（hr），例如：20 µs, 100 ns, 3 sec。

在系统仿真时，时间（TIME）数据类型特别有用，用它可以表示信号延时，从而使模型系统能更逼近实际的硬件电路。因此，表示时间的数据类型在仿真时是必不可少的。

一个完整的时间数据类型声明格式如下：

```
TYPE time IS RANGE-1E18 TO 1E18;
UNITS
    s;
    ps=1000 fs;
    ns=1000 ps;
    µs=1000 ns;
    ms=1000 µs;
    sec=1000 ms;
    min=60 sec;
    hr=60 min;
END UNITS;
```

例 3-8 时间数据类型举例。

```
a<= b AFTER 5 ns;--表示经过 5 ns 的延时后将 b 赋值给 a
```

这里基本单位是"fs"，其 1000 倍是"ps"。时间是物理类型的数据，当然也可以对电路的容抗、阻抗值等进行定义。

3. 字符（CHARACTER）

字符是一种数据类型，VHDL 标准中所定义的字符量通常用单引号括起来，如'C'和'c'。在采用 VHDL 语句进行描述时，对字母的大小写不加以区分，但是对字符数据类型中的大小写字符，则认为是不一样的。例如，'C'不同于'c'。包集合 STANDARD 中给出了预定义的 128 个 ASCII 码字符类型，不能打印的用标识符给出。当要明确指出 1 的字符数据时，则要写成：CHARACTER ('1')。

4．错误等级（SEVERTIY LEVEL）

错误等级数据类型不能被综合。它用来表征系统目前的运行状态信息，共有 4 种：NOTE（注意），WARNING（警告），ERROR（出错），FAILURE（失败）。在系统仿真过程中可以用这 4 种状态来提示系统当前的运行情况，这样可以帮助设计人员快速定位，查找问题。

5．NATUAL 和 POSITIVE

这两类数据是整数的子类，NATUAL 类数据只能取 0 和 0 以上的正整数，而 POSITIVE 则只能为正整数。

自然数和正整数是整数的一个子类型，在 STANDARD 程序包中定义的源代码如下：

```
SUBTYPE NATURAL  IS  INTEGER RANGE 0 TO INTEGER'HIGH;
SUBTYPE POSITIVE  IS  INTEGER RANGE 1 TO INTEGER'HIGH;
```

6．字符串（STRING）

字符串数据类型是字符数据类型的一个非约束型数组，或称为字符串数组。字符串必须用双引号标明。字符串不能被综合，常用于程序的提示和说明。

例 3-9　字符串举例。

```
VARIABLE  string_var: STRING(1 TO 7);
string_var:= "a,b,c,d" ;
```

VHDL 语言是一种强类型语言，在仿真过程中，首先要检查赋值语句中的类型和区间。任何一个信号和变量的赋值均应在给定的约束区间中，也就是要落入有效数值的范围中。约束区间的说明位置通常在数据类型的后面，常见的约束关键字有 TO、DOWNTO 和 RANGE。

例 3-10　约束区间举例。

```
INTEGER RANGE 0 TO 100
STD_LOGIC_VECTOR(3 DOWN TO 0)
REAL RANGE 1.0 TO 10.0
```

这里的 DOWNTO 表示下降，而 TO 表示上升。

上述 12 种数据类型是 VHDL 语言中标准的预定义数据类型，在编程时可以直接引用。如果用户需要使用这 12 种以外的数据类型，则必须进行自定义。

3.3　用户自定义数据类型

在 VHDL 语言中，除了系统预定义数据类型，用户也可以自定义数据类型。用户自定义的数据类型的数据格式如下：

```
TYPE 数据类型名 1，数据类型名 2：数据类型定义；
```

在 VHDL 语言中还存在不完整的用户自定义的数据类型的书写格式。这种由用户经过二次定义所声明的数据类型，能否进行逻辑综合和它本身所使用的预定义数据类型有关：

```
TYPE current IS REAL RANGE -1E4 TO 1E4;
TYPE digit IS INTEGER RANGE 0 TO 9;
```

常见的用户自定义数据类型如表 3.3 所示。

表 3.3　用户自定义数据类型

序号	数量类型	含　义	可综合性
1	ENUMERATED	枚举数据类型，用二进制编码表示枚举元素	一维数组可综合
2	ARRAY	将相同类型的数据集合在一起	依内部元素决定
3	RECORD	将相同或者不同类型的数据集合在一起	依内部元素决定
4	ACCESS	存取类型，给新的对象分配或释放空间	不可综合
5	FILE	用于描述系统环境中的文件对象	不可综合

3.3.1　枚举类型

枚举类型（ENUMERATED）在 VHDL 硬件描述语言中的应用非常广泛，而且可以被综合成门电路。在逻辑电路中，所有的数据都是用'1'或'0'来表示的，但当描述逻辑关系时，所有的一串数字往往是不方便记忆的。在 VHDL 语言中，可以用符号名来代替二进制编码，而符号的编码则依赖软件综合器自动完成。在 VHDL 描述状态机时，状态机的状态值经常用枚举类型描述。

枚举类型数据的定义格式如下：

```
TYPE 数据类型名 IS(元素1,元素2…);
```

包集合 "STD_LOGIC" 和 "STD_LOGIC_1164" 中有以下枚举数据类型的定义：

```
TYPE STD_ LOGIC IS ('U','X','0','1','Z','W',' L','H','-');
TYPE instruction IS (ADD,SUB,INC,SRL,SRF,LDA,LDB,XFR);
```

例 3-11　枚举类型举例。

```
TYPE color IS    (red,green,blue,white);
```

在表示颜色的个数时，假定有 red、green、blue、white 几种颜色，则可以定义一个叫"color"的数据类型。根据编码规则，red、green、blue 和 white 将会按位长为 2 的二进制码，依次编码"00"、"01"、"10"、"11"，这种编码方式为二进制编码。状态编码的方式除了顺序编码外、还有直接输出型编码、格雷编码和独热码编码。编码的原理在后面章节中讲述。

3.3.2　数组类型

数组（ARRAY）是指将相同类型的数据集合在一起所形成的一个新的数据类型，它和高级语言的数组含义是一致的。数组采用保留字 ARRAY 表示，它可以是一维的，也可以是二维的或者多维的。通常，维数为二维以上的数组是不可综合的。数组在总线定义及 ROM 和 RAM 等的系统模型中经常使用。

数组的数据结构如图 3.3 所示。其中，（a）是一个标量；（b）是一个矢量，也是一个一维数组；（c）是一个矢量数组，也是一个 1 维×1 维的数组；（d）是一个二维标量数组。在应用中，图 3.3（a）、图 3.3（b）表示的数组是可以综合的，其他的则不可以综合。

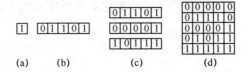

图 3.3　数组的数据结构

数组类型数据的定义格式如下：

```
TYPE 数据类型名 IS  ARRAY 下标范围 OF 原数据类型名;
```

在这里，如果范围这一项没有被指定，则使用整数数据类型；若范围这一项需用整数类型以外的其他数据类型时，则在指定数据范围前应加上数据类型名。在函数和过程的语句中，若使用无限制范围的数组时，其范围一般由调用者传递。二维或者二维以上的数组需要用两个以上的范围来描述，不能生成逻辑电路，因此只能用于生成仿真图形及硬件的抽象模型。"STD_LOGIC_ VECTOR"也属于数组数据类型，它在包集合"STD_ LOGIC_ 1164"中被定义为：

```
TYPE STD_LOGIC_VECTOR IS ARRAY NATURAL RANGE<>) OF STD_LOGIC;
```

在这里，范围由"RANGE<>"指定，这是一个没有范围限制的数组。在这种情况下，范围由信号说明语句等确定，例如：SIGNAL aaa:STD_LOGIC_VECTOR (3 DOWNTO 0);

例 3-12　数组类型举例。

```
TYPE row IS ARRAY(7 DOWNTO 0)  OF STD_LOGIC;          --一维数组
TYPE matrix IS ARRAY(0 TO 3) OF row;
```

上面两条语句可以等同于下面的语句：

```
TYPE matrix IS ARRAY (0 TO 3) OF STD_LOGIC_VECTOR OF (7 DOWNTO 0);
SIGNAL s1:matrix:=（"00000001"，"00000010"，"00000011"，"00000100"）;
TYPE word IS ARRAY (7 DOWNTO 0) OF INTEGER;
SIGNAL data:word:=(10,11,12,13,14,15,16,17);
TYPE memarray IS ARRAY (0 TO 5, 7 DOWNTO 0) OF STD_LOGIC;
CONSTANT romdata : memarray:=
(('0', '0', '0', '0', '0', '0', '0', '0'),
 ('0', '1', '0', '0', '0', '0', '0', '0'),
 ('0', '0', '0', '0', '0', '0', '0', '0'),
 ('0', '1', '0', '0', '0', '0', '0', '0'),
 ('0', '1', '0', '0', '0', '0', '0', '0'));
SIGNAL data_ bit : STD_ LOGIC;
data_ bit< =romdata ( 3,7);
```

3.3.3　记录类型

记录类型（RECODE）和数组类型在结构上相似，其区别是：数组是同一类型数据集合起来形成的集合；记录则是包含了不同类型的数据，是将各类数据元素组织在一起而形成的新客体。记录数据类型常用于模型的创建和仿真。

记录数据类型格式如下：

```
TYPE 数据类型名 IS RECORD
    元素名:数据类型名;
    元素名:数据类型名;
END RECORD;
```

从记录数据类型中提取元素数据类型时应使用符号"."。

例 3-13 记录类型举例。

```
TYPE birthday IS RECORD
    day: INTEGER RANGE 1 TO 31
    month: INTEGER RANGE 1 TO 12;
END RECORD;
```

3.3.4 寻址类型

寻址（ACCESS）类型实际上相当于高级语言中的指针，主要用于在目标之间建立联系，为即将暂存的数据（读出或者写入）分配与释放存储空间。除了在 VHDL 测试平台设计中可能使用寻址类型，一般的 VHDL 设计很少用到寻址类型。

在 VHDL 的标准库函数 STD 的 TEXTIO 包集合中，有一个预定义的寻址类型，类型字为 LINE，其定义格式为：

```
TYPE LINE IS ACCESS STRING;
```

LINE 的类型变量为指向字符串的指针，在 VHDL 中仅支持使用寻址类型的变量。例如：

```
VARIABLE buffer:LINE;
```

寻址类型仅仅用于仿真模型平台的建立和验证,一些半导体厂商所提供的集成开发环境大都不支持 LINE 类型的综合。

3.3.5 文件类型

文件类型用于描述系统环境中的文件对象。文件对象的值就是外部文件中存放的数据值的序列。文件类型的对象是不可以被综合的。

在 VHDL 标准库 STD 的 TEXTIO 包集合中,有一个预定义的文件类型,保留字为 TEXT,其定义格式为：

```
TYPE TEXT IS FILE of STRING;
```

定义格式表明文件类型是以可变的字符串类型为基础，可以包含任意长度的字符串。

在 VHDL 语言中，声明文件变量的语句格式为：

```
FILE 文件名: TEXT IS IN "外部文件名";
FILE 文件名: TEXT IS OUT "外部文件名";
```

在上述文件类型声明格式中，保留字 IN 表示从外部文件读入数据；而保留字 OUT 刚好相反，表示数据写入到外部文件中。

TEXTIO 包集合要求外部文件的数据按行排列，每行的数据以回车或换行符作为结束标志。TEXTIO 包集合提供读入、写出一行数据的子过程和检查文件是否结束的函数。在调用它们之前，要用 LINE 类型说明行变量。根据 TEXTIO 包集合的规定，对文件进行相应的读写操作时，需每次从外部文件中读入一行数据放入变量中，或者把一行变量的数据写入外部文件的一行。

TEXTIO 包集合提供的读、写外部文件的语句书写格式分别为：

```
READLINE(文件变量，行变量);
WRITELINE(文件变量，行变量);
```

写外部文件之前，还需要把数据写入到行变量。由于文件类型的使用比较复杂，又无法综合，故在此不展开讲述。

3.4　数据类型的转换

在 VHDL 语言中，数据类型的操作非常严格，不同类型的数据不能进行运算和逻辑操作。但为了实现正确的代入操作，必须将不同类型的数据对象进行类型变换，从而实现数据类型的一致性操作。类型变换所需要的变换函数通常由 VHDL 语言的包集合提供。

例如：IEEE 标准库中的包集合"STD_LOGIC_1164"，SYNOPSYS 公司的"STD_LOGIC_ARITH"和"STD_LOGIC_UNSIGNED"中都包含了数据类型变换函数。其中常见的数据类型转换函数如表 3.4 所示。

表 3.4　常见数据类型转换函数

包 集 合	函 数 名	功　　能
STD_LOGIC_1164 包集合	TO_ STDLOGICVECTOR（A）	将 BIT_VECTOR 类型转换为 STD_LOGIC_VECTOR 类型
	TO_ BITVECTOR（A）	将 STD_LOGIC_VECTOR 类型转换为 BIT_VECTOR 类型
	TO_ STDLOGIC（A）	将 BIT 类型转换成 STD_LOGIC 类型
	TO_BIT（A）	将 STD_LOGIC 类型转换成 BIT 类型
STD_LOGIC_ARITH 包集合	CONV_STD_LOGIC_VECTOR（A，位长）	将 INTEGER、UNSDGNED 或 SIGNED 类型转换为 STD_LOGIC_VECTOR 类型
	CONV_INTEGER（A）	将 UNSIGNED 或 SIGNED 转换为 INTEGER 类型
STD_LOGIC_UNSIGNED 包集合	CONV_ INTEGER（A）	将 STD_LOGIC_VECTOR 转换为 INTEGER 类型

另外，代入矢量类型"STD_LOGIC_VECTOR"和"BIT_VECTOR"的值除二进制数以外，还可以是十六进制数或八进制数。不仅如此，"BIT_VECTOR"还可以用来分隔数值位。下面的几个语句表示了"BIT_VECTOR"和"STD_ LOGIC_VECTOR"的赋值语句及二者之间的相互转换。

例 3-14　十六进制数及转换举例。

```
SIGNAL a: BIT_ VECTOR (15 DOWNTO 0);
SIGNAL b: STD_LOGIC_VECTOR (15 DOWNTO 0);
a<=X"B0A8";                          --十六进制值可赋予位矢量
```

```
    b<=X"B0A8";                             --十六进制值可赋予标准逻辑矢量
    b<=TO_STD_LOGICVECTOR (X"B0A8");         --二者之间的类型转换
```

九值逻辑标准类型"STD_LOGIC"和"STD_LOGIC_VECTOR"是 IEEE 新制订的标准
化数据类型，也是在 VHDL 描述中经常用到的预定义数据类型。当使用该类型数据时，在程
序中必须写出库说明语句和使用包集合的说明语句。

例 3-15 数据类型转换示例如下：

```
LIBRARY IEEE;
USE IEEE.STD_LOGIC_1164.ALL;
USE IEEE.STD_LOGIC_UNSIGNED.ALL;
USE IEEE.STD_LOGIC_ARITH.ALL;
ENTITY exam IS
    PORT (a,b: IN STD_LOGIC_VECTOR (7 DOWNTO 0);
    y: OUT STD_LOGIC_VECTOR (8 DOWNTO 0);
    q1,q2:OUT STD_LOGIC_VECTOR (7 DOWNTO 0));
END exam;
ARCHITECTURE rtl OF exam IS
SIGNAL temp1,temp2: INTEGER RANGE 0 TO 255;
SIGNAL num:BIT_VECTOR(7 DOWNTO 0):=X"A6";
BEGIN
    temp1<=CONV_INTEGER (a);
    temp2<=CONV_INTEGER (b);
    y<=CONV_STD_LOGIC_VECTOR(temp1,9)+CONV_STD_LOGIC_VECTOR(temp2,9);
    q1<=TO_STDLOGICVECTOR(num);
    q2<=TO_STDLOGICVECTOR(B"1010_1111");
END rtl;
```

仿真结果如图 3.4 所示。

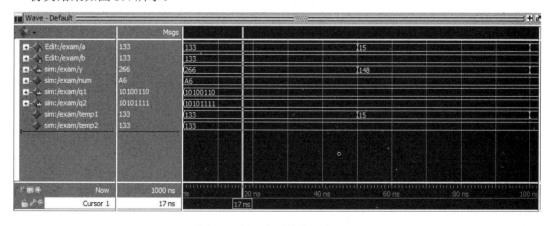

图 3.4 数据类型转换仿真结果

通过仿真结果可以发现，CONV_INTEGER（a）语句完成了从位矢量类型到整数的转换，
而 CONV_STD_LOGIC_VECTOR（a,位长）完成了从整数到位矢量对的转换。

3.5 小结

本章介绍了 VHDL 的数据类型，包括预定义数据类型、用户自定义数据类型和类型转换函数，应着重掌握可综合成门电路的数据类型和数据类型转换函数的应用。

习题

1. VHDL 定义的标准数据类型有哪些？哪些可以被综合成电路？

2. 写出一个关于电压物理量的类型定义，其基本单位为 nV（纳伏），附属单位为 μV（微伏）、mV（毫伏）和 V（伏），电压的取值范围为 $-1 \times 10^{10} \sim 1 \times 10^{10}$。

3. 写出一个具有 8 个整数元素的组定义，并声明一个具有该类型的变量。

4. 给定两个变量的数据类型分别为整数类型和标准位组类型：

```
VARIABLE a: INTEGER RANGE 0 TO 255;
VARIABLE m:STD_LOGIC_VECTOR(31 DOWNTO 0);
```

写出包含类型转换的变量赋值语句，并把变量 a 赋值给变量 b。

第4章 VHDL语言数据对象及运算操作符

4.1 数据对象及其分类

在 VHDL 语言中，将可以赋予一个值的对象称为数据对象。数据对象可以抽象表示一个局部或者全局的物理对象，包括器件之间的一些电路连线和一些物理常量，如电源（VCC）和信号地（GND）。除此之外，数据对象还可以用在行为建模上，存储一些无实际电路含义的动态数据或文件信息。在 VHDL 语言中，数据对象分为静态数据对象和动态数据对象两大类。其中静态数据对象只有一种——常量（CONSTANT），而动态数据对象包括信号（SIGNAL）、变量（VARIABLE）和文件（FILE）三种。在这四种数据对象中，应重点掌握和硬件电路描述密切相关的信号和变量；而文件对象可以通过参数向子程序传递数据，因而可通过子程序对文件进行读写操作，但不可以通过赋值来改变文件的内容。

无论哪种数据对象，在使用前必须先进行声明，其统一的书写格式如下：

对象类别 对象名称：子类型标识[:=初值];

例 4-1 对象声明举例。

```
CONSTANT delay1,delay2:TIME:=30 ns;        --常量声明
VARIABLE tem:INTEGER:=10;                  --变量声明
SIGNAL rst:STD_LOGIC:= '1';                --信号声明
FILE hex_file:TEXT IS IN  "STD_INPUT";     --文件声明
```

在对象声明语句中，对同一数据类型可以批量声明不同名称的数据对象，如例 4-1 中常量的声明中，delay1 和 delay2 均被赋予 30 ns 的初值。对于没有指定初始值的数据对象，常常采用默认值'0'作为初始值。

全局对象和局部对象是相对而言的，主要是针对应用在不同的场合而定义的。在 VHDL 语言中，常用的场合有结构体（ARCHITECTURE）、数据包（PACKAGE）、实体（ENTITY）、进程（PROCESS）、子函数包括函数（FUNCTION）和过程（PROCEDURE）。数据对象的含义及应用场合如表 4.1 所示。

表 4.1 数据对象的含义及应用场合

数据对象	含 义	应 用 场 合
常量	全局量，一旦被赋值，在整个程序中保持不变	结构体、数据包、实体、子函数、进程
信号	全局量，作为硬件导线的抽象描述	结构体、数据包、实体
变量	局部量，用于硬件的高层次建模所需的计算	子函数、进程
文件	传输大量数据的载体，通常用于测试平台	子函数、进程

4.1.1 常量

常量（CONSTANT）代表一个固定的常数值、字符串或算术表达式。常量在被声明时被赋值，且一旦被赋值，将在整个程序中保持不变。在 VHDL 语言中，常量类似 C 语言的#define

语句，可以用来表示在设计电路时不被改动的部分。常量可以使设计变得更加容易维护，且可以增加程序的可读性。在实际的电路描述中，硬件电路中的电源（VCC）和数字信号地（DGND）是保持不变的，常量可以抽象表示该物理对象。

常量声明格式如下：

```
CONSTANT 常量名称：数据类型：=固定值；
```

例 4-2　常数举例。

```
CONSTANT vcc:STD_LOGIC:= '1';
CONSTANT dgnd: STD_LOGIC:= '0';
CONSTANT width:INTEGER:=8;
CONSTANT datamemory: ROM:=(('0','1', '1', '1' ),('1' ,'1' ,'1', '0'),
                          ('0','1' ,'1' ,'1') ,('1', '0',', '1' ,'1'));
```

常量可以在包集合、结构体及实体中声明，它是真正全局意义上的数据对象。常量可以在指定实体的任何场合使用，包括具有顺序特性场合的进程、函数及过程当中。定义在结构体中的常量对该结构体范围内是可以使用的，而定义在实体中的常量则在整个实体中及实体包含的所有结构体中皆适用。如果常量声明在过程中，则该常量只能在该过程中使用。因此，常量类型的数据对象的声明场合决定着其使用范围，这一点在使用时要重点注意

4.1.2　信号

信号（SIGNAL）作为一个硬件导线的抽象描述，在 VHDL 语言描述中代表非常重要的含义。信号既可以用来连接不同元件，完成整个系统的功能，也可以看作元件内部的连接中枢，完成输入数据的采集、交换、处理和输出。信号可以被连续赋值，但是连续赋值并不意味着立即更新信号的原有内容。任何信号的赋值操作只能作为预定数值存储在信号的驱动器中，当模拟时间经过延迟作用的语句或再一次启动了进程才会发生更新操作。VHDL 语言的并行性所依赖的就是这个信号赋值机制。信号作为全局量，可以声明的场合包括结构体、包集合和实体。

信号声明格式如下：

```
SIGNAL 信号名称：数据类型[:=初始值]；
```

在信号的使用过程中，初始赋值符"：="不会被综合，因此仿真时不会产生延时。而代入赋值符"<="表示信号的传递及逻辑状态的改变，在实际综合时，信号赋值会产生一定的延时时间。信号的延迟特性可以通过延时语句来仿真实际电路的传输延时。

有关信号最重要的一点，就是信号的延迟特性，当信号赋值描述语句用在具有顺序特性的区域时，其值不是立即生效，而是在相应的进程、函数或过程完成之后才进行信号更新。由于硬件电路存在延迟特性，故信号赋值的延时生效正是体现了这一硬件特性。

注意：在进程当中对同一信号的连续赋值时，只有进程最后的赋值语句才是有效的，前面其他的赋值则是无效的。

例 4-3　信号声明及赋值举例。

```
SIGNAL clk,rst:STD_LOGIC:= '0';
SIGNAL data:STD_LOGIC_VECTOR(7 DOWNTO 0):= "00000000 ";
SIGNAL a,b:STD_LOGIC:= '0';
```

```
clk<='0' ,'1' AFTER 20 ns,'0' AFTER 40 ns,'1' AFTER 60 ns,'0' 100 ns;
rst<='0' ,'1' AFTER 20 ns;
data<="11000000 "
y<=a AND b AFTER 10 ns;
```

一般而言，在 VHDL 语言中对信号的赋值有两种方式：一种是按仿真时间来执行，信号值的改变需要按仿真时间的计划表执行；另一种方式是当信号赋值语句综合成门级电路后，延迟时间并不是按照仿真时间完成的，而是根据电路综合后的布局布线，逻辑功能块的复杂程度来决定延迟时间的长短。以两种方式仿真例 4-3 中信号赋值语句"y<=a AND b AFTER 10 ns;"，仿真结果如图 4.1 和图 4.2 所示。

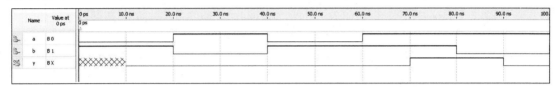

图 4.1　功能仿真时序

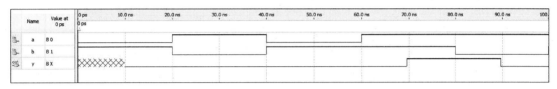

图 4.2　时序仿真时序

从图 4.1 和图 4.2 中可以看出，两种仿真时序波形比较接近，其区别是：图 4.1 为 y<=a AND b AFTER 10 ns 的功能仿真波形图，y 输出波形严格按照仿真时间执行，滞后（延迟）时间为 10 ns；图 4.2 为门级时序仿真图，是编译综合、布局布线后的实际延时，该时间与 10 ns 时间无关，和实际的电路相关。可以看出，功能仿真可以有效仿真实际电路的工作情况。

4.1.3　变量

与信号、常量相比，变量（VARIABLE）代表电路模型描述时的局部暂存数据，没有实际的物理含义。它的应用场合只能在进程（PROCESS）、函数（FUNCTION）和过程（PROCEDURE）中使用。当变量被赋值时，其代入值立即生效，没有延时时间，这和高级语言，如 C 语言中的变量含义是完全一致的。

变量的声明格式如下：

VARIABLE 变量名称：数据类型：[=初始值]；

例 4-4　变量举例。

```
VARIABLE ctrl: STD_LOGIC:= '0';
VARIABLE count: INTEGER RANGE 0 TO 255:=0;
VARIABLE q: STD_LOGIC_VECTOR(7 DOWNTO 0):= ''10000000'';
```

这里要特别注意，变量初值的赋值符号与使用当中的赋值符号"：="是一致的。和信号一样，对变量赋初值的操作是不可以综合的。在电路仿真软件中，变量是可以被赋予初始值的。

关于信号和变量的差异，总结如下：

- 在二者的使用上，变量的效率更高，因为变量赋值不考虑时间延迟，而信号的赋值需要考虑时间延迟；
- 变量使用较小的内存，而信号则需要较大的内存去保存实际的连接方式；
- 变量是立即生效的，而信号则是在进程完成后才将值赋给信号；
- 变量不是代表实际接线，而信号是实际连线的抽象表示；
- 变量只能应用在顺序描述场合，而信号不仅可以应用在顺序描述场合，也可以应用在并行描述场合。

例 4-5 关于立即生效和延迟生效的举例。

```
--IEEE 库的调用----
LIBRARY IEEE;
USE IEEE.STD_LOGIC_1164.ALL;
USE IEEE.STD_LOGIC_ARITH.ALL;
USE IEEE.STD_LOGIC_UNSIGNED.ALL;
----实体的描述----
ENTITY s_v_test IS
    PORT(a,b,c:IN STD_LOGIC_VECTOR(3 DOWNTO 0);
        x,y:OUT STD_LOGIC_VECTOR(3 DOWNTO 0));
END ENTITY;
----结构体 1 的描述----
ARCHITECTURE archi1 OF s_v_test IS
SIGNAL d:STD_LOGIC_VECTOR(3 DOWNTO 0);
BEGIN
    PROCESS (a,b,c,d)
    BEGIN
        d<=a;
        x<=b+d;
        d<=c;
        y<=b+d;
    END PROCESS;
END archi1;
----结构体 2 的描述----
ARCHITECTURE archi2 OF s_v_test IS
BEGIN
    PROCESS (a,b,c)
    VARIABLE d:STD_LOGIC_VECTOR(3 DOWNTO 0):="0000";
    BEGIN
        d:=a;
        X<=b+d;
        d:=c;
        Y<=b+d;
    END PROCESS;
    END archi2;
----配置 1 的描述----
CONFIGURATION cfg1 OF s_v_test IS
    FOR archi1
```

```
    END FOR;
END cfg1;
----配置 2 的描述----
CONFIGURATION cfg2 OF s_v_test IS
    FOR archi2
    END FOR;
END cfg2;
```

通过 ModelSim 仿真软件，分别仿真配置 cfg1 和 cfg2，仿真结果如图 4.3 和图 4.4 所示。

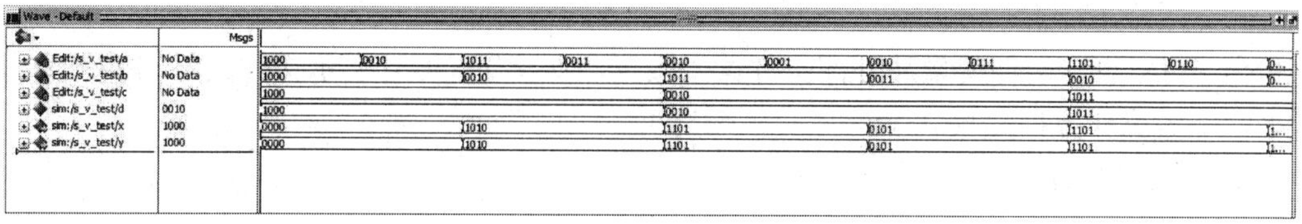

图 4.3   cfg1 仿真结果

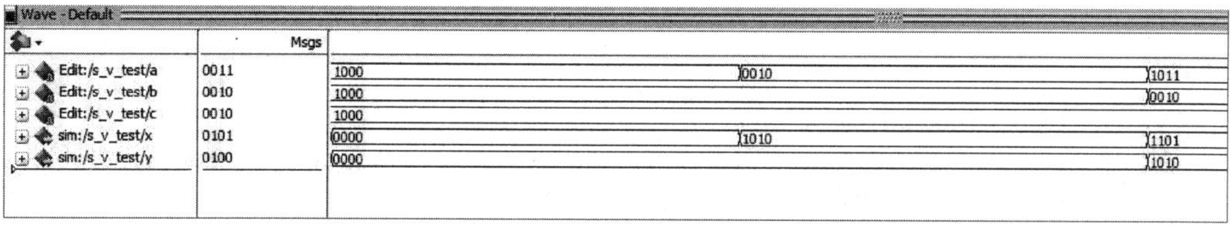

图 4.4   cfg2 仿真结果

通过仿真结果可以看出，当 d 声明为信号时，cfg1 仿真结果为 x<=b+c 和 y<=b+c，因而 x 和 y 的赋值结果是一致的。相反，当 d 声明为变量时，cfg2 仿真结果为 x<=b+a 和 y<=b+c，因而 x 和 y 的赋值结果是不同的。所以，信号的代入和赋值是分开完成的，具有延迟的特性；而变量的代入是立即生效的，没有延迟特性。在使用时要特别注意这一点。

4.1.4   文件

VHDL 中定义了一个预先定义的包集合——文本输入/输出包集合（TEXTIO），在 TEXTIO 中提供了对文本文件进行读和写的过程和函数。文件数据对象是设计输入时传输大量数据的载体，包含一些专用数据类型的值。文件对象主要用于一些大容量数据的输入和输出仿真应用场合，完成一些抽象行为模型的创建，而且不可综合。要完成文件对象的使用，主要包括以下步骤：文本包集合声明、文件类型声明、文件对象声明、行变量声明和文件操作函数调用。

（1）包集合声明的格式：

```
USE  STD.TEXTIO.ALL;
```

（2）文件类型声明的格式：

```
TYPE 文件类型 IS FILE OF 类型/子类型名;
```

例如：

```
TYPE charfile IS FILE OF character;
TYPE index IS RANGE 0 TO 15;
TYPE init IS FILE OF index;
```

（3）文件对象声明格式：

```
FILE 文件名：文件类型 IS IN     "外部文件名";
FILE 文件名：文件类型 IS OUT    "外部文件名";
```

例如：

```
datainfile:charfile IS IN  "data.dat";
dataoutfile:charfile IS OUT  "data.dat";
```

保留字 IN 表示文件变量从外部文件读入数据，保留字 OUT 表示文件变量向外部文件写出数据，二者操作方向相反。

（4）行变量声明格式：

```
VARIABLE 行变量：LINE;
LINE 类型的变量为指向字符串的指针，实际是寻址类型的指针。
```

例如：

```
VARIABLE iline,oline:LINE;
```

（5）文件操作函数调用的格式：

```
READLINE(文件名，行变量);
WRITELINE(文件名，行变量);
READLINE(file_var,line_var);
READ(line_var,line_var);
WRITE(line_var,data_var);
ENDFILE(fiel_var);
```

在 IEEE1076 标准当中，TEXTIO 程序包声明了几种常用文件的 IO 输入方法，它们是对一些过程的定义，调用这些过程可以完成对数据的传递。例如：

```
PROCEDURE readline (F:IN TEXT;L:OUT LINE);
PROCEDURE writeline (F:IN TEXT;L:OUT LINE);
PROCEDUR read (L:INOUT LINE;value:OUT STD_LOGIC;
              GOOD:OUT BOOTLEAN);
PROCEDURE  (L:INOUT LINE;value: OUT STD_LOGIC);
PROCEDUR read (L:INOUT LINE;value: OUT STD_LOGIC_VECTOR;
GOOD:OUT BOOTLEAN;
PROCEDUR read (L:INOUT LINE;value: OUT STD_LOGIC_VECTOR;
PROCEDUR write (L:INOUT LINE;value: OUT STD_LOGIC;
JUSTIFIED:IN SIDE:=RIGHT;FIELD: IN WIDTH:=0;
PROCEDUR write (L:INOUT LINE;value:OUT STD_LOGIC_VECTOR;
JUSTIFIED:IN SIDE:=RIGHT;FIELD: IN WIDTH:=0);
```

上述第一行读入测试矢量文件的第一行，第二个过程向测试文件写入一行测试向量。FILE 文件数据对象的存在方便了设计输入仿真，可以在不修改源文件的情况下，只需要调整 FILE 文件中的内容，便可方便地完成测试仿真。由于文件类型的使用比较复杂，常常只用于仿真测试平台，故此处不展开讲述，详细应用实例将在第 11 章中介绍。

4.2 运算操作符

VHDL 语言中包括 6 类运算操作符,即逻辑运算符(LOGIC)、关系运算符(RELATIONAL)、算术运算符(ARITHMATIC)、移位操作符、符号运算符和并置运算符(CONCATENATION),如表 4.2 所示。在这里,所有和运算操作符相关的操作数都是数据对象,且相关数据对象的数据类型和运算操作符所要求的数据类型必须一致,否则会造成逻辑错误。

表 4.2 运算符分类表

运算操作符类型	操作符符号	操作符功能	运算操作符类型	操作符符号	操作符功能
逻辑运算符	NOT	取反	关系运算符	=	相等
	AND	逻辑与		/=	不等
	OR	逻辑或		<	小于
	NAND	逻辑与非		>	大于
	NOR	逻辑或非		<=	小于等于
	XOR	逻辑异或		>=	大于等于
	XNOR	逻辑异或非	移位操作符	SLL	逻辑左移
算术运算符	+	加		SRL	逻辑右移
	-	减		SLA	算术左移
	*	乘		SRA	算术右移
	/	除		ROL	逻辑循环左移
	MOD	取模		ROR	逻辑循环右移
	REM	取余	符号运算符	+	正
	ABS	取绝对值		-	负
	**	乘方	并置运算符	&	并置

在所有的运算操作符中,NOT 的优先级是最高的。运算操作符的优先级如表 4.3 所示。

表 4.3 运算操作符优先级

运 算 符						优 先 级
NOT	ABS	**				高
*	/	MOD	REM			
+	-					↑
+	-	&				
SLL	SLA	SRL	SRA	ROL	ROR	↓
=	/=	<	<=	>	>=	低
AND	OR	NAND	NOR	XOR	XNOR	

4.2.1 逻辑运算符

VHDL 语言中的逻辑运算符共有 7 种,分别是 NOT(取反)、AND(与)、OR(或)、NAND(与非)、NOR(或非)、XOR(异或)、XNOR(异或非)。所有的逻辑运算均可被综合为门电路,其中 NOT 的优先级最高。

在运用逻辑运算符时,应注意如下规则:

(1)逻辑运算操作符适用的变量类型为 STD_LOGIC、BIT、STD_LOGIC_VECTOR 和 BIT_VECTOR。

（2）进行逻辑运算时，表达式两边的操作数，以及代入的信号的数据类型必须相同。

（3）当一个语句中有两个或两个以上相同优先级的逻辑表达式时，左右表达式没有自左向右的优先计算顺序。

（4）在一个逻辑表达式中，先做括号里的运算，再做括号外的运算。因此，当存在两个以上的逻辑表达式时必须使用括号。

（5）如果一个逻辑表达式中只有"AND"、"OR"和"XOR"运算符，改变运算顺序不会导致逻辑的改变。因此，括号是可以省略的。

例 4-6 逻辑运算符举例。

```
x<=(a AND b) OR (NOT c AND d);    --等效布尔代数逻辑方程：x=ab+c̄d
x<=b AND c AND d AND e;          --等效布尔代数逻辑方程：x=bcde
x<=b OR c OR d OR e;             --等效布尔代数逻辑方程：x=b+c+d+e
x<= a XOR b XOR c;               --等效布尔代数逻辑方程：x=a⊕b⊕c
x<=(b AND c) OR (d AND e);       --等效布尔代数逻辑方程：x=bc+de
```

4.2.2 算术运算符

VHDL 语言中的算术运算符共有 8 种，分别是加（+）、减（−）、乘（*）、除（/）、取模（MOD）、取余（REM）、绝对值（ABS）和指数（**）。在算术运算符中，"+"、"-"和"*"可以综合为门电路。对于除法操作符，只有当除数为 2^n 时，才能综合。其余操作符不能综合或者很难综合成门电路。

在运用算术运算符时，应注意如下规则：

（1）在算术运算中，绝对值运算符为单操作数运算符，数值类型可以是整数、实数、物理量或矢量类型。

（2）加法和减法为双操作符，操作符两边的操作数可以为任意数据类型，但两边的数据类型应相同。对"STD_LOGIC_VECTOR"进行加减运算时，两边的操作数和代入的变量位长必须相同，否则会产生语法错误。

（3）乘法和除法为双操作符，操作符两边的操作数可以同为整数和实数。物理量可以被整数或实数相乘或相除，其结果仍为一个物理量。物理量除以同一类型的物理量即可得到一个整数量。

（4）求模和取余的操作数必须是同一整数类型数据。

（5）指数运算符为双操作符。左操作数可以是任意整数或实数，而右操作数应为整数。

（6）在数据位较长的情况下，使用算术运算符进行运算，特别是使用乘法运算符"*"时应特别慎重；因为对于 16 位的乘法运算，综合时逻辑门电路会超过 2000 个门。对于算术运算符"/"、"MOD"和"REM"，分母的操作数为 2 乘方的常数时，逻辑电路综合是可能的。

4.2.3 关系运算符

VHDL 语言中有 6 种关系运算符，它们分别是：等于（=），不等于（/=），小于（<），小于等于（<=），大于（>）和大于等于（>=）。

在关系运算符时，应注意如下规则：

（1）关系运算符的左右两边是运算操作数，运算操作数的类型一定要相同。

（2）不同的关系运算符对两边的操作数的数据类型有不同的要求。

（3）等号和不等号适用所有类型的数据。

（4）其他关系运算符则可使用于整数（INTEGER）、实数（REAL）、位（STD_LOGIC）、枚举类型和位矢量（STD_LOGIC_VECTOR）等数组类型的关系运算。

（5）"<="有两种含义：代入符和小于等于符。在读 VHDL 语言的语句时，应根据上下文关系来判断此符号的含义。

（6）在利用关系运算符对位矢量数据进行比较时，比较过程是从最左边的位开始，从左至右按位进行比较的。在位长不同的情况下，只能按从左至右的比较结果作为关系运算的结果。

例 4-7　对 3 位和 4 位的位矢量进行比较：

```
SIGNAL a : STD_LOGIC_VECTOR (3 DOWNTO 0);
SIGNAL b: STD_LOGIC_VECTOR (2 DOWNTO 0);
a<="1010";   --10
b<="111";    --7
IF (a>b) THEN
…
END IF;
```

上述示例中，a、b 均为矢量类型，a 转换为十进制数值为 10，b 转换为十进制数值为 7，a 比 b 大。由于位矢量是从左至右按位比较的，因此 a、b 的最高位都为'1'；接下来比较二者的次高位，a 的次高位为'0'而 b 的次高位为'1'，故比较结果 b 比 a 大，这样的比较结果是错误的。要得到正确的比较结果，a、b 的矢量长度必须相同。

为了能使位矢量进行关系运算，在包集合"STD_LOGIC_UNSIGNED"中对"STD_LOGIC_VECTOR"关系运算重新进行了定义，使其可以正确地进行关系运算。注意在使用时必须首先说明调用该包集合。

4.2.4　移位操作符

在 VHDL 中，移位操作符用于对数据进行移位操作，它们是从 VHDL93 中引入的。移位操作符有 6 种：分别是逻辑左移（SLL）、逻辑右移（SRL）、算术左移（SLA）、算术右移（SRA）、循环逻辑左移（ROL）和循环逻辑右移（ROR）。

移位操作符语法结构如下：

目标信号<=[左操作数] [移位操作符] [右操作数]

其中，左操作数必须是 BIT_VECTOR 类型，右操作数必须是 INTEGER 类型（前面可以加正负号）。移位操作符的语义原理如图 4.5 所示。

从图 4.5 可以看出，移位操作符的具体含义如下：

- 逻辑左移（SLL）：数据左移，右端空出来的位置填充'0'；
- 逻辑右移（SRL）：数据右移，左端空出来的位置填充'0'；
- 算术左移（SLA）：数据左移，复制最右端的位，将其填充到右端空出的位置上；

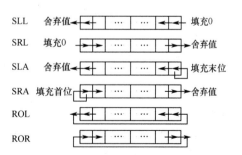

图 4.5　移位操作符语义原理示意图

- 算术右移（SRA）：数据右移，复制最左端的位，将其填充到左端空出的位置上；
- 循环逻辑左移（ROL）：数据左移，将从左端移出的位依次填充到右端空出的位置上；
- 循环逻辑右移（ROR）：数据右移，将从右端移出的位依次填充到左端空出的位置上。

例 4-8 移位操作符举例。

```
LIBRARY IEEE;
USE IEEE.STD_LOGIC_1164.ALL;
USE IEEE.STD_LOGIC_ARITH.ALL;
ENTITY shift_operator IS
    PORT(datain:IN BIT_VECTOR(7 DOWNTO 0);
        y0,y1,y2,y3,y4,y5:OUT BIT_VECTOR(7 DOWNTO 0));
    END shift_operator;
ARCHITECTURE archi OF shift_operator IS
BEGIN
    y0<=datain SLL 1;
    y1<=datain SRL 1;
    y2<=datain SLA 1;
    y3<=datain SRA 1;
    y4<=datain ROL 1;
    y5<=datain ROR 1;
END archi;
```

仿真结果如图 4.6 所示。

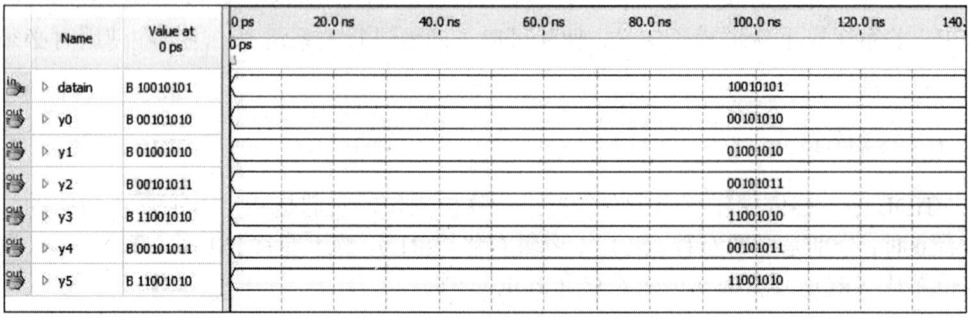

图 4.6　移位操作符仿真结果

从仿真结果可以验证，当 datain<= "10010101"，经过上述移位操作后，y0~y5 的结果如下：

y0<= "00101010"；y1<= "01001010"；y2<= "00101011"；y3<= "11001010"；
y4<= "00101011"；y5<= "11001010"；

4.2.5　并置运算符

并置运算符的用途非常广泛、实用，它用于位或位矢量的连接，而且可以被综合成门电路。运用并置运算符规则如下：

（1）位的连接——并置运算符可用于位的连接，形成位矢量。例如：将 4 个位用并置运算符 "&" 连接起来就可以构成一个位长度为 4 的位矢量。

（2）矢量连接——并置运算符可用于矢量的连接，形成更长位长的矢量。例如：两个 4 位的位矢量用并置运算符 "&" 连接起来就可以构成 8 位长度的位矢量。

（3）位和矢量连接——并置运算可用于位和矢量的连接，形成新的矢量。例如：位和一个4位矢量并置运算后，可以构成5位矢量。

例 4-9 位矢量并置举例。

```
SIGNAL  a,b:STD_LOGIC_VECTOR(3 DOWNTO 0);
SIGNAL  q:STD_LOGIC_VECTOR(7 DOWNTO 0);
q<= a & b;
```

例 4-9 的功能是将两个 4 位长度的位矢量 a 和 b 并置连接后形成一个位长度为 8 的矢量并将其赋值给信号 q。

例 4-10 位并置举例。

```
SIGNAL a,b,c,d:STD_LOGIC;
SIGNAL q:STD_LOGIC_VECTOR(3 DOWNTO 0);
SIGNAL p:STD_LOGIC_VECTOR(0 TO 3);
q<= a & b & c & d;  --q=abcd;
p<= a & b & c & d;  --p=abcd;
```

在例 4-10 中，a、b、c、d 为标准九值逻辑，通过并置运算符并置成长度为 4 的矢量类型信号，并置后的信号对应关系如图 4.7 和图 4.8 所示。

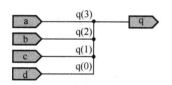   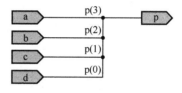

图 4.7　信号对应关系（DOWNTO）　　图 4.8　信号对应关系（TO）

从图 4.7 和图 4.8 可以看出，采用并置运算符时，并置运算符左右两侧的连接顺序和输出矢量的声明类型（DOWNTO 或 TO）共同决定了并置运算的连接关系。同时，并置运算符两侧的数据类型可以是 BIT 和 BIT_VECTOR 数据类型，或者是 STD_LOGIC 和 STD_LOGIC_VECTOR 数据类型；但 BIT 和 STD_LOGIC 两种类型不可混用，否则要进行类型转换。并置运算符的方法也可以采用括号连接方法，也称为集体连接方法，只要将上式的并置运算符换成逗号，再加个括号就可以了。例如：

```
q<= (a, b, c ,d);
p<= (a, b, c ,d);
```

4.3　小结

本章主要介绍了数据对象和运算操作符，应着重理解常量、信号和变量这 3 种数据对象的含义及应用场合，而对信号的理解是本章的关键。

习题

1. 数据对象的分类及各自特点。
2. 信号和变量在描述和使用时有哪些区别。

3. VHDL 运算操作符分哪几类？哪些运算操作符可以综合，哪些运算操作符仅可用于仿真？试用表格形式完成。

4. 下面 2 组表达式是否等效？为什么？

第一组：y<=NOT a AND b AND c;

y<=NOT (a AND b AND c)

y<=a NAND b NAND c;

第二组：y<NOT(a OR b);

y<a XOR b;

5. 并置运算符的功能是什么？下面的并置运算是否正确？

```
SIGNAL a,b:STD_LOGIC;
SIGNAL c:STD_LOGIC_VECTOR(3 DOWNTO 0);
SIGNAL d:STD_LOGIC_VECTOR(7 DOWNTO 0);
c<=a & a & b & b;
d<=a & a & b & b & b;
d(3 DOWNTO 0)<=a & b & a & b;
```

第5章 VHDL 语言主要描述语句

5.1 概述

通过第 2 章的学习可知，构造体是 VHDL 语言的基本组成部分，是所设计实体的硬件电路的体现。构造体内部由若干描述语句组成，而这些描述语句则是由一个或若干并发语句组成的集合，而每一个集合代表一个功能单元。构造体示意图如图 5.1 所示。

VHDL 语言支持从系统级到门级电路的描述，同时也支持多层次的混合描述；描述形式可以是结构描述，也可以是行为描述。VHDL 不仅具有丰富的数据类型，也具有功能齐全的描述语句。根据书写位置和执行顺序，VHDL 描述语句分为并发描述语句和顺序描述语句。基于并发语句对电路结构的描述和顺序语句对系统建模的重要影响，本章将逐条介绍并发描述语句和顺序描述语句的书写格式，并给出语义解释和应用示例。

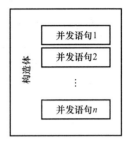

图 5.1 构造体示意图

5.2 并发描述语句

VHDL 语言具有描述硬件电路并发发生的特点，而并发语句就是用来描述硬件电路这种并发行为的。在构造体描述中，可以采用行为级、数据流和结构化的 3 种不同描述风格描述。无论哪种描述方式，对系统进行仿真时，这些系统中的所有构造体描述在仿真时刻均应该是并发工作的。并发执行语句具有如下特征：

- 并行执行，与书写顺序无关；
- 并发描述语句只能在构造体、块等并发区中出现；
- 并发描述语句很好地反映了硬件电路的结构特征。

在 VHDL 中，具有并发特性的并行处理的语句及其含义如表 5.1 所示。

表 5.1 并行处理语句及其含义

序号	并行处理语句	含义与用途
1	PROCESS	进程语句
2	CONCURRENT SIGNAL ASSIGNMENT	并发信号代入语句
3	CONDITONAL SIGNAL ASSIGNMENT	条件信号代入语句
4	SELECTIVE SIGNAL ASSIGNMENT	选择信号代入语句
5	CONCURRENT PROCEDURE CALL	并发过程调用语句
6	COMPONENT INSTANTANCE	并发元件例化语句
7	GENERIC	元件参数语句
8	GENERATE	复用结构生成语句
9	ASSERT	并行断言语句
10	REPORT	并行提示语句
11	BLOCK	模块语句

5.2.1 进程语句

在 VHDL 语言中，进程（PROCESS）语句是描述硬件系统并发行为最基本和最关键的语句，在 VHDL 语言中起着举足轻重的作用，并在众多实例中得到了广泛使用。进程语句具有双重特性：一方面，从其本身来讲，是一种并发处理语句，在一个构造体中多个 PROCESS 语句书写次序与执行次序是无关的，可以同时并发运行；另一方面，从其内部来讲，其语句是顺序执行的。通俗地讲，PROCESS 语句不是一条语句，而是一段程序结构，描述了一个依赖敏感信号触发的硬件模块反复执行的工作过程，故内部的语句必须具有顺序特性。

进程语句的一般格式为：

```
[进程名：]PROCESS（敏感信号表）
[变量声明语句]
…
BEGIN
顺序语句；
END PROCESS[进程名]；
```

进程描述语句以 PROCESS 开始，以 END 结束。在语句内有两部分：说明部分和顺序描述部分。在进程说明语句中，可以声明变量、常量及数据类型等，但不可以声明信号。声明语句用于声明数据类型，它标定了一个存储区域。进程中对变量的读写相当于对这个存储区的访问，这和高级语言中程序变量的功能是一致的，即具有数据的存储和访问能力。在进程语句中，敏感信号表和 WAIT 语句的作用一致，用来完成进程的启动，是进程启动的入口。特别要注意的是，为了防止误触发，敏感信号表和 WAIT 语句不能同时出现在同一进程中。

PROCESS 语句归纳起来有如下特点：

（1）双重性。从整体理解，PROCESS 只能出现在并行区，如构造体或块中。进程和其他进程或者并发语句都是并行运行关系，并可存取构造体或实体号中所定义的信号；而进程内部的所有语句都是按顺序执行的。

（2）进程的启动：通过显示的敏感信号量的变化或者包含一个 WAIT 语句可以触发进程启动。

（3）进程的挂起：当进程被触发后，执行完进程中的最后一条语句，进程处于挂起状态，等待下次的启动。

（4）进程之间的通信：通过信号传递来实现。

例 5-1 利用进程语句设计半加器。

```
LIBRARY IEEE;
USE IEEE.STD_LOGIC_1164.ALL;
ENTITY half_adder IS
    PORT ( a,b:IN STD_LOGIC;
    sum,carry:OUT STD_LOGIC);
END half_adder;
ARCHITECTURE archi OF half_adder IS
BEGIN
    u0:PROCESS(a,b)
    BEGIN
    sum<=a XOR b;
    carry<= a AND b;
```

```
        END PROCESS u0;
    END archi;
```

程序分析：进程语句标号 u0 表示进程语句的触发信号为 a、b，当二者任意一个信号发生变化时，进程启动，执行 PROCESS 内部顺序信号；进程语句的语法结尾是 END PROCESS u0，其中关键字"PROCESS"是必不可少的，也可以写成 END PROCESS，从而省略进程标号。代码所描述的半加器实体框图如 5.2 所示。

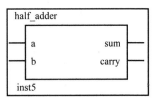

图 5.2　半加器实体框图

例 5-2　利用时钟控制进程语句的设计。

```
LIBRARY IEEE;
USE IEEE.STD_LOGIC_1164.ALL;
ENTITY transfer IS
    PORT(datain,clk:IN STD_LOGIC;
    outb:OUT STD_LOGIC);
END ENTITY transfer;
ARCHITECTURE archi OF transfer IS
BEGIN
    p1:PROCESS(clk)
    BEGIN
        IF clk'EVENT AND clk ='1' THEN    -
        outb<=datain;
    END IF;
  END PROCESS P1;
END archi;
```

程序分析：p1 是进程标号，进程由敏感信号量 clk 触发，开始执行，在 END PROCESS p1 处结束。该进程的功能是在时钟上升沿到来时，输入的数据 datain 在 D 触发器的输出端输出。当然，通过程序的设置，可以将进程设计成下降沿触发或电平触发，读者可考虑自行修改。

5.2.2　信号代入语句

1. 并发信号代入语句

代入语句（Concurrent Signal Assignment）是 VHDL 语言中进行行为描述、寄存器描述的最基本语句。代入语句是使用非常频繁的语句，在这里强调的是并发性。

信号代入句的一般格式为：

目标信号量<=赋值表达式[AFTER<时间表达式>];

并发信号代入语句在构造体中使用，此时它作为并发语句形式出现。一个并发信号代入语句实际上是一个进程的缩写。

例 5-3　并发信号代入举例。

```
LIBRARY IEEE;
USE IEEE.STD_LOGIC_1164.ALL
ENTITY and2 IS
    PORT (a, b:IN STD_LOGOC;
    q:OUT STD_LOGIC);
```

```
END and2;
ARCHITECTURE archi OF and2 IS
BEGIN
    q<=a AND b;
END archi;
```

其中构造体也可以写成：

```
ARCHITECTURE archi OF and2 IS
BEGIN
    PROCESS (a,b)
    BEGIN
        q<= a AND b ;
    END PROCESS;
END behav;
```

由信号代入语句的功能可知，当代入符号"<="右边的信号值发生任何变化时，代入操作就会立即发生，新的值将赋予代入符号"<="左边的信号。从进程语句描述来看，在 PROCESS语句的括号中列出了敏感信号表。由 PROCESS 语句的功能可知，在仿真时进程一直在监视敏感信号量表中的敏感信号量 a 和 b。一旦 a 或 b 发生新的变化，进程将启动，代入语句将被执行，新的值将从 q 信号量输出。

通过仿真可知，并发信号代入语句和进程语句在例 5-3 情况下是等效的。并发信号代入语句在仿真时刻同时运行，它表征了各个独立器件的独立操作。

并发信号代入语句可以仿真加法器、乘法器、除法器、比较器和各种逻辑电路的输出。因此，在并发代入符号"<="的右边可以用算术运算表达式、逻辑运算表达式或者关系操作表达式。为了仿真硬件延时，采用的方法是给并发代入语句添加延时时间，目的是真实地模拟实际硬件的工作原理。

例 5-4　a<=NOT b AFTER 5 ns;

此例的含义是：若在 t 秒执行上述代入语句，则在 t+5 ns 后，将 b 的逻辑取反赋值给 a。

2. 条件信号代入语句（Conditional Signal Assignment）

对于要赋值的信号，可以根据不同的使用条件给信号赋予不同的信号值。条件信号代入语句是并发描述语句，其标准书写格式为：

```
目的信号量<=表达式 1        WHEN 条件 1 ELSE
           表达式 2        WHEN 条件 2 ELSE
           表达式 3        WHEN 条件 3 ELSE
           表达式 n;
```

在每个表达式后面都跟有用"WHEN"所指定的条件，如果满足该条件，则该表达式值代入目的信号量；如果不满足条件，则判别下一个表达式所指定的条件。在上述所有条件不满足时，则将最后表达式 n 的值代入目标信号量。

例 5-5　采用条件信号代入语句描述四选一数据选择器。

方法 1：

```
LIBRARY IEEE;
USE IEEE.STD_LOGIC_1164.ALL;
```

```
ENTITY mux4 IS
    PORT(i0,i1,i2,i3,a,b: IN STD_LOGIC;
    q: OUT STD_LOGIC);
END mux4;
ARCHITECTURE archi OF mux4 IS
SIGNAL sel: STD_LOGIC_VECTOR(1 DOWNTO 0);
BEGIN
    sel<=b&a;
    q<=    i0 WHEN    sel="00" ELSE
           i1 WHEN sel="01" ELSE
           i2 WHEN sel="10" ELSE
           i3 WHEN sel="11" ELSE
           'X';
END archi;
```

方法 2:

```
LIBRARY IEEE;
USE IEEE.STD_LOGIC_1164.ALL;
ENTITY mux41 IS
PORT(i0,i1,i2,i3,a,b:IN STD_LOGIC;
q: OUT STD_LOGIC);
END mux41;
ARCHITECTURE archi1 OF mux41 IS
BEGIN
q<=  i0 WHEN b='0' AND a='0' ELSE
     i1 WHEN b='0' AND a='1' ELSE
     i2 WHEN b='1' AND a='0' ELSE
     i3 WHEN b='1' AND a='1' ELSE
     'X';
END archi1;
```

在上述两种描述中，若输入信号的 a、b 任意一个发生变化，根据不同的选择条件，会选择满足条件的驱动输出。第二种方法和第一种方法相比，程序的可读性更好，因为采用并置操作符进行了位信号的连接。

3. 选择信号代入（Selective Signal Assignment）语句

选择信号代入语句在功能上和 CASE 语句相似，根据表达式所满足的不同条件进行目标信号的不同赋值。当表达式取值不同时，将使不同的值代入目的信号量。选择信号代入语句的书写格式如下：

```
WITH 表达式 SEIECT
目的信号量<=表达式 1    WHEN    条件 1
           表达式 2    WHEN    条件 2
           表达式 n    WHEN    条件 n;
```

选择信号代入语句的语义与条件信号代入语句的功能非常相似。当选择表达式满足 WHEN 条件的任意一项时，便会执行该语句。根据选择表达式（与定义的选择值相匹配）的值，相应的表达式将被赋予目标信号。这里特别要注意：

（1）条件选项没有顺序性，不会按照顺序来选择，它们之间是平行关系；

（2）表达式的所有可能值必须都能在条件选项中找到对应关系，而且只能出现一次；

（3）没有显示出现的条件必须以 OTHERS 选项形成呈现；

（4）条件可以是一个值、一个范围或者多个值的判断。

```
WHEN value
WHEN value1 TO value2
WHEN value1 | value2 |…
```

例 5-6　采用选择代入语句描述四选一电路。

```
LIBRARY IEEE;
USE IEEE.STD_LOGIC_1164.ALL;
ENTITY mux IS
PORT(   i0,i1,i2,i3,a,b:IN STD_LOGIC;
        q:OUT STD_LOGIC );
END mux;
ARCHITECTURE archi OF mux IS
SIGNAL sel: STD_LOGIC_VECTOR(1 DOWNTO 0) ;
BEGIN
    sel<= b & a;
WITH sel SELECT
q<= i0  WHEN "00",
    i1  WHEN "01",
    i2  WHEN "10",
    i3  WHEN "11",
    'X' WHEN OTHERS;
END archi;
```

上例中采用了选择信号代入语句，根据 sel 的当前不同值来完成 i0、i1、i2、i3 及剩余情况的选择功能。当被选择的信号（例如 sel）发生变化时，该语句就会启动执行。

关于条件信号代入语句和选择信号赋值语句，需明确以下两点：

（1）二者都为并发语句，只能出现在并行描述区。例如，在构造体或者块结构中，条件信号赋值语句各个条件具有先后次序，描述具有优先级的电路结构；而选择信号赋值语句各个条件为平行关系，描述组合逻辑电路。

（2）二者是条件信号赋值，而并行赋值则是无约束的信号赋值。

例 5-7　利用选择代入语句和条件代入语句设计 8/3 编码器。

给出一个 8×3 编码器的顶层原理图，对于只有一个输入是高电平的逻辑状态，该逻辑状态将被编码输出。设计程序分别以条件信号赋值语句和选择信号赋值语句来实现。

方法 1：采用选择代入语句描述。

```
LIBRARY IEEE;
USE IEEE.STD_LOGIC_1164.ALL;
ENTITY encoder83 IS
PORT(x:IN STD_LOGIC_VECTOR(7 DOWNTO 0);
    y:OUT STD_LOGIC_VECTOR(2 DOWNTO 0));
```

```
END encoder83;
ARCHITECTURE archi1 OF encoder83 IS
BEGIN
    WITH x SELECT
      y<= "000" WHEN "00000001",
          "001" WHEN "00000010",
          "010" WHEN "00000100",
          "011" WHEN "00001000",
          "100" WHEN "00010000",
          "101" WHEN "00100000",
          "110" WHEN "01000000",
          "111" WHEN "10000000",
          "ZZZ" WHEN OTHERS;
END archi1;
```

综合后的 RTL 电路如图 5.3 所示。

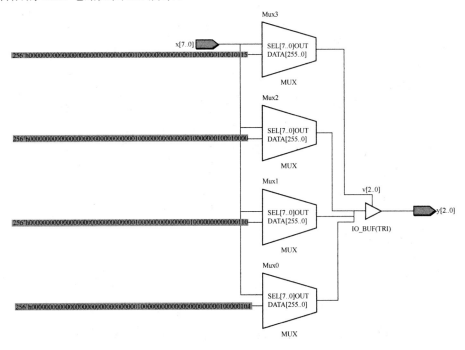

图 5.3　方法 1 综合后的 RTL 电路

方法 2：采用条件代入语句描述。

```
LIBRARY IEEE;
USE IEEE.STD_LOGIC_1164.ALL;
ENTITY encoder83 IS
    PORT(x:IN STD_LOGIC_VECTOR(7 DOWNTO 0);
    y:OUT STD_LOGIC_VECTOR(2 DOWNTO 0));
END encoder83;
ARCHITECTURE archi OF encoder83 IS
BEGIN
    y<= "000" WHEN x="00000001" ELSE
```

```
        "001"  WHEN  x="00000010"  ELSE
        "010"  WHEN  x="00000100"  ELSE
        "011"  WHEN  x="00001000"  ELSE
        "100"  WHEN  x="00010000"  ELSE
        "101"  WHEN  x="00100000"  ELSE
        "110"  WHEN  x="01000000"  ELSE
        "111"  WHEN  x="10000000"  ELSE
        "ZZZ";
    END archi;
```

综合后的 RTL 电路如图 5.4 所示。

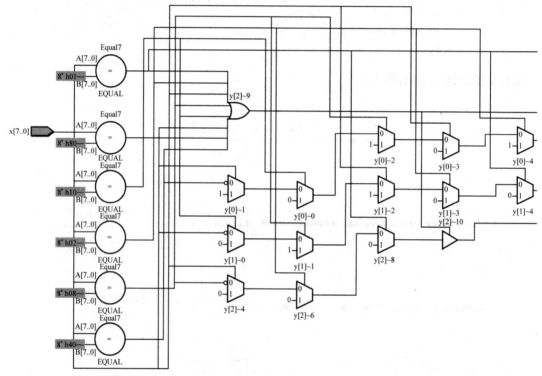

图 5.4　方法 2 综合后的 RTL 电路

　　注意：上面的两种方法都可以实现 RTL 编码电路的功能，但综合出来的电路存在较大的区别。方法 1 综合出的 RTL 电路由 4 个数据选择器组成，方法 2 综合出的电路由 3 个 I/O 三态缓冲器、14 个二选一选择器和 8 个数据比较器组成。方法 1 所占用的资源远远小于方法 2 综合后的占用逻辑单元，尤其当随着编码位数的增加（y=log2x），条件列表的行数也会成指数增加，资源占用的差别很大。因此，采用选择代入语句的综合效率高于条件代入语句的综合效率，故建议采用前者。

5.2.3　元件例化语句

　　元件例化语句是 VHDL 结构化描述中一个非常重要的语句，也可以将其称为元件调用语句或者部件安装语句。通过元件例化语句的使用，可使顶层设计的结构非常清晰，且能做到设计人员与设计原理图所画的器件一一对应。并发元件例化语句是实现层次化设计结构的重要途径。

完成元件例化的步骤如下：

首先，完成元件的设计、验证。

其次，完成元件的声明，元件声明的区域决定着元件的使用范围。例如，若元件仅仅声明在构造体声明区内，则该元件只对该构造体是可例化的，而对其他构造体则是不可例化的；假如该元件声明在某个数据包内时，则对于任何加载该数据包的设计实体，该元件都是可见的。

最后，完成元件的安装、例化，并且安装、例化的位置只能在并行区域内完成，如构造体或块的设计中。对于同一元件而言，安装、例化的次数则是没有限定的，只要硬件资源满足要求即可。

1. 元件的设计

已经设计验证并具有特定功能、特定输入参数以及输入、输出信号接口的设计实体，称为元件。自顶向下设计方法（TOP-DOWN）的关键是层次化结构设计的优劣。该方法的关键环节是元件的设计、验证及元件的安装例化。一个元件设计的成败，主要体现元件设计的通用性、可读性、可移植性和可综合性。

例 5-8 分别设计逻辑与、或、非 3 个元件，并附加时间延时参数。

```
--------------------设计实体 1--------------------
LIBRARY IEEE;
USE IEEE.STD_LOGIC_1164.ALL;
ENTITY and2 IS
    GENERIC (delay :TIME:=10 ns);
    PORT (a,b:IN STD_LOGIC;
    q:OUT STD_LOGIC);
END and2;
ARCHITECTURE archi OF and2 IS
BEGIN
    q<= a AND b AFTER delay;
END archi;
--------------------设计实体 2--------------------
LIBRARY IEEE;
USE IEEE.STD_LOGIC_1164.ALL;
ENTITY inv IS
    GENERIC (delay :TIME:=10 ns);
    PORT (a:IN STD_LOGIC;
    q:OUT STD_LOGIC);
END inv;
ARCHITECTURE archi OF inv IS
BEGIN
    q<= NOT a AFTER delay;
END archi;
--------------------设计实体 3--------------------
LIBRARY IEEE;
USE IEEE.STD_LOGIC_1164.ALL;
ENTITY or2 IS
    GENERIC (delay :TIME:=10 ns);
```

```
        PORT (a,b:IN STD_LOGIC;
           q:OUT STD_LOGIC);
    END or2;
    ARCHITECTURE archi OF or2 IS
    BEGIN
        q<= a OR b AFTER delay;
    END archi;
```

此例为 3 个基本的设计实体。这些设计实体将作为底层设计单元,构建高层次的设计模块。

2. 元件说明语句

元件说明语句的书写格式如下:

```
COMPONENT 引用元件名
    GENEREIC [类属参数说明];
    PORT [端口说明];
END COMPONENT;
```

其中保留字 COMPONENT 后面的引用元件名为指定要在构造体中使用的元件的名称,并且这个元件必须已经存放在调用的当前工作库中。引用元件名必须和元件设计中的设计实体名保持一致。如果要在构造体中进行参数的传递,那么在 COMPONENT 语句中需要类属参数说明;接下来是端口的说明,它的功能是对引用元件的端口进行说明;最后以保留字 END COMPONENT 结束部件声明语句。

例 5-9 针对上述 3 个底层模块,完成 3 个元件的声明。

```
------------------------------元件 1 声明------------------------
COMPONENT and2 IS
GENERIC (delay :TIME:=10 ns);
    PORT (    a,b:IN STD_LOGIC;
             q:OUT STD_LOGIC);
END COMPONENT;

------------------------------元件 2 声明------------------------
COMPONENT inv IS
GENERIC (delay :TIME:=10 ns);
    PORT (    a:IN STD_LOGIC;
             q:OUT STD_LOGIC);
END COMPONENT;

------------------------------元件 3 声明------------------------
COMPONENT or2 IS
GENERIC (delay :TIME:=10 ns);
    PORT (    a,b:IN STD_LOGIC;
             q:OUT STD_LOGIC);
END COMPONENT;
```

3. 元件例化

在元件设计、声明完成之后,接下来就要将引用的元件正确地映射到当前构造体中,这时需要将被引用的元件端口信号与构造体中相应端口信号正确地连接起来,这就是元件例化所要实现的功能，也是元件的安装使用过程。元件例化的格式如下：

```
[标号名：][元件名：] [GENERIC MAP（参数映射）]
PORT MAP（端口映射）；
```

其中标号名是元件例化的唯一标识符,元件名应与设计实体名完全一致;接着是 GENERIC MAP 语句，它的功能是用来实现对参数的赋值操作，从而可以灵活地改变引用元件中的参数；最后是 PORT MAP 语句，它的功能是实现引用元件端口信号与实际连接的信号之间相互映射，从而进行元件的引用操作。

在 VHDL 中，为了实现引用元件的端口信号与构造体的实际信号之间的映射，设计人员往往采用两种映射方式：一种是位置映射，另一种是名称映射。位置映射方法是指 PORT MAP 语句中实际信号的书写顺序与 COMPONENT 语句中端口说明中的信号书写顺序保持一致；而名称映射是指在 PORT MAP 语句中将引用的元件的端口信号名称赋给构造体中要使用例化元件的各个信号。例如：

```
位置映射：u0：元件名 PORT MAP（in1,in2,out1）；
名称映射：u0：元件名 PORT MAP（a=>in1, b=>in2,c=>out1）；
```

例 5-10 以上面的元件为设计部件，给出完整的元件声明、元件例化的程序及所描述的原理图。

```
LIBRARY IEEE;
USE IEEE.STD_LOGIC_1164.ALL;
ENTITY mux2 IS
PORT (d0,d1,sel:IN STD_LOGIC;
q:OUT STD_LOGIC);
END mux2;
ARCHITECTURE archi OF mux2 IS
COMPONENT and2 IS
GENERIC (delay :TIME:=10 ns);
PORT (a,b:IN STD_LOGIC;
q:OUT STD_LOGIC);
END COMPONENT;
    COMPONENT inv IS
    GENERIC (delay :TIME:=10 ns);
    PORT (a:IN STD_LOGIC;
    q:OUT STD_LOGIC);
END COMPONENT;
COMPONENT or2 IS
    GENERIC (delay :TIME:=10 ns);
    PORT (a,b:IN STD_LOGIC;
    q:OUT STD_LOGIC);
END COMPONENT;
SIGNAL aa,bb,nsel:STD_LOGIC;
BEGIN
u0: inv  GENERIC MAP(20 ns)  PORT MAP(sel,nsel);
u1: and2  GENERIC MAP(25 ns)  PORT MAP(nsel,d1,bb);
u2: and2  GENERIC MAP(25 ns)  PORT MAP(sel,d0,aa);
```

```
u3: or2   GENERIC MAP(25 ns)  PORT MAP(aa,bb,q);
END archi;
```

设计原理图如图 5.5 所示。

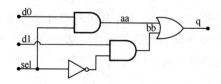

图 5.5   二选一顶层设计原理图

例 5-11   采用元件例化的方法设计一个 2/4 译码器，其真值表如表 5.2 所示。

表 5.2   2/4 译码器真值表

序　号	b	a	q3	q2	q1	q0
1	0	0	0	0	0	1
2	0	1	0	0	1	0
3	1	0	0	1	0	0
4	1	1	1	0	0	0

```
LIBRARY IEEE;
USE IEEE.STD_LOGIC_1164.ALL;
ENTITY decoder24 IS
    PORT (d0,d1:IN STD_LOGIC;
    q0,q1,q2,q3:OUT STD_LOGIC);
END decoder24;
ARCHITECTURE archi OF decoder24 IS
COMPONENT and2 IS
    GENERIC (delay :TIME:=10 ns);
    PORT (   a,b:IN STD_LOGIC;
             q:OUT STD_LOGIC);
    END COMPONENT;
COMPONENT inv IS
    GENERIC (delay :TIME:=10 ns);
    PORT (   a:IN STD_LOGIC;
             q:OUT STD_LOGIC);
END COMPONENT;
SIGNAL nd0,nd1:STD_LOGIC;
BEGIN
u0: inv   GENERIC MAP(5 ns)      PORT MAP(d0,nd0);
u1: inv   GENERIC MAP(5 ns)      PORT MAP(d1,nd1);
u2: and2  GENERIC MAP(10 ns)     PORT MAP(nd1,nd0,q0);
u3: and2  GENERIC MAP(10 ns)     PORT MAP(nd1,d0,q1);
u4: and2  GENERIC MAP(10 ns)     PORT MAP(d1,nd0,q2);
u5: and2  GENERIC MAP(10 ns)     PORT MAP(d1,d0,q3);
END archi;
```

上述代码所描述的 2/4 译码器的设计原理图如图 5.6 所示。

在上述 2/4 译码器的设计中，依然采用数据选择器中所用到的部件，通过部件的不同例化，构成了新的设计单元。关于层次化的设计方法，我们将在后面的章节中继续强化学习。

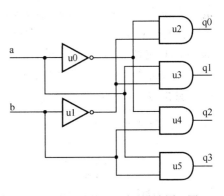

图 5.6　2/4 译码器顶层设计原理图

5.2.4　过程调用语句

过程调用语句可以出现在构造体中，而且是一种可以在进程之外执行的过程调用语句。因此可以说，出现在构造体中的过程调用语句相当于一条并发语句。过程调用语句分为说明部分和描述部分。

完整的过程声明格式如下：

```
PROCEDURE <过程名>
([对象类型])参数名[参数名...]:端口模式 数据类型;
[对象类型])参数名[参数名...]:端口模式 数据类型;);
```

可以看出，过程说明部分的关键字以"PROCEDURE"开始，后面紧跟的是过程名，然后是过程的参数列表。参数列表中的每个参数包括它的对象类型、参数名、端口模式和数据类型，其中对象类型和端口模式是可选项；对象类型包括常量、信号和变量，端口模式包括 IN、OUT 或者 INOUT。

完整的过程描述语句格式如下：

```
PROCEDURE 过程名称(   SIGNAL 信号 a:   IN   数据类型;
                     SIGNAL 信号 b:   IN   数据类型;
                     SIGNAL 信号 x:   OUT  数据类型;
                     SIGNAL 信号 y:   OUT  数据类型;
                     SIGNAL 信号 z:   OUT  数据类型)   IS
[过程说明部分;]
BEGIN
<过程说明部分>;
END [PROCEDURE] 过程名;
```

可以看出，过程定义部分以保留字"PROCEDURE"开始，后面紧跟的是过程名；然后是过程的参数列表；然后以保留字"IS"开始过程的说明部分，它主要是对过程中要用到的变量和常量数据类型进行说明，并且这些说明只对该过程可见；接下来跟在其后的是以保留字"BEGIN"开始的过程语句部分，用来描述该过程的具体功能；最后以保留字"END PROCEDURE"结束过程的定义部分。

在这里需要注意的是，如果过程中的参数没有指明端口模式，那么此时默认的端口模式为 IN。如果定义了参数的端口模式为 IN，那么该参数的对象类型可以是常量或者信号；如果定义了参数的端口模式为 OUT 或 INOUT，那么该参数的对象类型可以是变量或者信号。如果过程中的参数没有指明对象类型，那么，当参数端口类型定义为 IN 时，这时参数的对象类型将默认是一个常量；当参数端口模式定义为 OUT 或 INOUT 时，这时参数的对象类型将默认为是一个变量，如果采用信号数据客体，则必须声明为 SIGNAL 类型。

并发过程调用语句是一个完整的语句，在它的前面可以加标号。并发过程调用语句应带有 IN、OUT 或者 INOUT 的参数，它们应列于过程名后面的括号内；并发过程调用可以有多个返回值，但这些返回值必须通过过程中所定义的输出参数带回。

例 5-12 过程声明和描述举例。

```
LIBRARY IEEE;
USE IEEE.STD_LOGIC_1164.ALL;
PACKAGE mypkg IS
PROCEDURE add (a,b:IN STD_LOGIC_VECTOR;
SIGNAL result:OUT STD_LOGIC_VECTOR; SIGNAL overflow :OUT STD_LOGIC);
END mypkg;
PACKAGE BODY mypkg IS
PROCEDURE add (a,b:IN STD_LOGIC_VECTOR;
SIGNAL result:OUT STD_LOGIC_VECTOR;SIGNAL overflow :OUT STD_LOGIC)
IS
VARIABLE sum: STD_LOGIC_VECTOR(7 DOWNTO 0);
VARIABLE carry:STD_LOGIC:='0';
BEGIN
    FOR index IN sum'REVERSE_RANGE LOOP
    sum(index):=a(index) XOR b(index) XOR carry;
    carry:= (a(index) AND b(index)) OR (carry AND (a(index) XOR b (index)));
END LOOP;
result<=sum;
overflow<=carry;
END PROCEDURE add;
END PACKAGE BODY mypkg;
```

例 5-13 并发过程调用举例。

```
LIBRARY IEEE;
USE IEEE.STD_LOGIC_1164.ALL;
USE WORK.mypkg.ALL;
ENTITY procedure_test IS
PORT(a,b:IN STD_LOGIC_VECTOR(7 DOWNTO 0);
res:OUT STD_LOGIC_VECTOR(7 DOWNTO 0);
flag:OUT STD_LOGIC);
END procedure_test;
ARCHITECTURE archi OF procedure_test IS
BEGIN
    add (a,b,res,flag);
END archi;
```

例 5-12 将一个过程语句的声明和描述放在一个自定义的数据包中，通过加载 WORK 库中的 mypkg 数据包，完成了对过程函数的调用。add 并发过程函数的功能是对位矢量进行数制转换，实现两个矢量长度为 8 的无符号二进制数的加法。其中 flag 是溢出标志位，当标志位为'1'表明有进位，为'0'表明没有进位。

并发过程调用语句实际上是一个过程函数直接书写在构造体当中,数据信息的交互通过信号完成。通俗地讲,并发过程函数除了可以在构造体中直接调用,过程调用语句也可以在进程语句中完成调用。因此,过程函数具有双重特性。在进程中调用过程函数时,默认的输入参数是变量;如果声明为信号传递,则在声明时需明确定义。过程函数无论是在构造体中被调用,还是在进程中被调用,过程函数实现的功能一致。

例 5-14 进程中调用过程函数举例。

```
LIBRARY IEEE;
USE IEEE.STD_LOGIC_1164.ALL;
USE WORK.mypkg.ALL;
ENTITY procedure_test1 IS
    PORT(a,b:IN STD_LOGIC_VECTOR(7 DOWNTO 0);
    res:OUT STD_LOGIC_VECTOR(7 DOWNTO 0);
    flag:OUT STD_LOGIC);
END procedure_test1;
ARCHITECTURE archi OF procedure_test1 IS
BEGIN
    P1:PROCESS (a,b)
    BEGIN
        add (a,b,res,flag);
    END PROCESS P1;
END archi;
```

在构造体中的并发过程调用语句也可由过程信号敏感量的变化而得到启动。例如,上例中的位矢量 a、b 的变化将使 add 语句得到启动,并执行过程函数。执行结果将复制到 res 和 flag 中,以便构造体中的其他语句可以使用该结果。

5.2.5 类属语句

VHDL 提供了一种称为类属(GENERIC)的机制,可用于编写规范化的模型。它是一种参数传递语句,主要功能是用来传递信息给设计实体的某个具体元件。例如,用来定义端口宽度、器件延迟时间等参数,并将这些参数传递给设计实体。

在设计中,对于一些不能确定或者容易更改的参数,往往采用类属参数设计,以达到易简化程序设计和减少 VHDL 程序的书写篇幅,使设计更具有通用性。

在编写 VHDL 程序的过程中,参数传递语句的定义说明通常放在实体的说明部分,所以参数传递语句所定义的参数或信息相对于整个实体是可见的;而参数映射语句(GENERIC MAP)则放在设计实体的构造体中,它的功能是用来实现待定参数的具体化,从而达到灵活改变设计实体输入参数的目的。

类属参数声明格式如下:

```
GENERIC ( 参数名称: 参数类型: =默认值;
            参数名称: 参数类型: =默认值);
```

类属参数映射格式如下:

```
GENERIC MAP(参数值)
```

例 5-15 类属参数声明语句举例。

```
LIBRARY IEEE;
USE IEEE.STD_LOGIC_1164.ALL;
ENTITY generic_test IS
GENERIC(delay:TIME:=5 ns);
PORT(a,b:IN STD_LOGIC;
c:OUT STD_LOGIC);
END generic_test;
ARCHITECTURE archi OF generic_test IS
BEGIN
c<= a AND b AFTER delay;
END archi;
```

例 5-16 类属参数映射语句举例。

```
LIBRARY IEEE;
USE IEEE.STD_LOGIC_1164.ALL;
ENTITY generic_test IS
PORT( a1,b1:IN STD_LOGIC;
      a2,b2:IN STD_LOGIC;
      c1,c2:OUT STD_LOGIC);
END generic_test;
ARCHITECTURE archi OF generic_test IS
COMPONENT generic_test
GENERIC(delay:TIME:=5 ns);
PORT(a,b:IN STD_LOGIC;
c:OUT STD_LOGIC);
END COMPONENT generic_test;
BEGIN
u1:generic_test GENERIC MAP(10 ns) PORT MAP(a1,b1,c1);
u2:generic_test GENERIC MAP(20 ns) PORT MAP(a2,b2,c2);
END archi;
```

根据以上内容，可以整理出类属的特性如下：

（1）GENERIC 声明的位置一般放在实体内，且位于 PORT 声明之前。

（2）GENERIC 所声明的参数可以有默认值。若设计电路时使用的参数和默认值相同，则在元件例化时可以不用 GENERIC MAP 映射；若使用的参数和默认值不同，则在元件例化时要用 GENERIC MAP 将参数传入设计实体当中。

（3）GENERIC 所声明的参数一般采用时间类型或者整数类型，没有严格的限制。

5.2.6 生成语句

在 VHDL 建模过程中，当一个设计单元中包含很多相同的子结构时，为了节省设计程序的源代码，可用生成语句来描述模型中的规则行为或重复性行为。同样，可以采用 GENERATE 语句复制一个相同硬件结构的子系统，如计算机存储阵列、寄存器阵列等。生成语句是一个内部包含多个待生成的并行结构的并发语句，能够按照预定的数量或一定的条件被复制。

按照生成模式的不同，生成语句分为迭代生成语句和条件生成语句。

下面将对上面介绍的两种生成语句进行讨论。

1. FOR_GENERATE 语句

当设计需要重复一个子系统或者子电路时，若被重复的结构和电路都是相同时，则可以采用迭代生成语句（即 FOR_GENERATE 语句）来描述，它本身就是一个并发语句。

迭代生成语句的格式如下：

```
[标号：] FOR 循环变量 IN 离散范围 GENERATE
[数据对象说明语句]；
BEGIN
[并行处理语句]
END GENERATE[标号]；
```

在上面的格式中，标号用于区分生成的结构，是一个可选项。离散范围表示并行处理语句被执行的次数，其数值必须是全局静态的。而且在每次重复时，由循环变量给出的值均被称为生成参数。当数据对象说明语句为在设计中需要声明的数据对象时，它是一个可选项；当不存在时，BEGIN 语句是可以省略的，这和其他的硬件描述语句有区别。

下面介绍利用迭代生成语句的设计方法。用预先给定的实体来实现一个带有三态输出的寄存器，类属参数 width 以位为单元指定寄存器的宽度，并能确定数据输入、输出端口的大小。

例 5-17 迭代生成语句举例。

```
LIBRARY IEEE;
USE IEEE.STD_LOGIC_1164.ALL;
ENTITY generate_test IS
GENERIC(width:POSITIVE:=5);
PORT(clk,enout:IN STD_LOGIC;
datain:IN STD_LOGIC_VECTOR(width-1 DOWNTO 0);
dataout:OUT STD_LOGIC_VECTOR(width-1 DOWNTO 0));
END generate_test;
ARCHITECTURE archi OF generate_test IS
COMPONENT D_flip IS
PORT(clk,d:IN STD_LOGIC;q:OUT STD_LOGIC);
END COMPONENT D_flip;
COMPONENT D_buffer IS
PORT(a,en:IN STD_LOGIC;y:OUT STD_LOGIC);
END COMPONENT D_buffer;
BEGIN
cell_array:FOR index IN 0 TO width-1 GENERATE
SIGNAL data_tem:STD_LOGIC;
BEGIN
    cell_storge:COMPONENT D_flip PORT MAP(clk,datain(index),data_tem);
    cell_buffer:COMPONENT D_buffer PORT MAP(data_tem,enout,dataout(index));
END GENERATE cell_array;
END ar chi;
```

这个构造体中的生成语句用来复制标号为 cell_storage 和 cell_bufferd 的元件实例，复制的次数由 width 确定。对于每一次复制，生成参数 index 从 0 到 width-1 连续取值。在每一次的复制过程中，用生成参数的值决定 datain 和 dataout 的端口的哪个单元被分别连接到触发器的输入端和三态缓冲器的输出端口。在每一次的复制中，还有一个名为 data_tem 的内部局部信号把触发器的输出端口连接到缓冲器的输入端口。

2. 条件生成语句

普通的生成语句的迭代结构是将一个设计单元按一定的数量都进行相同的连接。然而，在一些应用设计场合中，有些特殊单元需要进行不同的连接，如将设计单元和其临近单元相连接。由于每个末端的单元两边没有临近单元，所以它们要连接到构造体内部的信号或端口。在上述的情况下，可以采用条件生成语句。

条件生成语句的格式如下：

```
[标号:] IF 表达式 1  GENERATE
[并行处理语句 1];
ELSIF 表达式 2 GENERATE
[并行处理语句 2];
ELSE 表达式 3
[并行处理语句 3];
END GENERATE [标号];
```

其中：标号用来作为该 IF-GENERATE 语句的唯一标识符，它是一个可选项；执行该生成语句的条件紧跟在保留字 IF 的后面，它是并行处理语句执行的先决条件（如果条件为真，便会执行所对应的并行处理语句，否则根据满足的条件执行相应的并行处理语句）；最后 IF-GENERATE 语句以保留字 END GENERATE 结束该生成语句。

例 5-18　利用 GENERATE 语句设计 4 位移位寄存器。

```
LIBRARY IEEE;
USE IEEE.STD_LOGIC_1164.ALL;
ENTITY shift_register IS
PORT(a,clk:IN STD_LOGIC;
b:OUT STD_LOGIC);
END shift_register;
ARCHITECTURE archi OF shift_register IS
COMPONENT D_flip IS
PORT(d,clk:IN STD_LOGIC;q:OUT STD_LOGIC);
END COMPONENT D_flip;
SIGNAL x:STD_LOGIC_VECTOR(0 TO 4);
BEGIN
x(0)<=a;
u0:D_flip PORT MAP(x(0),clk,x(1));
u1:D_flip PORT MAP(x(1),clk,x(2));
u2:D_flip PORT MAP(x(2),clk,x(3));
u3:D_flip PORT MAP(x(3),clk,x(4));
b<=x(4);
END archi;
```

例 5-19　例 5-18 中采用了常规的例化语句，而对于不规则的设计，则可以采用 IF-GENERATE 来完成。实体保持例 5-18 中的不变，优化后的描述构造体如下：

```
ARCHITECTURE archi OF shift_register IS
COMPONENT D_flip IS
PORT(d,clk:IN STD_LOGIC;q:OUT STD_LOGIC);
END COMPONENT D_flip;
SIGNAL x:STD_LOGIC_VECTOR(0 TO 4);
BEGIN
F0:FOR i IN 0 TO 3 GENERATE
g0:IF i=0 GENERATE
u0: D_flip PORT MAP(a,clk,x(i+1));
END GENERATE;
g1:IF ((i>=1) AND (i/=3)) GENERATE
u1:D_flip PORT MAP(x(i),clk,x(i+1));
END GENERATE;
g2:IF (i=3) GENERATE
u2:D_flip PORT MAP(x(3),clk,b);
END GENERATE;
END GENERATE;
END archi;
```

由例 5-19 可知，FOR-GENERATE 用于规则结构的描述，而 IF-GENERATE 用于非规则结构的描述。IF-GENERATE 除了可以通过生成参数来控制条件生成语句的结构之外，它的另一个用途是用于描述递归的硬件结构，如树状结构。当描述递归结构时，包含条件生成语句的构造体将需要被例化，这时条件生成语句将用于控制递归过程在什么时候终止。因为递归结构比较复杂，设计者需要使用支持 VHDL 语言全集的软件工具，本书中不提供设计实例，感兴趣的读者可以参考相关文献。

5.2.7　并行仿真语句

1. REPORT 语句

REPORT 语句用于提示一条信息，它不增加任何硬件功能；它和 ASSERT 语句联合使用，起到调试程序的功能，增加程序的可读性。

REPORT 语句的书写格式如下：

<标号:>REPORT "输出字符串" <SEVERITY 出错等级>

当一个 REPORT 语句被执行时，输出字符串信息会被打印输出，且传送错误等级给仿真器，仿真器依据出错等级输出信息；当没有指定错误等级时，默认为 NOTE。一个单独的 REPORT 语句不能写在并行区，它必须结合 ASSERT 语句一起使用。

例 5-20　REPORT 用在并行区的例子。

```
LIBRARY IEEE;
USE IEEE.STD_LOGIC_1164.ALL;
ENTITY report_test IS
PORT (a,b:IN STD_LOGIC;
q:OUT STD_LOGIC);
END report_test;
ARCHITECTURE archi OF report_test IS
```

```
   BEGIN
     q<= a AND b;
     chedk0:ASSERT (q /= '1')
     REPORT "Output signal is high level!"
     SEVERITY NOTE;
   END archi;
```

上述实例完成了当输出 q 为高电平 1 时,报告等级为 NOTE,输出的字符串为"Output signal is high level!"。

2. 并行断言语句（ASSERT）

VHDL 提供了另外一种速记进程符号，即并行断言语句，它主要用于程序仿真，不能用于综合。并行断言语句检查信号的值是否在指定范围内，检查实体输入信号是否满足建立和保持时间。如果判断布尔表达式为假，表示检查失败，报告 REPORT 字符串信息和事故等级。

并行断言语句的书写格式如下:

```
ASSERT 布尔表达式
[REPORT 输出信号]
[SEVERTY 表达式];
```

如果布尔表达式的值为 FALSE，将会打印带有错误等级的报告信息和错误严重程度的级别。在 REPORT 后面的是设计者所写的文字串，通常用于说明错误的原因，文字串应用双引号将它们括起来；SEVERITY 后面的是错误严重程度的级别。在 VHDL 语言中，错误严重程度分为 4 个级别，即 FAILURE、ERROR、WARNING 和 NOTE。

例 5-21　采用并行断言语句来检查一个置位/复位的正确性。它有两个输入端 s 和 r，两个输出端 q 和 qn，类型均为 STD_LOGIC。触发器的使用要求是：s 和 r 不能同时为 1。

```
LIBRARY IEEE;
USE IEEE.STD_LOGIC_1164.ALL;
ENTITY rs_flipflop IS
  PORT(r,s:IN STD_LOGIC;q,qn:OUT STD_LOGIC);
END rs_flipflop;
ARCHITECTURE archi OF rs_flipflop IS
BEGIN
    q<=  '1' WHEN s='1' ELSE
         '0' WHEN r='1';
    qn<='0' WHEN s='1' ELSE
       '1' WHEN r='1';
         check:ASSERT NOT (S='1' AND r='1')
         REPORT "Incrrect use of rs_flipflop:s and r both '1'";
END ARCHITECTURE archi;
```

该断言语句的条件是信号量 sendB=' 1'。如果执行到该语句时，信号量 sendB ='0'，说明条件不满足，就会输出 REPORT 后跟的文字串。该文字串说明，出现了超时等待错误。

SEVERITY 后跟的错误级别告诉操作人员，其出错级别为 ERROR。ASSERT 语句可为程序的仿真和调试带来了极大的方便。

5.2.8 块语句

在采用 VHDL 语言描述一个复杂硬件电路过程时，用一个模块来完成描述是非常困难而且非常难于维护的。这种单模块描述硬件电路的方式对于设计人员之间进行沟通和交流也是非常不方便的。因此，设计人员总是希望将一个设计划分为几个相对独立的模块进行设计，这样一个设计构造体就可以用几个子结构来表示。这种子结构设计方法大大提高了设计的可测性和 VHDL 语言的可读性。

在传统的硬件电路设计中，一个大规模的硬件电路往往包含一个总电路原理图和若干子电路原理图。对于 VHDL 描述来说，如果一个硬件电路设计的构造体对应于总电路原理图，那么这时每一个子电路原理图就可以采用一个块语句结构来完成，而 BLOCK 语句则是硬件子原理图的有效表达方式。因此 BLOCK 语句是一个并发语句，而它所包含的一系列语句也是并发语句，且块语句中并发语句的执行与次序无关。

BLOCK 语句的书写格式如下：

```
[<块标号>:]BLOCK [(<保护表达式>)]  IS
    GENERIC(<属性表>);
    [说明语句];
    BEGIN
    [并发处理语句];
    END BLOCK 标号名;
```

在块的设计过程中，块首主要用于信号的映射及参数的定义，主要通过 GENERIC 语句、GENERIC_MAP 语句、PORT 语句和 PORT_MAP 语句来实现。说明语句与构造体的说明语句相同，主要是对该块所要用到的客体加以说明。如果块语句有块首，那么它描述的是块语句与外部设计单元的接口参数。块中出现的任何说明仅对本块可见，即在 BLOCK…END BLOCK 之间是可见的。块中可以有任意多个并发语句，也可以没有语句。块语句是可以嵌套的，因为块语句本身就是并行的。块语句中的开始标号是必需的，而出现的块语句结束部分的标号是可选的。当然，该标号必须与块开始时所使用的名称一致。

若在块中出现保护表达式，那么在块中必然出现 GUARDED 的布尔类型的隐含信号。信号 GUARDED 的值不断地更新并反映保护表达式的值。保护表达式必须是布尔类型。块语句中的信号赋值语句可以使用 GUARDED 信号来启动或禁止它所对应的驱动器。

例 5-22　保护块举例。

```
B1: BLOCK(STROBE = '1')
BEGIN
q<= GUARDED NOT A;
END BLOCK B1;
```

块 B1 中隐含声明了 GUARDED 信号，其表达式为 STROBE ='1'。关键字 GUARDED 在块语句中是可选的。此关键字表示当保护表达式的值为 TRUE 时，表达式 NOT A 的值赋给目标信号 q；如果保护表达式的值为 FALSE，q 的驱动将会被屏蔽，信号 q 保持不变。因此块语句在对特定事件触发的硬件元素（如触发器和时钟逻辑）的建模中非常有用。

例 5-23　保护块完整举例。

```
LIBRARY IEEE;
```

```
USE IEEE.STD_LOGIC_1164.ALL;
ENTITY d_flipflop IS
PORT(d,clk:IN STD_LOGIC;q,qn:OUT STD_LOGIC);
END d_flipflop;
ARCHITECTURE archi OF d_flipflop IS
BEGIN
    B1:BLOCK (clk='1' AND NOT clk'STABLE)
    SIGNAL temp:STD_LOGIC;
    BEGIN
        temp<=GUARDED d;
        q<=temp;
        qn<= NOT temp;
    END BLOCK B1;
END ARCHITECTURE archi;
```

保护表达式采用预定义属性'STABLE，CLK'STABLE 是布尔类型的信号，只要信号 CLK 在当前 Δt 时间内没有事件发生，其输出就为真。因此，这个保护表达式隐含的是时钟上升沿的条件判断。当时钟信号 CLK 出现上升沿时（如在时间 T），q 的值在 Δt 延迟后，赋给信号 temp。如果 temp 的值与原值不同，q 和 qn 将会被触发。q 和 qn 信号在 temp 变化后的另一个 Δt 延迟之后，即 $T+2\Delta t$ 时，被分别赋予新的值。

5.3 顺序描述语句

VHDL 语言中，除了用于描述硬件电路特性的并发处理语句，还有一种和高级语言特性类似的语句，即顺序描述语句。顺序描述语句只能出现在进程或子程序中，不能出现在并发描述区（如构造体）中。顺序描述语句可以实现特定的进程或子程序所定义的系统行为。顺序描述语句句中所涉及的系统行为有时序流、控制、条件和迭代等，所涉及的功能操作有算术、逻辑运算，信号和变量的赋值，子程序调用等。顺序描述语句就像在一般高级语言中一样，其语句的书写位置决定着被执行的先后次序，如图 5.7 所示。

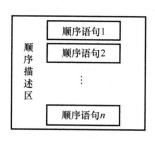

图 5.7 顺序语句执行示意图

顺序执行语句具有如下特征：
- 顺序语句只能出现在进程、过程、函数和模块中；
- 顺序语句适用于描述的系统行为包括时序流、控制流、条件分支和迭代算法等；
- 顺序语句的操作有算术、逻辑运算，信号、变量的赋值，函数调用等。

在 VHDL 语言中，顺序描述语句的含义及用途如表 5.3 所示。

表 5.3 VHDL 顺序描述语句的含义及用途

序号	顺序描述语句	含义及用途
1	PROCESS	进程语句，内部为顺序特性，双重性
2	VARIABLE ASSIGNMENT	变量赋值语句
3	SIGNAL ASSIGNMENT	信号赋值语句
4	IF STATEMENT	条件赋值语句

序号	顺序描述语句	含义及用途
5	CASE STATEMENT	选择赋值语句
6	RETURN STATEMENT	结束当前执行层，返回更高一层
7	FUNCTION CALL STATEMENT	函数调用语句
8	PROCEDURE CALL STATEMENT	过程调用语句
9	LOOP STATEMENT	循环语句
10	EXIT STATEMNT	循环控制语句
11	NEXT STATEMENT	循环控制语句
12	WAIT STATEMENT	等待语句
13	REPORT STATEMENT	并行提示语句
14	ASSERT STATEMENT	断言语句
15	NULL STATEMENT	空语句

5.3.1 进程语句

进程（PROCESS）在并发语句中已经做了详尽的描述，这里不再赘述；只是要强调一点，PROCESS 语句具有双重特性。从宏观来分析，它属于并发语句，PROCESS 和 PROCESS 之间，PROCESS 和其他并发语句均具有并行描述的特性；但是，在 PROCESS 内部却具有顺序描述特性。因此，在 PROCESS 的 BEGIN…END 之间必须放置具有顺序特性描述的语句，这一点尤为重要，初学者很容易在此犯错误。

5.3.2 赋值语句

1. 变量赋值语句

变量赋值语句只能在进程、过程和函数内部使用，变量赋值语句的书写格式如下：

[<语句标号:>]<目的变量>:=<表达式>;

其中，语句标号为可选项，目标变量的赋值符号为"：="；在给信号、变量、常量及文件赋初值也用到此符号，要注意区别。右边的表达式可以是变量、信号或字符。

该语句表明目标变量的值将被表达式所描述的值更新。但是两者的数据类型必须相同。目的变量的类型、范围及初值应在指定的声明区中已经声明。此内容在前面章节已经描述，此处不再赘述。

例 5-24 变量赋值举例。

```
LIBRARY IEEE;
USE  IEEE.STD_LOGIC_1164.ALL;
ENTITY variable_test IS
    PORT(a,b:IN STD_LOGIC;
        c:OUT STD_LOGIC);
END variable_test;
ARCHITECTURE archi OF variable_test IS
SIGNAL q_s:STD_LOGIC;
BEGIN
    p1:PROCESS(a,b)
```

```
    VARIABLE  c_v:STD_LOGIC;
    BEGIN
        c_v:= a XOR b;
        q_s<= c_v;
    END PROCESS;
    c<=q_s;
  END ARCHITECTURE archi;
```

和其他高级语言中的变量一样，对变量的赋值是立即生效的，而这一点和并行区的描述是不同的。变量值只在进程、过程和函数中使用，它无法传递到进程之外，因此变量是局部变量，只在局部范围内有效。

在上例的程序中，在构造体部分定义了信号 q_s，用于进程间、模块间或构造体间信息的传递；在进程中定义了变量 c_v，通过表达式→变量→信号→端口信号完成了异或门的设计。

2. 信号赋值语句

在并行描述语句中，已经详细介绍了并行信号代入语句，而在顺序描述中的信号代入语句在格式上和并行信号代入语句完全相同。这里要关注二者的区别：一是二者使用的位置不同；二是一个并发代入语句可以等同于一个进程描述语句，进程语句中以顺序代入语句的形式出现。

例 5-25 信号赋值语句示例。

```
LIBRARY IEEE;
USE IEEE.STD_LOGIC_1164.ALL;
ENTITY signal_test IS
  PORT(a,b:IN STD_LOGIC;
       c:OUT STD_LOGIC);
END signal_test;
ARCHITECTURE archi OF signal_test IS
BEGIN
p1:PROCESS(a,b)
BEGIN
c<=a AND b;
END PROCESS;
END arhci;
```

例 5-26 并发赋值语句示例。

```
LIBRARY IEEE;
USE IEEE.STD_LOGIC_1164.ALL;
ENTITY signal_test IS
  PORT(a,b:IN STD_LOGIC;
       c:OUT STD_LOGIC);
END signal_test;
ARCHITECTURE archi OF signal_test IS
BEGIN
c<=a AND b;
END arhcil;
```

通过上述示例，可以很好地理解并发代入语句和顺序代入语句，一个并发代入语句的执行也是依赖于信号敏感量的变化而触发执行的，只不过信号敏感量是隐式的。

5.3.3 条件判断语句

IF 语句用于选择器、比较器、编码器、译码器和状态机的设计，是 VHDL 语言中常用的行为描述语句之一。它只能用在具有顺序特性的场合，即在进程、过程及函数内部使用，根据所预先设定的条件来确定执行语句的顺序。其书写格式的通用表达式如下：

```
IF 条件 1 THEN
<顺序处理语句 1>;
[ELSIF 条件 2 THEN]
[<顺序处理语句 2>]
[ELSIF 条件 3 THEN]
[<顺序处理语句 3>];
[ELSE]
[<顺序处理语句 n>];
END IF;
```

在上面的书写格式中，符号"[ ]"当中的内容为可选项，其余为必选项。其含义是，当程序执行到该 IF 语句时，就要判断必选项中 IF 语句所指定的条件是否成立：如果条件成立，则 IF 语句所包含的顺序处理语句将被执行；如果条件不成立，但程序还有其他的 ELSIF 语句，则将顺次判断它所指定的条件判断式（如果条件成立，则执行顺序语句，反之跳过）。以此类推。

根据上面的通用表达式，及必选项、可选项的搭配使用，IF 条件句可以分为：门闩控制 IF 语句，由必选项构成单段式语句，即 IF …END IF；二选一控制 IF 语句，由必选项+可选项 ELSE 构成两段式语句，即 IF …ELSE… END IF；多条件控制 IF 语句由必选项+所有可选项构成通用表达式。

IF 语句不允许对信号的边沿进行二选一处理。

下面针对 IF 条件句的 3 种情况，分别举例。

例 5-27 用 IF 语句完成门闩控制举例。

```
LIBRARY IEEE;
USE IEEE.STD_LOGIC_1164.ALL;
ENTITY D_trigger IS
  PORT(clk,d:IN STD_LOGIC;
      q:OUT STD_LOGIC);
END D_trigger;
ARCHITECTURE archi OF D_trigger IS
SIGNAL q_s:STD_LOGIC;
BEGIN
  p1:PROCESS(clk)
  BEGIN
    IF (clk='1' AND clk'EVENT) THEN
    q<=d;
    END IF;
```

```
    END PROCESS;
  END ARCHITECTURE archi;
```

该 IF 语句所描述的是一个门闩电路。IF 语句的条件是时钟信号（clk）是否发生了上升沿变化。当此条件满足时，信号 q 将被赋值信号 d；当此条件不满足时，q 端维持原来的输出状态。这种描述逻辑综合，实际上可以生成一个上升沿触发的 D 触发器。

例 5-28 用 IF 语句完成二选一控制举例。

```
LIBRARY IEEE;
USE IEEE.STD_LOGIC_1164.ALL;
ENTITY mux2 IS
  PORT(a,b,sel:IN STD_LOGIC;
       q:OUT STD_LOGIC);
END mux2;
ARCHITECTURE archi OF mux2 IS
BEGIN
PROCESS (a,b,sel)
BEGIN
IF (sel='1') THEN
q<=a;
ELSE
q<=b;
END IF ;
END PROCESS;
END archi;
```

上述示例描述的是二选一电路，输入为 a 和 b，选择控制端为 sel，输出端为 q。

例 5-29 用 IF 语句完成多选择控制举例。

```
LIBRARY IEEE;
USE IEEE. STD_LOGIC_1164. ALL;
ENTITY mux4 IS
PORT (input:IN STD_LOGIC_VECTOR (3 DOWNTO 0);
      sel:IN STD_LOGIC_VECTOR (1 DOWNTO 0);
      y: OUT STD_LOGIC);
END mux4;
ARCHITECTURE archi OF mux4 IS
BEGIN
    p1:PROCESS(input, sel)
    BEGIN
        IF(sel="00") THEN
        y<=input(0);
        ELSIF(sel="01") THEN
        y<=input(1);
        ELSIF(sel="10") THEN
        y<=input(2);
        ELSE
        y<=input(3);
        END IF;
```

```
    END PROCESS;
  END archi;
```

需要注意的是，IF 语句的条件判断输出是布尔量，即值是"真"（TRUE）或"假"（FALSE），因此在 IF 语句的条件表达式中只能使用关系运算操作（=，/=，<，>，<=,>=）及逻辑运算操作的组合表达。由于 IF 语句较为常用，因此设计人员更习惯使用 IF 语句。但是 IF 语句对电路实现可能会带来负面影响，因为 IF 语句在综合时会产生优先级解码电路，并占用了过多的硬件资源。

条件信号代入语句与 IF 语句的区别如下：

- 条件信号代入语句只能用在并行区域（构造体或块）中，而 IF 语句只能用在顺序区域（进程或子函数）中。
- 条件信号代入语句中的 ELSE 是必选项，而 IF 语句中的 ELSE 是可选项。
- 条件信号代入语句不能嵌套使用，而 IF 语句是可以嵌套的。
- 条件信号代入语句所描述的电路，与逻辑电路的工作情况比较贴近，因而往往要求设计者具有较多的硬件电路知识；而 IF 语句更加接近于行为级的描述。一般而言，只有当用进程语句、IF 语句和 CASE 语句难于描述时，才使用条件信号代入语句。

5.3.4 CASE 语句

CASE 语句用来描述总线或编码、译码的行为，在顺序语句中使用的频率非常高，非常通用，可被综合成门电路。CASE 语句的功能是根据选择表达式，从若干不同语句的序列中选择满足条件的选项，并执行所对应的顺序处理语句。CASE 语句的可读性比 IF 语句要强得多，程序的阅读者很容易找出条件式和动作的对应关系。

CASE 语句的书写格式如下：

```
[< 语句标号>:]  CASE<选择表达式>  IS
WHEN<选项 1>=><顺序处理语句 1>;
WHEN<选项 2>=><顺序处理语句 2>;
…
WHEN  OTHERS=><顺序处理语句 2>;
END CASE;
```

上述 CASE 语句中的选项有 4 种不同的表示形式：

```
WHEN value =>顺序处理语句;          --对单个值进行判断
WHEN 值|值|值|...|值|=>顺序处理语句;  --对多个值进行判断，满足一个即可
WHEN 值 1  TO 值 2=>顺序处理语句;    --对一个取值范围进行判断，适用于枚举类型
WHEN OTHERS=>顺序处理语句;          --对于没有列举的情况，适用于范围
```

当 CASE 和 IS 之间的选项取值满足指定的选择表达式的值时，程序将执行后面的顺序处理语句。条件表达式的值可以是一个值，或者是多个值的"或"关系，或者是一个取值范围，或者表示其他所有的默认值。

例 5-30 当条件表达式取值为某一值时的 CASE 语句举例。

```
LIBRARY IEEE;
USE IEEE.STD_LOGIC_1164.ALL;
```

```
ENTITY mux4 IS
  PORT (input:IN STD_LOGIC_VECTOR(1 DOWNTO 0);
          i0,il,i2,i3: IN STD_LOGIC;
          q: OUT STD_LOGIC);
END mux4;
ARCHITECTURE arhchi OF mux4 IS
BEGIN
PROCESS (input)
  BEGIN
    CASE input IS
    WHEN "00"=>   q<=i0;
    WHEN "01"=>   q<=il;
    WHEN "10"=>   q<=i2;
    WHEN "11"=>   q<=i3;
    WHEN OTHERS=> q<='X';
  END CASE;
END PROCESS;
END  arhchi;
```

　　上例表明，选择器的行为描述不仅可以采用 IF 语句，而且也可以采用 CASE 语句；但是它们还是有区别的。在 IF 语句中，先处理优先级最高的条件，如果不满足，再处理下一个优先级较低的条件；而在 CASE 语句的判断条件中，没有优先级的区别，即所有的条件都是并行处理的。

例 5-31　CASE 用于译码电路举例。

```
LIBRARY IEEE;
USE IEEE.STD_LOGIC_1164.ALL;
ENTITY seg8 IS
  PORT (bcd:IN STD_LOGIC_VECTOR(3 DOWNTO 0);
        seg: OUT STD_LOGIC_VECTOR(7 DOWNTO 0));
END seg8;
ARCHITECTURE arhchi OF seg8 IS
BEGIN
PROCESS (bcd)
  BEGIN
    CASE bcd IS
          WHEN "0000"=>   seg<="00111111";   --0
          WHEN "0001"=>   seg<="00000110";   --1
          WHEN "0010"=>   seg<="01011011";   --2
          WHEN "0011"=>   seg<="01001111";   --3
          WHEN "0100"=>   seg<="01100110";   --4
          WHEN "0101"=>   seg<="01101101";   --5
          WHEN "0110"=>   seg<="01111101";   --6
          WHEN "0111"=>   seg<="00100111";   --7
          WHEN "1000"=>   seg<="01111111";   --8
          WHEN "1001"=>   seg<="01101111";   --9
          WHEN OTHERS=> seg<="00000000";   --0
```

```
    END CASE;
  END PROCESS;
  END  arhchi;
```

上例表明，通过 CASE 语句可实现把 BCD 编码的数据转换为 LED 数码管显示需要的七段码的任务。这里特别需要注意的是，在 WHEN 项中已经出现的值或条件，如果在后面的 WHEN 项中再次出现，就会导致语法编译错误。也就是说，所有的条件不能重叠使用。另外，当所有的条件无法逐一列举时，使用带有 WHEN OTHERS 的条件选项也是必不可少的。

同样，当输入值在某一个连续范围内，其对应的输出值是相同时，此时用 CASE 语句时，在 WHEN 后面可以用"TO"来表示一个取值的范围。例如，对自然数取值范围为 1 TO 9，可表示为 WHEN 1 TO 9 =>顺序描述语句。

在进行组合逻辑电路设计时，往往会碰到任意项，即在实际正常工作时不可能出现的输入状态。在利用卡诺图对逻辑进行化简时，可以把这些项看作'1'或者'0'，从而可以使逻辑电路得到简化。

例 5-32 8/3 编码器的 CASE 语句描述方式举例。

```
LIBRARY IEEE;
USE IEEE. STD_LOGIC_1164. ALL;
ENTITY encoder IS
  PORT(input: IN STD_LOGIC_VECTOR (7 DOWNTO 0);
  y: OUT STD_LOGIC_VECTOR (2 DOWNTO 0));
END encoder;
ARCHITECTURE archi OF encoder IS
BEGIN
  PROCESS (input )
  BEGIN
    CASE input IS
        WHEN "01111111"=>y<="111";
        WHEN "10111111"=>y<="110";
        WHEN "11011111"=>y<="101";
        WHEN "11101111"=>y<="100";
        WHEN "11110111"=>y<="011";
        WHEN "11111011"=>y<="010";
        WHEN "11111101"=>y<="001";
        WHEN "11111110"=>y<="000";
        WHEN OTHERS=>y<="XXX";
    END CASE;
  END PROCESS;
END archi;
```

关于 WHEN OTHEERS 的使用说明：当 CASE 语句已经列举了表达式的所有条件时，则在逻辑综合时就不会有不利的影响；而当 CASE 语句并没有列举出所有的可能条件时，则使用和不使用 CASE OTHERS 语句描述时，综合出的电路是截然不同的。具体电路原理图如图 5.8 和图 5.9 所示。

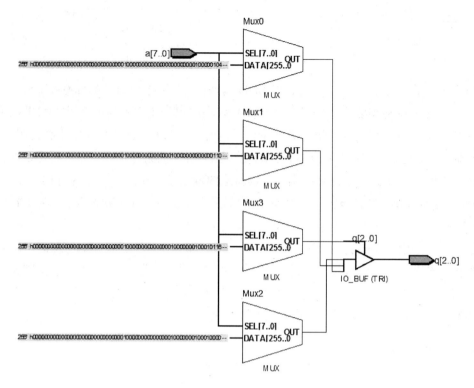

图 5.8　包含任意项处理语句的综合 RTL 原理图

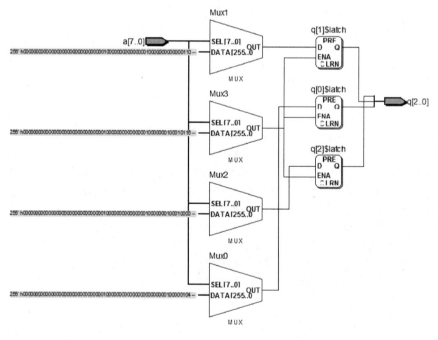

图 5.9　任意项处理语句为空的综合 RTL 原理图

通过比较图 5.8 和图 5.9 可以看出：图 5.9 对于资源的占用明显多于图 5.8。因为任意项处理语句为空，即采用"WHEN OTHERS=>NULL;"语句时，由于存在不确定的情况，系统编译时自动加载了 3 个锁存器。这 3 个锁存器并不是期望设计的，因此在系统描述时应避免这种情况的发生。

5.3.5 调用语句

1. 函数调用语句

函数是具有某一特定功能的顺序程序代码，或者是用来描述一个经常需要被使用的电路，并返回单一值。函数内部为顺序语句，通过 RETURN 语句将值返回。函数书写的格式如下：

```
FUNCTION 函数名称 （输入变量参数表）
RETURN 输出变量数据类型 IS
[变量声明];
BEGIN
顺序语句1;
顺序语句2;…….
顺序语句n;
END 函数名称;
```

函数调用格式如下：

```
目标变量：=函数名称（输入变量）;
```

例 5-33　以下是一个简单的函数，该函数会计算一个值是否位于给定的边界范围内，并将限定在这些边界范围内的一个结果返回。

```
FUNCTION limit(value,min,max:INTEGER)
RETURN INTEGER IS
BEGIN
    IF value>max THEN
        RETURN max;
    ELSIF value<min THEN
        RETURN min;
ELSE
  RETURN value;
END IF;
END FUNCTION limit;
```

2. 函数的调用

函数的组织结构及调用方法如下：函数的声明除了可以声明在所使用的进程、子程序的声明区外，更加有效的方式是将功能函数都集中在程序包（PACKAGE）中，而对于加载程序包的所有设计文件，都可以调用数据包中的所有函数。

第一种方式：在本设计中声明并完成调用例 5-33 中的函数。

例 5-34　完整的声明及调用过程举例。

```
LIBRARY IEEE;
USE IEEE.STD_LOGIC_1164.ALL;
ENTITY function_test IS
  PORT (current_temperature:IN INTEGER;
          min_limit,max_limit: IN INTEGER;
          new_temperature: OUT INTEGER);
END function_test;
```

```
ARCHITECTURE archi OF function_test IS
BEGIN
PROCESS (current_temperature)
  FUNCTION limit(SIGNAL value,min,max:INTEGER) RETURN INTEGER IS
  BEGIN
IF value>max THEN
     RETURN max;
 ELSIF value<min THEN
       RETURN min;
  ELSE
   RETURN value;
  END IF;
  END FUNCTION limit;
  VARIABLE x:INTEGER;
  BEGIN
   x:= limit(current_temperature,min_limit,max_limit);
   new_temperature<=x;
  END PROCESS;
  END  archi;
```

从上例可以看出，函数的声明和调用是在同一个设计实体中完成的，因此该函数只能在本实体中被调用，超出本实体设计范围之外的函数调用是无效的。

第二种方式：首先采用自建库文件和自建数据包，并在数据包中声明函数，然后在设计文件中完成调用。

函数的声明过程：这是一个自定义数据包设计，该数据包分为数据包头（PACKAGE）和数据包体（PACKAGE BODY）两部分，此内容在前面章节已经论述过。函数的声明放在包体中，此包中只有一个示例函数。当然，可以根据需要添加用户自定义的函数、过程及数据类型。

例 5-35 数据包中的函数声明及描述举例。

```
LIBRARY IEEE;
USE IEEE.STD_LOGIC_1164.ALL;
PACKAGE mypkg IS
FUNCTION limit(SIGNAL value,min,max:INTEGER) RETURN INTEGER;
END mypkg;
PACKAGE BODY mypkg IS
FUNCTION limit(SIGNAL value,min,max:INTEGER) RETURN INTEGER IS
  BEGIN
    IF value>max THEN
     RETURN max;
    ELSIF value<min THEN
       RETURN min;
  ELSE
   RETURN value;
  END IF;
  END FUNCTION limit;
END PACKAGE BODY mypkg;
```

例 5-36 函数的调用过程举例。

```
LIBRARY IEEE;
USE IEEE.STD_LOGIC_1164.ALL;
LIBRARY myLib;
USE myLib.mypkg.ALL;
ENTITY function_test IS
  PORT (current_temperature:IN INTEGER;
          min_limit,max_limit: IN INTEGER;
          new_temperature: OUT INTEGER);
END function_test;
ARCHITECTURE archi OF function_test IS
BEGIN
PROCESS (current_temperature)
  VARIABLE x:INTEGER;
  BEGIN
   x:= limit(current_temperature,min_limit,max_limit);
   new_temperature<=x;
  END PROCESS;
END  archi;
```

从上述示例可以看出，要完成函数的调用，必须加载函数所属的数据包（PACKAGE）和库（LIBRARY），否则会出现编译错误。

2. 过程函数调用过程

在前面的并发语句描述中，已经介绍了过程调用语句的格式，在这里不再赘述。二者主要的区别是在调用的位置上，根据调用位置的不同，区分为并发过程调用语句和过程函数调用语句，但二者在形式和内容上是一致的。所以，过程调用语句如果发生在一个进程语句或者另一个子程序内部，它是一个顺序语句；如果调用发生在并发区，则它是并发过程调用语句。

子程序函数和过程的区别如下：
- 一个过程内包含了一组顺序语句的集合，通过执行这些顺序语句来获得其效果；
- 而函数则把一些语句的集合封装成一体，直接计算出结果。
- 一个过程体可以有一个 WAIT 语句，而一个函数用来计算即时可用的值，因此函数不能使用 WAIT 语句。
- 函数只能返回一个数据对象，而过程则可以有一个或多个数据输出接口，这在使用时要特别注意。
- 函数是不可以直接在并行区中调用的，而过程则可以。

3. RETURN 语句

RETURN 语句专属于子程序语句，它主要用于结束当前最内层的过程体或函数体，有以下两种形式：
- 当用于过程时：<标号:>RETURN；
- 当用于函数时：<标号:>RETURN <表达式>；

RETURN 语句的功能是程序执行到 RETURN 处直接返回，并根据 RETURN 后面是否带有表达式决定是带值返回还是无值返回，无须执行到 END 语句。

5.3.6 循环语句

1. LOOP 语句

在 VHDL 中，LOOP 语句也是一种十分重要的具有条件控制功能的语句。在采用 VHDL 描述硬件电路的过程中，经常完成一组被重复执行的顺序语句。可以使用 LOOP 循环语句，使程序能进行有规则的循环运行。在 VHDL 语言中常用来描述循环语句完成逻辑及迭代电路的行为。

通常，VHDL 提供的 LOOP 语句有两种类型：FOR…LOOP 语句和 WHILE…LOOP 语句。二者的区别是：FOR…LOOP 循环主要用于规定数目的重复情况；WHILE…LOOP 循环将连续执行操作，直到控制条件被判断为 TRUE 为止。

1）FOR…LOOP 语句

FOR…LOOP 语句的书写格式如下：

```
[循环标号:] FOR 循环变量 IN 离散范围 LOOP
            <顺序处理语句;>
            END LOOP[循环标号];
```

其中，循环标号用来作为该 FOR…LOOP 语句的标示符，循环变量的值在每次循环中都将发生变化，而 IN 后跟的离散范围则表示循环变量在循环过程中依次取值的范围。循环变量的取值将从最左边的值开始，并逐渐递增到最右边的值。循环变量每取一个值就要执行一遍循环体中的所有顺序处理语句。末尾的保留字 END…LOOP 用来结束循环。

例 5-37 采用 FOR…LOOP 语句，将矢量转换成整数。

```
LIBRARY IEEE;
USE IEEE.STD_LOGIC_1164.ALL;
ENTITY loop_test IS
   PORT (input:IN STD_LOGIC_VECTOR(7 DOWNTO 0);
   flag: OUT BOOLEAN;
   q: OUT INTEGER RANGE 0 TO 255);
END loop_test;
ARCHITECTURE archi OF loop_test IS
SIGNAL result:INTEGER RANGE 0 TO 255;
BEGIN
   PROCESS (input)
   VARIABLE tmp:INTEGER RANGE 0 TO 300:=0;
   BEGIN
      flag<=FALSE;
   tmp:=0;
    FOR i IN 0 TO 7 LOOP
            tmp:=tmp *2;
            IF (input(i)='1') THEN
            tmp:=tmp+1;
            ELSIF (input(i)/='0') THEN
            flag<=TRUE;
            END IF;
      END LOOP;
```

```
        result<=tmp;
          q<=tmp;
      END PROCESS;
  END  archi;
```

例 5-38 采用 FOR···LOOP 语句描述 8 位奇偶校验功能电路。

```
LIBRARY IEEE ;
USE IEEE.STD_LOGIC_1164.ALL;
ENTITY parity_check IS
    PORT (a:IN STD_LOGIC_VECTOR(7 DOWNTO 0);
    Y:OUT STD_LOGIC);
END parity_check;
ARCHITECTURE archi OF parity_check IS
BEGIN
    PROCESS (a)
    VARIABLE tmp:STD_LOGIC;
    BEGIN
        tmp:='0';
        FOR i IN 0 TO 7 LOOP
        tmp:=tmp XOR a(i);
        END LOOP;
        y<=tmp;
    END PROCESS;
END archi;
```

在上例中，有以下几点需要说明：

（1）tmp 是变量，它只能在进程内部说明，因为它是一个局部量。

（2）FOR···LOOP 语句中的循环变量 i 为隐式声明，无论在信号说明和变量说明中，都不需要定义。

（3）tmp 是变量，如果该变量值要从进程内部输出就必须将它代入信号量，通过信号传递信息。

2）WHILE···LOOP 语句

WHILE···LOOP 语句的书写格式如下：

```
[循环标号]:WHILE 条件表达式 LOOP
         顺序处理语句;
             END LOOP [标号];
```

在该 LOOP 语句中，如果条件为"真"，则顺序语句会被循环执行，直到条件为假的情况下才会结束循环。

例 5-39 用 WHILE···LOOP 语句描述 8 位奇偶校验电路的行为。

```
LIBRARY IEEE ;
USE IEEE.STD_LOGIC_1164.ALL;
ENTITY parity_check IS
    PORT (a:IN STD_LOGIC_VECTOR(7 DOWNTO 0);
    Y:OUT STD_LOGIC);
```

```
        END parity_check;
    ARCHITECTURE archi OF parity_check IS
    BEGIN
        PROCESS (a)
        VARIABLE tmp:STD_LOGIC;
        VARIABLE i:INTEGER RANGE 0 TO 8:=0;
        BEGIN
            tmp:='0';
            i:=0;
            WHILE (i<8) LOOP
            tmp:=tmp XOR a(i);
            i:=i+1;
            END LOOP;
            y<=tmp;
        END PROCESS;
    END archi;
```

从上例可以看出，WHILE…LOOP 语句的循环变量是需要单独声明的，而 FOR…LOOP 语句则不需要。WHILE…LOOP 的循环次数是由条件表达式决定的，而 FOR…LOOP 则是由循环范围决定的。虽然二者都可以用来进行逻辑综合，但是从使用频率来看，FOR…LOOP 使用得更加普遍。

2. NEXT 语句

NEXT 语句常用在循环语句中，只能在 LOOP 语句内部使用，它用来跳出本次循环，其标准语法格式如下：

NEXT[循环标号] [WHEN 条件表达式];

NEXT 语句的功能是忽略当前循环中的剩余语句，而跳到下一次循环的第一条语句。如果没有定义循环标号，那么将忽略最内层的循环，并终止循环，以继续下一次循环。

例 5-40 NEXT 语句举例。

```
LIBRARY IEEE ;
USE IEEE.STD_LOGIC_1164.ALL;
ENTITY next_test IS
    GENERIC (total_sum:INTEGER:=100);
    PORT (sum:IN  INTEGER RANGE 0 TO 255;
    num:OUT INTEGER RANGE 0 TO 255);
END next_test;
ARCHITECTURE archi OF next_test IS
BEGIN
    PROCESS (sum)
    VARIABLE k,sum_tmp:INTEGER:=0;
    BEGIN
        sum_tmp:=sum;
        FOR j IN 7 DOWNTO 0 LOOP
            IF sum <total_sum THEN
            sum_tmp:=sum_tmp+2;
```

```
                ELSIF sum_tmp=total_sum THEN
                NEXT;
                ELSE
                NULL;
                END IF;
                k:=k+1;
            END LOOP;
            num<=k;
        END PROCESS;
    END archi;
```

在上例中，当执行到 NEXT 语句时，语句跳转到循环的末尾（循环的最后一句 k:=k+1），循环变量 j 加 1，继续执行下一次循环。由此可见，NEXT 语句实际上是用于 LOOP 语句的内部循环控制语句，类似于高级 C 语言中的 CONTINUE 语句。

3. EXIT 语句

在前面的例子中，循环语句一直重复执行着循环体中的语句，直到循环结束或者不满足条件。通常当某些条件发生，需要退出这种循环时，可以通过 EXIT 语句来完成。

虽然 EXIT 语句也是 LOOP 语句中使用的循环控制语句，但是与 NEXT 语句不同的是，执行 EXIT 语句将结束循环状态，而从 LOOP 语句中跳出，结束 LOOP 语句的正常执行。

EXIT 语句的书写格式如下：

```
EXIT[循环标号][WHEN 布尔条件表达式];
```

如果单独使用 EXIT，则程序执行到该语句时就会无条件地从 LOOP 语句中跳出，结束循环状态，继续执行 LOOP 语句后面的语句。EXIT 语句和高级 C 语言中的 BREAK 语句功能相类似。

例 5-41　EXIT 语句举例。

```
LIBRARY IEEE ;
USE IEEE.STD_LOGIC_1164.ALL;
ENTITY exit_test IS
    GENERIC (max_limit:INTEGER:=10);
    PORT (a:IN  INTEGER RANGE 0 TO 255;
    y:OUT INTEGER RANGE 0 TO 255);
END exit_test;
ARCHITECTURE archi OF exit_test IS
BEGIN
    PROCESS (a)
    VARIABLE int_a:INTEGER RANGE 0 TO 255:=max_limit;
    BEGIN
        int_a:=a;
        FOR i IN 0 TO max_limit LOOP
                IF(int_a<=0) THEN
                EXIT ;
                ELSE
                int_a:=int_a-1;
```

```
                END IF;
            END LOOP;
        END PROCESS;
    END archi;
```

在该例中，int_a 通常代入大于 0 的正数值。如果 int_a 的取值为负值或零将出现错误状态，算式就不能计算。也就是说 int_a 小于或等于 0 时，IF 语句将返回"真"值，EXIT 语句得到执行，LOOP 语句执行结束。程序将向下执行 LOOP 语句后继的语句。

例 5-42　循环中嵌套、标记和退出的关系举例。

```
    outer:LOOP
    [sequence statement1;]
        inner:LOOP
        [sequence statement2;]
        EXIT outer WHEN condition_1;--EXIT1
        [sequence statement3;]
        EXIT WHEN condition_2;--EXIT2
        [sequence statement4;]
        END LOOP inner;
    [sequence statement5;]
    EXIT outer WHEN condition_3; --EXIT3
    [sequence statement6;]
    END LOOP outer;
    [sequence statement7;]
```

上例中出现了循环嵌套，包含了两个循环，其中标号 inner 的循环嵌套在标号 outer 的另一个循环里面。对于第一个退出语句，由注释标注为 EXIT1；如果条件为真，会将控制进程转移到标注为 [sequence statement7;]的顺序语句处。而对于第二个退出语句，标注为 EXIT2，将转移控制进程到[sequence statement5;]的语句处。因为没有引用标号，所以第二个退出语句只能退出其直接包围的循环体 inner。最后，标注为 EXIT3 的退出语句将控制进程转移到[sequence statement7;]。

EXIT 语句是一条很有用的控制语句。当程序需要处理保护、出错和警告状态时，它能提供一个快捷、简便的方法。

5.3.7　仿真描述语句

1. WAIT 语句

WAIT 语句的用法和 IF 语句类似，但 WAIT 语句的形式更加多样化。和 IF、CASE 及 LOOP 语句不同，如果在进程中使用了 WAIT 语句，就不能再使用信号敏感表了。WAIT 语句可以设置 4 种不同的条件，即无限等待、时间到、条件满足以及敏感信号量变化。

其书写格式如下：

```
[<语句标号:>]WAIT                          --无限等待
[<语句标号:>]WAIT ON                        --敏感信号量变化
[<语句标号:>]WAIT UNTIL <布尔表达式>          --条件满足
[<语句标号:>]WAIT FOR <时间表达式>            --直到延时时间到
```

其中，<布尔表达式>至少要含有一个信号量，因为进程一旦挂起，进程内的变量将不会改变；若要退出等待状态，只能依靠信号的变化引起布尔表达式的值为真。上述等待语句分别称为无限等待语句、敏感信号等待语句、条件等待语句和超时等待语句。

1) WAIT ON 语句

由于信号敏感表在实际的设计中使用得非常普遍，所以 VHDL 提供了一种完全等价的简化代码书写形式——WAIT ON 语句。

例 5-43　显式信号敏感表描述方式举例。

```
LIBRARY IEEE ;
USE IEEE.STD_LOGIC_1164.ALL;
ENTITY wait_test IS
     PORT (a,b:IN  STD_LOGIC;
     sum,carry:OUT STD_LOGIC);
END wait_test;
ARCHITECTURE archi OF wait_test IS
BEGIN
    p1:PROCESS (a,b)
    BEGIN
        sum<=a XOR b;
        carry<=a AND b;
    END PROCESS;
END archi
```

例 5-44　隐式信号敏感表描述方式举例。

```
LIBRARY IEEE ;
USE IEEE.STD_LOGIC_1164.ALL;
ENTITY wait_test IS
     PORT (a,b:IN  STD_LOGIC;
     sum,carry:OUT STD_LOGIC);
END wait_test;
ARCHITECTURE archi OF wait_test IS
BEGIN
    p1:PROCESS
    BEGIN
        sum<=a XOR b;
        carry<=a AND b;
        WAIT ON a,b;
    END PROCESS;
END archi;
```

上述两例的描述均表明：等待信号量 a 或 b 发生变化或者其中只要一个信号量发生变化，进程就结束挂起状态，而继续执行 WAIT ON 后面的语句。WAIT ON 可以再次启动进程的执行，其条件是指定的信号量必须有一个新的变化。从这一点来看，与进程指定的敏感信号量有新的变化时也会启动进程的情况相类似。根据 VHDL 的规定，简化的 WAIT ON 代码形式和信号敏感表不能同时使用，二者可选其一，而常规的描述多采用信号敏感表。

例 5-45   WAIT ON 和敏感表的排斥举例。

```
PROCESS(a, b)
BEGIN
y<=a AND b;
carry<=a AND b;
WAIT ON a, b;---错误语句
END PROCESS;
```

该例中的 PROCESS 描述语句是错误的。

2）WAIT UNTIL 语句

WAIT UNTIL 允许指定一个重新启动进程执行的条件，即建立一个隐式的敏感信号量表；而当表中的任何一个信号量发生变化时，就立即对表达式进行一次判定。如果判定结果使表达式返回一个"真"值，则进程启动，继续执行下一个语句；否则，进程被挂起。

例 5-46   WAIT UNTIL 语句举例。

```
LIBRARY IEEE ;
USE IEEE.STD_LOGIC_1164.ALL;
USE IEEE.STD_LOGIC_UNSIGNED.ALL;
ENTITY wait_test IS
    PORT (a,b:IN  STD_LOGIC_VECTOR(7 DOWNTO 0);
    q:OUT STD_LOGIC_VECTOR(7 DOWNTO 0);
    flag:OUT BOOLEAN);
END wait_test;
ARCHITECTURE archi OF wait_test IS
BEGIN
    p1:PROCESS
    VARIABLE c:STD_LOGIC_VECTOR(7 DOWNTO 0);
    BEGIN
        WAIT UNTIL ((a+b)>"10010000");
        c:=a+b;
        flag<=TRUE;
        q<=c;
    END PROCESS;
END archi;
```

在这个例子中，当信号量 a 和 b 的矢量和小于等于"10010000"时，进程执行到该语句将被挂起，当信号量 a 和 b 的矢量和大于"10010000"时再次被启动，继续执行 WAIT 后面的语句。

3）WAIT FOR 语句

WAIT FOR 语句后面跟的是时间表达式，当进程执行到该语句时将被挂起，直到指定等待时间到时，进程再开始执行 WAIT FOR 后面的语句。

例 5-47   WAIT FOR 语句举例。

```
LIBRARY IEEE ;
USE IEEE.STD_LOGIC_1164.ALL;
USE IEEE.STD_LOGIC_UNSIGNED.ALL;
```

```
ENTITY wait_test IS
    PORT (a,b:IN  STD_LOGIC_VECTOR(7 DOWNTO 0);
     q:OUT STD_LOGIC_VECTOR(7 DOWNTO 0);
    flag:OUT BOOLEAN);
END wait_test;
ARCHITECTURE archi OF wait_test IS
BEGIN
    p1:PROCESS
    VARIABLE c:STD_LOGIC_VECTOR(7 DOWNTO 0);
    BEGIN
        WAIT FOR 300 ns;
        c:=a+b;
        flag<=TRUE;
        q<=c;
    END PROCESS;
END archi;
```

在上例的第一个语句中，时间表达式是一个常数值 300 ns，当进程执行到该语句时将等待 300 ns。一旦 3000 ns 时间到，进程将执行 WAIT FOR 语句的后继语句。

4）多条件 WAIT 语句

在前面 3 个 WAIT 语句中，等待的条件都是单一的条件，分别是信号量、布尔量或者时间量。实际上 WAIT 语句还可以同时使用多个等待条件。

例 5-48 多条件 WAIT 语句描述举例。

```
LIBRARY IEEE ;
USE IEEE.STD_LOGIC_1164.ALL;
USE IEEE.STD_LOGIC_UNSIGNED.ALL;
ENTITY wait_test IS
    PORT (a,b:IN  STD_LOGIC_VECTOR(7 DOWNTO 0);
     q:OUT STD_LOGIC_VECTOR(7 DOWNTO 0);
    flag:OUT BOOLEAN);
END wait_test;
ARCHITECTURE archi OF wait_test IS
BEGIN
    p1:PROCESS
    VARIABLE c:STD_LOGIC_VECTOR(7 DOWNTO 0);
    BEGIN
        WAIT ON a,b UNTIL((a+b)>"10010000")  FOR 300 ns;
        c:=a+b;
        flag<=TRUE;
        q<=c;
    END PROCESS;
END archi;
```

上述语句 WAIT 的 3 个条件：信号量 a 和 b 任何一个有一次新的变化，信号量 (a+b)>"10010000"，该进程已被挂起 300 ns。因此只要上述 3 个条件中一个或多个条件满足，进程将再次被启动，继续执行 WAIT 后面的语句。

5）WAIT 超时等待

WAIT 语句会引起程序永久挂起，好像没有什么用处。事实上，它在生成模拟测试激励信号时却十分有用。在实际设计中，要尽量避免程序进入无限等待状态，并加入超时等待项，以防止该等待语句进入无限期的等待状态。但是，如果采用这种方法，应进行适当的处理，否则就会产生错误的行为。WAIT 语句经常和 ASSERT 配合使用，输出信息，告知设计人员出现了超时等待。

例 5-49　WAIT 超时等待举例。

```
USE IEEE.STD_LOGIC_1164.ALL;
USE IEEE.STD_LOGIC_UNSIGNED.ALL;
ENTITY wait_test IS
    PORT ( q:OUT STD_LOGIC);
END wait_test;
ARCHITECTURE archi OF wait_test IS
BEGIN
p1:PROCESS
BEGIN
q<= '1' AFTER 15 ns, '0' AFTER 30 ns, '1' AFTER 45 ns,
    '0' AFTER 60 ns, '1' AFTER 900 ns;
WAIT;
END PROCESS;
END archi;
```

2. REPORT（报告）语句

REPORT 语句在并发描述语句中已经详细介绍，说明此语具有为双重特性，其用法此处不再赘述。这里要强调的是，用作顺序语句时，可以单独使用输出信息，默认为 NOTE 错误等级；而书写在并发区时，则必须和 ASSERT 语句配合使用。

3. ASSERT（断言）语句

同样，ASSERT 语句既可以在并发区中使用，也可以在顺序区中使用。该语句也主要用于设计模拟和调试；在综合时，VHDL 综合工具会自动忽略设计程序中的 ASSERT 语句。ASSERT 语句的语法格式在并发描述语句中已详细阐述，此处不再赘述。

5.3.8　空语句

NULL 语句表示空操作，执行该语句表示无任何动作，只是把运行操作指向下一条语句。NULL 语句的书写格式如下：

```
[<语句标号>:] NULL;
```

例 5-50　NULL 举例。

```
LIBRARY IEEE;
USE IEEE.STD_LOGIC_1164.ALL;
ENTITY null_test IS
        PORT (clk:IN STD_LOGIC;
        state:OUT STD_LOGIC_VECTOR(2 DOWNTO 0));
```

```
END null_test;
ARCHITECTURE archi OF null_test IS
TYPE color is (red,blue,green,yellow,white);
SIGNAL light:color;
BEGIN
PROCESS(clk)
BEGIN
    IF (clk='1' AND clk'EVENT)  THEN
            CASE light IS
            WHEN red    =>state<="001";
            WHEN green  =>state<="010";
            WHEN yellow =>state<="100";
            WHEN OTHERS =>NULL;
            END CASE;
    END IF;
  END PROCESS;
END archi;
```

5.4 小结

本章主要介绍系列并发描述语句和顺序描述语句的语法和书写格式，这些知识是 VHDL 语言程序设计的基础。

习题

1．用 IF 语句设计一个四-十六译码器。

2．用 CASE 语句描述一个四-十六译码器。

3．用条件代入语句和选择代入语句描述一个四-十六译码器。

4．假定编译过的设计实体 inv、and2 和 or2 都已经放入 WORK 库中，试绘出由元件例化语句构成的逻辑电路图。

```
u1:inv PORT MAP(sel,nsel);
u2:and2 PORT MAP(nsel,d1,ab);
u3:and2 PORT MAP(d0,sel,aa);
u4:or2 PORT MAP(aa,bb,q);
```

5．写出一个自定义的包集合 mypkg。要求该包集合包含一个整数类型常数 n，赋值为 8；一个名称为 and2 的 2 输入与门元件；一个能实现全加器的计算工程 adder。

6．现有 16 个彩灯，设计一个彩灯控制电路。假设 D 触发器的名称为 D_trigger，而且已经在 WORK 库中。要求用元件例化的方式设计一个 16 位循环移位寄存器来控制彩灯电路，并通过不同的初始赋值实现不同的彩灯显示方案。

第6章 VHDL 语言属性

6.1 概述

在 VHDL 语言中,除了顺序描述语句和并发描述语句,还有一些是反映设计实体、构造体、类型及信号等项目的属性特征。利用这些属性可以使 VHDL 程序更加简明扼要,易于理解和掌握。因此 VHDL 的属性是关于设计实体、构造体、类型及信号等项目的指定特性。通常情况下,VHDL 分别预定义了数值类属性、函数类属性、信号类属性、数据类型属性和数据区间类属性等 5 类属性,具体如图 6.1 所示。

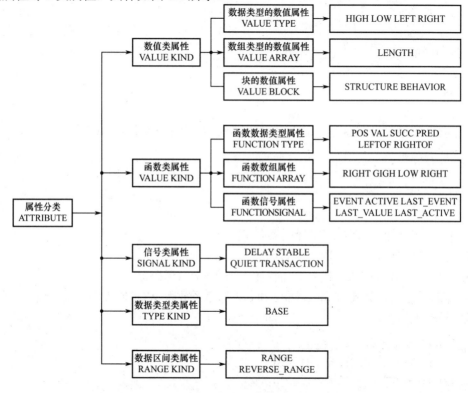

图 6.1 属性分类图

无论是图 6.1 中的哪一类属性,属性的统一书写格式都是在数据客体对象名称或数据类型名称后面跟一个单引号(')再加属性名:

    数据类型名称'属性
    数据客体'属性

6.2 数值类属性

为了便于后面使用和讨论属性问题,采用表格的形式分类汇总。在 VHDL 中,数值类属性主要用于返回常用的数据类型、数组或块的有关值,如用来返回数组长度、数据类型的上下边界等。数值类属性包括 3 个子类，分别是常规数据类型的数值属性、数组类型的数值属性和块的数值属性。

6.2.1 常规数据类型的数值属性

常规数据类型有整数、数组和枚举类型，数据类型的数值属性如表 6.1 所示。

表 6.1 数据类型的数值属性定义表

属　　性	T 的类型	属性的返回值	含　　义
T'LEFT	任意数据类型或子类型	和 T 类型一致	T 值域的最左值
T'RIGHT	任意数据类型或子类型	和 T 类型一致	T 值域的最右值
T'HIGH	任意数据类型或子类型	和 T 类型一致	T 值域的最大值
T'LOW	任意数据类型或子类型	和 T 类型一致	T 值域的最小值

例 6-1 关于整数、枚举和数组数据类型数值属性的举例。

假设 VHDL 程序中定义了如下数据类型：

```
SUBTYPE number IS INTEGER RANGE 9 DOWNTO 0;              --整数类型
TYPE color IS (red,yellow,blue,green,white,black);      --枚举类型
TYPE word IS ARRAY (15 DOWNTO 0) OF STD_LOGIC;          --数组类型
```

根据表 6.1 中数值类属性的含义，可得到以下结果：

```
number 'LEFT=9           color 'LEFT =red          word 'LEFT =15
number 'RIGHT=0          color ' RIGHT = black     word ' RIGHT = 0
number 'HIGH=9           color ' HIGH = black      word ' HIGH = 15
number 'LOW=0            color ' LOW = red         word ' LOW = 0
```

根据上面的示例，可以得出以下结论：

（1）对于 DOWNTO 整数数据类型，属性 LEFT 和 HIGH 相同，属性 RIGHT 和 LOW 相同；

（2）对于 TO 整数数据类型，属性 LEFT 和 LOW 相同，属性 RIGHT 和 HIGH 相同；

（3）对于枚举数据类型，属性 LEFT 和 LOW 相同，属性 RIGHT 和 HIGH 相同。

6.2.2 数组类型的数值属性

数组类型的数值属性只有一个，即'LENGTH。在给定数组类型后，采用该属性可以得到一个数组的长度值。该属性可用于任何标量类数组和多维的标量类区间的数组。

数组类型的数值属性定义如表 6.2 所示。

表 6.2 数组类型的数值属性定义表

属　　性	A 的类型	属性的返回值	含　　义
A'LENGTH	数组类型	整数类型	返回数组 A 的长度
A'LENGTH()	数组类型	整数类型	返回第 N 维数组 A 长度

例 6-2 数组类型的数值属性举例。

```
LIBRARY IEEE;
```

```
USE IEEE.STD_LOGIC_1164.ALL;
ENTITY len_test IS
     PORT(a: IN STD_LOGIC;
     len1,len2:OUT INTEGER RANGE 0 TO 100);
END len_test;
ARCHITECTURE archi OF len_test IS
BEGIN
   PROCESS (a)
      TYPE bit4 IS ARRAY(0 TO 3) of BIT;
      TYPE bit_strange IS ARRAY(10 TO 20) OF BIT;
      BEGIN
      len1<=bit4'LENGTH;
      len2<=bit_strange'LENGTH;
   END PROCESS;
END archi;
```

通过仿真，得到以下结果：len1 代入的是数组 bit4 的元素个数 4；len2 代入的是数组 bit_strange 的元素个数 11。

6.2.3　块的数值属性

在 VHDL 语言中，数据块的数值属性主要用于描述结构或块中的描述风格。在 VHDL 中，块的数值属性共定义了两种，即'STRUCTURE 和'BEHAVIOR，如表 6.3 所示。

表 6.3　块的数值属性

属　性	对　象	属性的返回值	含　义
'STRUCTURE	块、构造体	布尔类型	"真"表示结构化结构
'BEHAVIOR	块、构造体	布尔类型	"真"表示行为结构

这两种属性用于获取块（BLOCK）和构造体（ARCHITECTURE）的设计描述风格，以区分是结构化描述方式还是行为级描述方式。如果在块中有标号说明或者在构造体中有构造体名说明，而且不存在元件例化（COMPONENT）语句，那么用属性'BEHAVIOR 将得到"TRUE"的信息，说明块或构造体为行为级描述方式。如果在块和构造体中只有元件例化（COMPONENT）语句或被动进程（PROCESS），那么用属性'STRUCTURE 将得到"TRUE"的信息，说明块或构造体为结构化描述方式。

例 6-3　块的数值属性的举例。

```
LIBRARY IEEE;
USE IEEE.STD_LOGIC_1164.ALL;
ENTITY decoder24 IS
PORT (d0,d1:IN STD_LOGIC;
q0,q1,q2,q3:OUT STD_LOGIC);
END decoder24;
ARCHITECTURE archi OF decoder24 IS
COMPONENT and2 IS
GENERIC (delay :TIME:=10 ns);
PORT (a,b:IN STD_LOGIC;
```

```
q:OUT STD_LOGIC);
END COMPONENT;
COMPONENT inv IS
GENERIC (delay :TIME:=10 ns);
PORT (a:IN STD_LOGIC;
     q:OUT STD_LOGIC);
END COMPONENT;
SIGNAL nd0,nd1:STD_LOGIC;
BEGIN
u0: inv  GENERIC MAP(5 ns)     PORT MAP(d0,nd0);
u1: inv  GENERIC MAP(5 ns)     PORT MAP(d1,nd1);
u2: and2 GENERIC MAP(10 ns)    PORT MAP(nd1,nd0,q0);
u3: and2 GENERIC MAP(10 ns)    PORT MAP(nd1,d0,q1);
u4: and2 GENERIC MAP(10 ns)    PORT MAP(d1,nd0,q2);
u5: and2 GENERIC MAP(10 ns)    PORT MAP(d1,d0,q3);
END archi;
```

由于上例的构造体为结构化描述方式，根据块的数值属性的定义，将会产生如下结果：
archi'STRUCTURE 的返回值为 TRUE；archi'BEHAVIOR 的返回值为 FALSE。

6.3　函数类属性

在 VHDL 语言中，函数类属性是指使用函数调用的方式，可让设计人员获取相关数据类型、数组、信号的某些信息。当函数类属性以表达式形式使用时，首先要输入一个指定的参数，如 x；函数调用的返回结果为某一数值，该数值可能是对应的枚举类型的位置序号或数组区间的某一个值。函数类属性有以下 3 大类：

- 函数数据类型属性：利用函数调用的方式返回一数值；
- 函数数组属性：返回一数组的上下限范围值；
- 函数信号属性：返回信号随时间变动的数值。

6.3.1　函数数据类型属性

利用函数数据类型属性可以得到有关数据类型的各种信息。例如，给出某类数据值的位置，那么利用位置函数属性就可以得到该位置的数值。另外，利用其他相应属性还可以得到某些值的左邻值和右邻值等。数据类型属性的分类和含义如表 6.4 所示。

表 6.4　数据类型属性的分类和含义

属　　性	T 的类型	属性的返回值	含　　义
T'POS（x）	任意离散类型或子类型	整数类型	x 的对应位置号
T'SUCC（x）	任意离散类型或子类型	整数类型	x 对应位置+1 处的值
T'PRED（x）	任意离散类型或子类型	整数类型	x 对应位置-1 处的值
T'LEFTOF（x）	任意离散类型或子类型	整数类型	x 对应位置左边的值
T'RIGHTOF（x）	任意离散类型或子类型	整数类型	x 对应位置右边的值
T'VAL（x）	任意离散类型或子类型	整数类型	x 对应位置的值

例 6-4 自定义一个数据包集合 ohms_law，并在声明区中定义 3 种物理类型的数据，即电流（current）、电压（voltage）和电阻（resistance）。然后根据电压和电流值，计算电阻值。

```
LIBRARY IEEE;
USE IEEE.STD_LOGIC_1164.ALL;
PACKAGE ohms_law IS
TYPE current IS RANGE 0 TO 1000000
UNITS
uA;
mA=1000 uA;
A=1000 mA;
END UNITS;
TYPE voltage IS RANGE 0 TO 1000000
UNITS
uV;
mV=1000 uV;
V=1000 mV;
END UNITS;
TYPE resistance IS RANGE 0 TO 1000000
UNITS
ohm ;
kohm=1000 ohm;
mohm=1000 kohm;
END UNITS;
END ohms_law;
LIBRARY IEEE;
USE IEEE.STD_LOGIC_1164.ALL;
USE work.ohms_law.ALL;
ENTITY calc_resistance IS
  PORT(i: IN current; u:IN voltage;
      r:OUT resistance);
END calc_resistance;
ARCHITECTURE behav OF calc_resistance IS
BEGIN
ohm_proc:PROCESS (i,u)
   VARIABLE convi,conve,int_r: INTEGER;
   BEGIN
   convi:=current'pos(i);
   conve:=voltage'pos(u);
   int_r:=convi/conve;
   r<=resistance'VAL(int_r);
   END PROCESS;
END behav;
```

在 ohm_proc 进程当中，进程的第一条语句将输入电流值 i 的位置序号赋予了变量 convi。例如，输入电流值为 10μA（uA），那么赋予变量 convi 的值为 10。同理将输入电压值（u）的位置序号赋予变量 conve。电压的基本单位是 μV（uV）。因此，电压值的位置序号与输入电压的 "uV" 数相等。利用属性'VAL，将位置序号 int_r 转换成用欧姆表示的电阻值。当端口电压（u）和端口电流（i）的任何一个发生变化时，ohm_proc 进程就被启动，根据更新后的电流（i）和电压（u）值计算得到新的电阻（r）值。

例 6-5 定义两个枚举类型，其中 reverse_time 为 time 的子类型。

```
TYPE time IS(sec,min,hous,day,month,year);
SUBTYPE reverse_time IS time RANGE year DOWNTO sec;
```

关于枚举数据类型，通常有以下 4 种属性：

```
time'SUCC (hous)                    --得到 day;
time'PRED(day)                      --得到 hous;
reverse_ time' SUCC (hous )         --得到 min ;
reverse_ time' PRED (day)           --得到 month;
time' RIGHTOF (hous)                --得到 day;
time' LEFTOF (day )                 --得到 hous;
reverse- time' RIGHTOF ( hous )     --得到 min ;
reverse_ time' LEFTOF (day)         --得到 month a
```

由上例可知，对于递增区间，有以下等式成立：

```
object'SUCC (x)=object'RIGHTOF (x);
object'PRED(x)=oject'LEFTOF (x );
```

相反，对于递减区间，有以下等式成立：

```
object'SUCC (x)=oject'LEFTOF (x );
object'PRED(x)=object'RIGHTOF (x);
```

函数数据类型属性的一个典型应用是将枚举或物理类型的数据转换成整数。

6.3.2 函数数组属性

利用函数数组属性可得到数组的特定索引号（n）区间的边界元素。在对数组的每一个元素进行操作时，必须知道数组的区间。函数数组属性可分为 4 种，如表 6.5 所示。

表 6.5 函数数组属性分类表

属　　性	T 的类型	属性的返回值	含　　义
T'LEFT（n）	任意维数的数组	整数类型	返回第 N 维左限值
T'RIGHT（n）	任意维数的数组	整数类型	返回第 N 维右值
T'LOW（n）	任意维数的数组	整数类型	返回第 N 维下限值
T'HIGH（n）	任意维数的数组	整数类型	返回第 N 维上限值

表 6.5 中的索引号 n 是多维数组中所定义的多维区间的序号，默认值为 1。因此当索引号取默认值时，上面的数组属性函数就代表对一维区间进行操作。当 $n=1$ 时，表 6.5 可简化为表 6.6。

表 6.6 函数数组属性分类简化表

属　　性	T 的类型	属性的返回值	含　　义
T'LEFT	任意维数的数组	整数类型	返回数组左限值
T'RIGHT	任意维数的数组	整数类型	返回数组右限值
T'LOW	任意维数的数组	整数类型	返回数组下限值
T'HIGH	任意维数的数组	整数类型	返回数组上限值

例 6-6 提供一个可综合的函数数组属性示例，其 VHDL 描述如下：

```
LIBRARY IEEE;
USE IEEE.STD_LOGIC_1164.ALL;
ENTITY attri_test IS
    PORT(a: IN STD_LOGIC_VECTOR(3 DOWNTO 0);
        b:IN STD_LOGIC_VECTOR(0 TO 3);
        y:OUT STD_LOGIC_VECTOR(3 DOWNTO 0));
END attri_test;
ARCHITECTURE archi OF attri_test IS
BEGIN
    PROCESS (a,b)
        BEGIN
        y(0)<=a(a'LEFT)  AND  b(B'LEFT);
        y(1)<=a(a'RIGHT) OR   b(B'RIGHT);
        y(2)<=a(a'HIGH)  NOR  b(B'HIGH);
        y(2)<=a(a'LOW)  NAND  b(B'LOW);
    END PROCESS;
END archi;
```

通过仿真，得到以下仿真结果：

```
a'LEFT=3                    b'LEFT=3
a'RIGHT=0                   b'RIGHT=3
a'HIGH=3                    b'HIGH=3
a'LOW=3                     b'LOW=3
```

6.3.3 函数信号属性

在 VHDL 中，函数信号属性用来得到信号的行为功能信息。例如，信号的值是否有变化，从最后一次变化到现在经过了多长时间，信号变化前的值为多少等历史信息。函数信号属性主要包括 5 类，如表 6.7 所示。

表 6.7 函数信号属性表

属　　性	返回类型	含　　义
T'EVENT	BOOLEAN	当前模拟周期内信号有事件发生时，返回真
T'ACTIVE	BOOLEAN	当前模拟周期内信号有事项发生时，返回真
T'LAST_EVENT	TIME	从信号前一个事件发生到现在所经过的时间
T'LAST_ACTIVE	TIME	从信号前一次改变到现在的时间
T'LAST_VALUE	T 的父类型	信号最后一次改变之前的值

1. 属性'EVENT

属性'EVENT 通常用于确定时钟信号的边沿，用它可以检查信号是否处于某一特殊值，以及信号是否刚好已发生变化。属性'EVENT 在实际的描述中应用非常普遍，读者应重点掌握。

例 6-7 用属性'EVENT 检测出 D 触发器时钟脉冲上升沿的描述实例。

```
LIBRARY IEEE;
USE IEEE.STD_LOGIC_1164.ALL;
```

```
ENTITY dff IS
    PORT(d,clk:IN STD_LOGIC;
    q:OUT STD_LOGIC);
END dff ;
ARCHITECTURE dff OF dff IS
BEGIN
    PROCESS (clk)
    BEGIN
        IF (clk='1')AND (clk'EVENT) THEN
        q<=d;
        END IF;
    END PROCESS;
END dff ;
```

上例描述了 D 触发器的工作原理。当 D 触发器的时钟上升沿到来时，D 触发器输入端的值就被传送到输出端 Q。为了检测出时钟脉冲的上升沿，属性'EVENT 可以用来检测信号在模拟周期内是否有事件发生。上升沿的发生是由两个条件来约束的，即时钟脉冲目前处于'1'电平，而且时钟脉冲刚刚从其他电平变为'1'电平。

在上例中，如果原来的电平为'0'，那么逻辑是正确的。但是，如果原来的电平是'X'（不定状态），那么上例的描述同样也被认为出现了上升沿，显然这种情况是错误的。为了避免出现这种逻辑错误，最好使用属性'LAST_VALUE。这样，上例中的 IF 语句可以改写为：

```
IF (clk='1')  AND  (clk'EVENT)  AND  (clk' LAST_VALUE='0')  THEN
q<=d;
END IF;
```

上述描述语句可保证时钟脉冲在变成'1'电平之前一定处于'0'状态。

这里需要注意：在上面的两种应用场合使用属性 EVENT 并不是必需的。由于进程启动的条件是敏感信号量发生变化，而进程中只有唯一的一个敏感信号量 clk，因此其作用和'EVENT的说明是一致的。但是，当进程中有多个敏感信号量时，用'EVENT 来说明哪一个信号发生变化则是必需的。

2. 属性'LAST_EVENT

属性'LAST_EVENT 的返回值为一时间量，用'LAST_EVENT 可得到信号的各种事件发生以来所经历的时间。该属性常用于检查定时时间，如检查建立时间、保持时间和脉冲宽度等是否满足要求。用于检查建立时间和保持时间的示例如图 6.2 所示。

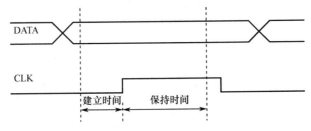

图 6.2　建立时间和保持时间

以信号 clk 的上升沿作为检查时间的参考沿。时钟建立时间是指保证数据输入信号在建立时间内不发生变化的时间，即数据先于时钟上升沿到达的时间，在时钟上升沿到来之前数据已经建立。数据保持时间是指在时钟上升沿后面一段规定的保持时间内，数据输入信号不发生变化的时间。通过时钟建立时间和数据保持时间的检查，可以确保 D 触发器是否正常工作。该属性对于检查时序电路的各类时间非常有用。

例 6-8　利用'LAST_EVENT 属性对建立时间进行验证。

```
LIBRARY IEEE;
USE IEEE.STD_LOGIC_1164.ALL;
ENTITY dff IS
    GENERIC (setup_time,hold_time:TIME:=10 ns);
    PORT (d,clk: IN STD_LOGIC;
    q:OUT STD_LOGIC);
END dff;
ARCHITECTURE archi OF dff IS
SIGNAL setup,hold:TIME:=0 ns;
BEGIN
    dff_process:PROCESS (clk)
        BEGIN
        IF (clk='1')AND (clk'EVENT) THEN
        q<=d;
        END IF ;
    END PROCESS dff_process;
    setup_check: PROCESS (clk)
        BEGIN
        IF (clk ='1') AND (clk'EVENT) THEN
        setup<=d'LAST_EVENT;
        ASSERT (d'LAST_EVENT>=setup_time )
        REPORT "SETUP ERROR"
        SEVERITY ERROR;
        END IF ;
    END PROCESS setup_check;
END archi ;
```

由上例可以看出，时钟建立时间的检查进程和 D 触发器进程是两个独立的进程，只不过检查进程是一个无源进程。

具体的仿真结果如图 6.3 所示。从仿真结果可以看出，信号 clk 每发生一次变化，都将执行一次该无源进程，并在 clk 的上升沿时计算上升时间，如 setup 信号的时序。同时，ASSERT语句将执行，并对时钟建立时间进行检查。

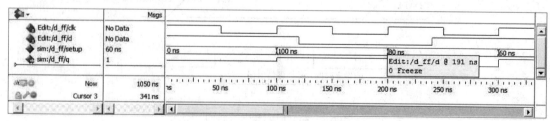

图 6.3　时钟建立时间及检查仿真结果

ASSERT 语句检查数据输入端 D 的建立时间是否大于或等于规定的建立时间，属性 d' LAST_EVENT 将返回一个时间信号，为信号 d 自最近一次变化以来到现在（clk 上升沿）为止所经过的时间，如 setup 信号。如果得到的时间小于规定的建立时间，那么就会触发 ASSERT 语句，REPORT 语句报告错误信息。

3. 属性'ACTIVE 和'LAST_ACTIVE

属性'ACTIVE 和'LAST_ACTIVE 在信号发生转换或事件发生时被触发。当一个模块的输入信号发生某一事件时，将启动该模块执行，从而使信号发生转换。属性'ACTIVE 返回的是布尔量，若转换后的值与'ACTIVE 所指定的值相同，则返回一个"TRUE"值，否则就会返回一个"FALSE"值。属性'LAST_ACTIVE 返回一个时间值，这个时间值就是从所加信号发生转换或发生某一个事件开始到当前时刻的时间间隔。属性'ACTIVE、'LAST_ACTIVE、'EVENT 和'LAST_EVENT 提供相对应的事件发生行为的描述。

这里的关键是区分事件发生和事项发生的区别：当输入信号改变时，输出信号并不改变，称为事项发生，也就是说这种情况是没有事件发生的。一旦输出信号发生改变，则认为有事件发生。但二者在绝大多数情况下是一致的，即事项发生时，事件也发生。

例 6-9 ACTIVE 与 EVENT 仿真对比。

```
LIBRARY IEEE;
USE IEEE.STD_LOGIC_1164.ALL;
ENTITY d_ff IS
    PORT(d,clk:STD_LOGIC;
    q:OUT STD_LOGIC);
END ENTITY;
ARCHITECTURE archi OF  d_ff IS
SIGNAL active,event:BOOLEAN:=false;
SIGNAL last_active,last_event:TIME:=0 ns;
BEGIN
  PROCESS (clk)
  BEGIN
    IF (clk ='1') AND (clk'EVENT) THEN
    q<=d;
    active<=d'ACTIVE;
    last_active<=d'LAST_ACTIVE;
    event<=d'EVENT;
    last_event<=d'LAST_EVENT;
    END IF ;
  END PROCESS;
END archi;
```

在上例中，在时钟上升沿同时检测'ACTIVE、'LAST_ACTIVE、'EVENT 和'LAST_EVENT 属性，仿真结果如图 6.4 所示。从仿真结果可以看出：属性'ACTIVE 和'EVENT 的仿真结果是一致的。当时钟上升沿来临时，如果输入数据 d 发生变化，属性返回为"TRUE"，否则返回为"FALSE"。属性'LAST_ACTIVE 和'LAST_EVENT 是一致的，都可以用来检测时钟建立时间。在实际设计中 EVENT 比 ACTIVE 更加常用。

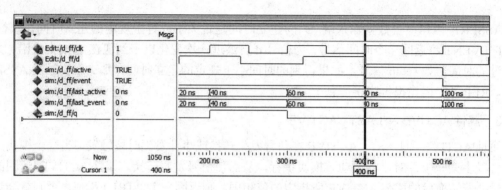

图 6.4　ACTIVE 和 EVENT 仿真结果的比较

6.3.4　信号类属性

信号类属性是指根据所加属性的信号去建立另一个新的信号，即新产生的信号是以所加属性的信号为基础而形成的。也就是说，在这个新产生的信号中包含了所加属性的有关信息。用这种信号类属性得到的相关信号非常类似于用函数类属性所得到的信号。所不同的是，信号类属性可以用于任何信号，也包括敏感信号量表中所指定的信号。信号类属性的分类如表 6.8 所示。

表 6.8　信号类属性分类表

属　　性	返回类型	含　　义
S'DELAYED（t）	S 同一类型	一个值与 S 相同，但被延迟了 t 时间的信号
S'STABLE（t）	BOOLEAN	若至今 S 在 t 时间内没有事件发生，则为真
S'QUIET（t）	BOOLEAN	若至今 S 在 t 时间内没有事项发生，则为真
S'TRANSACTION	BIT	每当事项处理发生时，其值便发生翻转

需要注意，上述的信号类属性不能用于子程序中，否则程序在编译时会出现编译错误信息。

1. 属性'DELAYED

在 VHDL 中，属性'DELAYED 的作用是建立一个延时的信号，而这个信号类型与该属性的信号类型相同，即以属性所加信号为参考信号，经过延迟时间 t 所得到的延迟信号。当 t=0 时，这个信号就是所加属性的信号延迟一个模拟周期后的延迟信号。属性'DELAYED 是一个应用十分广泛的信号类属性，它的典型应用是时间检查信号的保持时间。在硬件电路中，保持时间是指当时钟信号的边沿到达之后数据所要保持稳定的时间。一般来说，电路设计常常要求输入端信号的建立时间和保持时间大于规定的数值，否则可能导致不稳定的逻辑事件发生。

例 6-10　建立二输入与门附加延迟的描述模型，其中 a_ipd,b_ipd 和 c_opd 分别为器件延时时间，如图 6.5 所示。

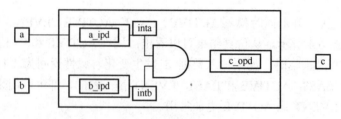

图 6.5　附加延迟模型

```
LIBIRARY IEEE;
USE IEEE.STD_LOGIC_1164.all;
ENTITY and2 IS
    GENERIC (a_ipd, b_ipd, c_opd: TIME);
    PORT(a, b: IN cal_resist std_logic;
          c: OUT std_logic);
END and2 ;
ARCHITECTURE int_signals OF and2 IS
    SIGNAL inta, intb : std_logic;
BEGIN
    inta <= TRANSPORT a AFTER a_ipd;
    intb <= TRANSPORT b AFTER b_ipd;
    c <= inta AND intb AFTER c_opd;
END int_signals ;
ARCHITECTURE attr  OF and2 IS
BEGIN
    c <= a'DELAYED(a_ipd) AND b'DELAYED(b_ipd) AFTER c_opd;
END attr;
```

上例采用了两种不同的方法来描述延时模型。第一种方法采用传输延时描述，重新定义两个内部信号作为延时后的信号，两个内部信号经过"与"逻辑后经延时再赋值给输出端 c，从而完成整个器件的通道延时描述。第二种方法采用信号延时属性'DELAYED 描述，输入信号 a 和输入信号 b 分别被已定义的延时时间 a_ipd，b_ipd 所延时，两个输入信号经过"与"逻辑后，再经 c_opd 延时时间而被赋值给输出端口 c。在使用属性'DELAYED 时，如果所说明的时间事先并未定义，那么实际的延迟时间被赋值为 0 ns。属性'DELAYED 也可以用于保持时间的检查。

如果数据输入信号与被延时的 clk 信号同时发生改变，那么由 d'LAST_EVENT 返回的是 0 ns。具体的信号保持时间和建立时间如图 6.6 所示。

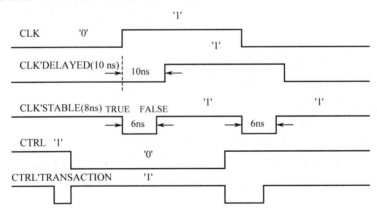

图 6.6　信号类属性时序图

2. 属性'STABLE

在 VHDL 中，属性'STABLE 的作用是用来确定信号对应的有效电平，从而建立一个布尔信号。属性'STABLE 可以在一个指定的时间间隔中，确定信号是否正好发生改变或者没有发生改变，即当所加属性的信号在时间 t 内没有事件发生时，则返回为 TRUE 的布尔信号，反之返回 FALSE。信号属性'STABLE，即属性返回的值就是信号本身的值，用它可以触发其他的进程。

例 6-11 属性'STABLE 举例。

```
LIBRARY IEEE;
USE IEEE.STD_LOGIC_1164.ALL;
ENTITY pulse_gen IS
PORT (a:IN STD_LOGIC;
b: OUT BOOLEAN);
END pulse_gen;
ARCHITECTURE archi OF pulse_gen IS
BEGIN
b<=a'STABLE(10 ns);
END archi;
```

通过对例 6-11 的源文件进行仿真，得到的仿真结果如图 6.7 所示。当波形 a 加到本模块时，即可得到输出波形 b。图 6.7 所示波形说明，信号 a 电平有一次改变，信号 b 的电平将从高电平变成低电平（即由"真"变为"假"），其持续时间为 10 ns（该值由属性括号内的时间值确定）。

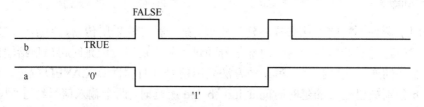

图 6.7 属性'STABLE 仿真结果

例 6-12 检测上升沿的两种方式。

检测上升沿的第一种方式：

```
IF((clk'EVENT)AND(clk='1' )AND (clk' LAST_ VALUE='0'))THEN
END IF;
```

检测上升沿的第二种方式：

```
IF ( (NOT (clk' STABLE ) AND (clk =' 1') AND (clk'LAST_ VALUE=' 0'))  THEN
END IF;
```

上述两种情况用 IF 语句都可以检出上升沿，在功能上相互通用。但是，'EVENT 在内存的有效利用和速度方面均比' STABLE 更加有效，因为属性'STABLE 需要建立一个额外的信号，这将使其使用更多的内存，所以建议使用'EVENT 完成信号上升沿的检测。

3. 属性'QUIET

属性'QUIET 具有与'STABLE 相类似的功能，同样用来建立一个布尔信号。当所加信号在时间 t 内不活跃时，返回一个 TRUE 信号；反之，当信号活跃时，则返回一个 FALSE 信号。虽然属性'QUIET 与'STABLE 具有相类似的功能，但二者的区别在于，属性'QUIET 判断信号是否有事件发生，而'STABLE 判断信号是否活跃。通常情况下，属性'QUIET 的典型应用是用来对中断处理优先机制进行建模。

4. 属性'TRANSACTION

属性'TRANSACTION 将建立一个数据类型为布尔类型的 BIT 信号。当属性所加的信号有事件发生或为由于某个事项处理而翻转它的值时，就触发该 BIT 信号翻转。该属性常用于进程调用，例如：

```
WAIT ON interrupt'TRANSACTION;
```

上述语句常用于中断处理进程的实例，当 interrupt 发生改变时，属性 interrupt'TRANSACTION 便发生相对前值的翻转，中断处理进程启动。

6.4 数据类型属性

在 VHDL 语言中，预定义的数据类型属性只有'BASE 这一种，数据类型属性用来得到所加属性的数据类型的基本类型，它仅仅是一种类型属性，这个属性只能作为另一个数值类或函数类属性的前缀。

例 6-13 预先定义一个枚举数据类型和它的子类型：

```
TYPE week IS (monday,tuesday,wednesday,thursday,friday,saturday,sunday);
SUBTYPE workday IS (monday,tuesday,wednesday,thursday,friday);
```

那么根据数据类属性的定义，通过仿真，不难得出以下结果：

```
week'BASE'LEFT=monday
week'BASE'RIGHT=sunday
week'BASE'LENGTH=7
week'BASE'succ(wednesday)=thursday
week'BASE'pred(wednesday)=tuesday
workday 'BASE'LEFT=monday
workday 'BASE'RIGHT=sunday
workday 'BASE'LENGTH=7
workday 'BASE'succ(wednesday)=thursday
workday 'BASE'pred(wednesday)=tuesday
```

从上面的示例可见，week'BASE 将返回 week 枚举类型，这是因为枚举类型 week 的基本类型就是 week 类型；workday'BASE 同样返回了 week 枚举类型，这是因为枚举类型 workday 的基本类型就是 week 类型，因而二者的返回结果是一致的。

6.5 数据区间类属性

在 VHDL 语言中有两类数据区间类属性，主要完成对属性项目的取值区间的测试。数据区间类属性返回的内容不是数值，而是一个区间，因而这两类属性仅用于受约束的数组类型数据。这两类属性在 VHDL 语言描述中使用得非常普遍，可以提高描述语句的通用性和可读性。这两个属性的格式如下：

```
a' RANGE
a' REVERSE_RANGE
```

属性'RANGE 将返回一个数据区间，而'REVERSE_RANGE 将返回一个次序颠倒的数据区间。

例 6-14 用属性'RANGE 完成控制循环语句的循环次数的函数。

```
FUNCTION vector_to_int(vect_in:STD_LOGIC_VECTOR) RETURN INTEGER IS
VARIABLE result: INTEGER:=0;
BEGIN
    FOR i IN vect_in'RANGE LOOP
    result:=result*2;
    IF vect_in(i)='1' THEN
    result:=result+1;
    END IF;
    END LOOP ;
    RETURN result;
END vector_to_int;
```

上例是一个将位矢量转换成整数的函数，程序中的循环次数应由输入参数 vect_in 的位数来确定。在该函数被调用时，输入不能被赋予没有约束的值。这样，属性'RANGE 就可以用来确定输入矢量的区间。可以看出，这种属性的应用可以大大提高程序的可读性和通用性。

例如：如果 vect_in 输入的数据类型为 STD_LOGIC_VECTOR(7 DOWNTO 0)，则

```
FOR i IN vect_in'RANGE LOOP 等同于 FOR i IN 7 DOWNTO 0 LOOP
```

属性'REVERSE_RANGE 类似于属性'RANGE，所不同的是二者返回区间的次序是相反的。

6.6 用户自定义属性

除了上面在 VHDL 语言中定义的属性，还可以有由用户自定义的属性。用户自定义属性的书写格式如下：

```
ATTRIBUTE 属性名：数据子类型名；
ATTRIBUTE 属性名 OF 数据对象名：目标集合 IS 值；
```

VHDL 综合器和仿真器通常使用自定义的属性实现一些特殊的功能。由综合器和仿真器支持的一些特殊的属性一般都包含在 EDA 工具厂商的程序包里。例如，Synplify 综合器支持的特殊属性都在 synplify 的 attributes 程序包中，使用前加入语句即可。

例 6-15 用户自定义属性。

```
LIBRARY IEEE;
USE IEEE.STD_LOGIC_1164.ALL;
LIBRARY STD;
USE IEEE.STD_LOGIC_1164.ALL;
LIBRARY SYNOPSYS;
USE SYNOPSYS.ATTRIBUTES.ALL;
ENTITY cntbuf IS
        PORT(dir:IN STD_LOGIC;
        clk,clr,oe:IN STD_LOGIC;
        a,b:INOUT STD_LOGIC_VECTOR(0 TO 1);
                q:INOUT STD_LOGIC_VECTOR (3 DOWNTO 0));
```

```
                        END cntbuf;
     ARCHITECTURE archi OF cntbuf IS
              ATTRIBUTE  PINNUM:STRING;
              ATTRIBUTE  PINNUM OF clk:signal is "01";
              ATTRIBUTE  PINNUM OF clr:signal is "02";
              ATTRIBUTE  PINNUM OF dir:signal is "03";
              ATTRIBUTE  PINNUM OF oe:signal is "11";
              ATTRIBUTE  PINNUM OF a:signal is "13, 12";
              ATTRIBUTE  PINNUM OF b:signal is"19, 18";
              ATTRIBUTE  PINNUM OF q:signal is "17,16,15,14";
              SIGNAL s:STRING( 1 TO 2):="00";
     BEGIN
              S<=clk'PINNUM;
     END archi;
```

仿真结果如图 6.8 所示。

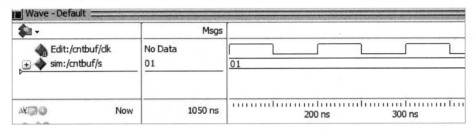

图 6.8　自定义属性仿真结果

通过上述的简单示例可以看出，通过用户自定义属性可以在实际描述中获取信号引脚信息，如引脚号、名称等。用户自定义属性的值在仿真过程中是不能改变的，也不能用于逻辑综合；而主要用于从 VHDL 到逻辑综合及 ASIC 的设计工具，动态获取一些器件信息。

6.7　小结

本章主要介绍了 VHDL 语言的预定义属性功能，由于属性类别较多，在学习时应着重熟练掌握关于时钟边沿、定时检查、数据类型范围的属性。

习题

1. 已知类型声明为"TYPE state IS (off,standby,active1,active2,finish);"，试写出以下属性表示的值：

```
state'POS(standby)          state'VAL(2)
state'SUCC(active2)         state'PRED(active1)
state'LEFTOF(off)           state'RIGHTOF(active2)
```

2. 已知子类型声明为：

```
SUBTYPE pulse_range IS TIME RANGE 1 ms TO 100 ms;
SUBTYPE word_index IS INTEGER RANGE 31 DOWNTO 0;
```

试写出每个子类型'LEFT、'RIGHT、'LOW 和'HIGH 属性的值。

3．试用'EVENT 属性描述一种用时钟 clk 上升沿触发的 D 触发器及用时钟上升沿触发的触发器。

4．阅读如下代码：

```
PROCESS IS
BEGIN
s<='1','0' AFTER 20 ns,'Z' AFTER 30 ns;
WAIT FOR 60 ns;
s<='H' AFTER 10 ns,'1' AFTER 25 ns;
WAIT FOR 60 ns;
s<='1';
WAIT
END PROCESS
```

（1）根据描述代码绘出 s 的波形图。

（2）假定当前的模拟时间为 200 ns，试写出信号属性函数'LAST_EVENT、'LAST_ACTIVE 和 LAST_VALUE 的取值。

第7章　VHDL 语言构造体的描述方式

7.1　概述

在 VHDL 语言中，描述硬件电路可以采用多种建模方法，这些建模方法称为描述风格。对于绝大多数的硬件系统，可以采用 3 种不同风格的描述方式，即行为描述方式、结构化描述方式和数据流描述方式。

行为描述方式以建立描述系统数学模型的算法为目标；结构化描述方式以建立描述子系统或元件间的相互关系网表为目标；数据流描述方式以建立用寄存器、状态机和组合逻辑函数的形式描述硬件电路为目标。

受逻辑综合工具的限制，行为描述方式虽然具有较高的抽象描述能力，但可综合部分的比例不高；而结构化描述方式和数据流描述方式在大多数情况下都可以进行硬件综合。

这 3 种描述方式从不同角度对硬件系统进行行为和功能的描述。在实际应用中，采用行为描述的 VHDL 语言程序，大部分只用于系统仿真，部分也可以进行逻辑综合；而采用后两种描述方式的 VHDL 语言程序均可以进行逻辑综合。

7.2　行为描述方式

7.2.1　行为描述方式的概念和特点

通常，行为描述方式（BEHAVIOR）是对系统数学模型或者工作原理仿真，在较高抽象层次上实现输入、输出关系的算法。行为描述方式的抽象程度比数据流描述方式和结构化描述方式的抽象程度要高。

行为描述本身不需要任何电路结构信号，而是通过大量算术运算、关系运算、惯性延时、传输延时等 VHDL 语句的应用建立算法描述。作为行为描述方式的语句主要由进程语句和具有硬件电路特点的并行描述语句组成。由于受到逻辑综合工具的限制，行为描述方式中的语句虽然具有较高的抽象描述能力，但绝大多数描述语句不能进行逻辑综合，因而这些语句主要用于系统数学模型的仿真和系统工作原理的仿真。

VHDL 语言中提供了一系列的顺序语句和并发语句，所有的顺序语句和部分并发语句都属于行为描述语句。属于行为描述的并发语句有并发信号赋值语句、块语句、并发断言语句和过程调用语句。

7.2.2　行为描述方式举例

例 7-1　试采用行为描述方式描述算式 $y=ax^2+bx+c$，其中 x 为自然数。

```
LIBRARY IEEE;
USE IEEE.STD_LOGIC_1164.ALL;
USE IEEE.STD_LOGIC_UNSIGNED.ALL;
ENTITY behavior_test IS
```

```
GENERIC (n:POSITIVE :=3;a:POSITIVE :=1;b:POSITIVE:=3;c:POSITIVE:=10);
PORT (x:IN NATURAL;y:OUT NATURAL);
END ENTITY behavior_test;
ARCHITECTURE archi OF behavior_test IS
BEGIN
p1:PROCESS (x)
 VARIABLE tem1,tem2:NATURAL:=1;
 BEGIN
  tem1:=1;
  tem2:=1;
  FOR i IN 1 TO n LOOP
  tem1:=tem1*x;
  IF (i=2) THEN
  tem2:=tem1;
  END IF;
  END LOOP;
y<=(a*tem1)+b*tem2+c;
END PROCESS;
END archi;
```

上例采用了前面章节讲述过的 PROCESS 语句、FOR-LOOP 语句、GENERIC 类属参数语句、顺序变量赋值语句和顺序信号赋值语句，这里不再赘述。采用 ModelSim Altera 10.1a 仿真软件仿真例 7-1，其仿真结果如图 7.1 所示。

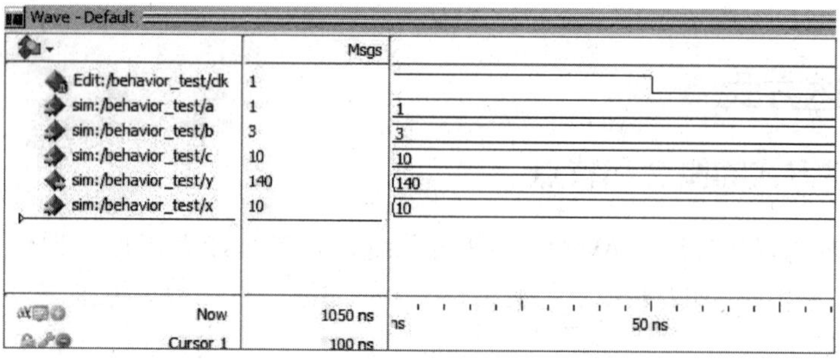

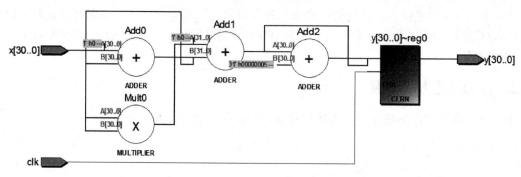

图 7.1　行为级功能仿真

假设 a=1，b=3，c=10，x=10，代入 $y=ax^2+bx+c$ 时，结果为 140。从图 7.1 可知，仿真结果也为 140，理论计算结果和仿真结果一致，因此仿真验证正确。对上述示例通过 QuartusII 软件进行 RTL 综合，得到 RTL 电路原理图如图 7.2 所示。

图 7.2　RTL 电路原理图

通过图 7.2 可以看出，寄存器传输级综合电路由加法器、乘法器和 D 触发器组成，占用了 632 个逻辑单元，63 个 IO 引脚。虽然此进程完成的算法能够被综合成实际的门级电路，但占用资源较多，综合效率较低。因为绝大多数的综合软件是面向寄存器传输级（RTL）综合的，因此行为描述方式不能进行有效的行为级综合。

实际上，伴随着可编程逻辑器件综合工具的快速发展，某些行为描述形式也可以完成寄存器传输级（RTL）的建模和综合。因此，也不排除针对一些数学模型算法的行为描述综合可得出和 RTL 综合一样的门级电路结果。

7.3 结构化描述方式

7.3.1 结构化描述方式的概念和特点

结构化描述方式是指在复杂的数字系统设计中，高层次的设计模块调用低层次的设计模块的描述方法。结构化描述方式与行为描述方式不同，行为描述方式着重描述一个独立的电路设计单元，而结构化描述方式通过底层调用结构或者直接调用门电路设计单元来构成一个复杂的逻辑电路。简单地讲，结构描述风格是指用简单子系统或元件之间的有机互连关系来表示复杂系统结构的一种描述方式。由于结构描述允许在高层次设计中调用低层次的子系统或元件，并生成跨越设计层次的元件互连关系网表，因此该描述方法其有较高的设计效率，也特别适合于自顶向下的（TOP-DOWN）设计方法。

结构化描述方式能提高设计效率，它能将已有的设计成果，方便地使用到新的设计当中。结构化设计主要采用 COMPONENT 语句声明电路中所需要的子模块，并用顶层内部信号将已经生成的模块通过 PORT MAP 语句将各个子模块连接起来，以达到顶层设计的目的。

结构化描述经常采用类属 GENERIC 语句、元件 COMPONENT 语句、GENERIC MAP 和 PORT MAP 语句，这些语句在前面的章节中已经做了详尽的叙述，这里不再赘述。

结构化描述方式的显著特点是，构造体的结构非常清晰，且能做到与原理图中所画的器件一一对应，同时设计原理图与 RTL 电路图也非常接近。当然，采用结构化描述方式时，要求设计人员具备扎实的数字逻辑电路知识。

7.3.2 结构化描述举例

采用结构化描述方式设计一个 3/8 译码器。其中输入为 3 位的二进制代码；输出为 8 个状态译码，高电平有效。

1. 译码器真值表

设输入 3 位二进制代码为 abc，共有 8 种组合。设输出为 y0~y7，分别代表输入的 8 种组合，输出高电平有效。真值表如表 7.1 所示。

表 7.1　3 位二进制译码器真值表

a	b	c	y7	y6	y5	y4	y3	y2	y1	y0
0	0	0	0	0	0	0	0	0	0	1
0	0	1	0	0	0	0	0	0	1	0
0	1	0	0	0	0	0	0	1	0	0
0	1	1	0	0	0	0	1	0	0	0
1	0	0	0	0	0	1	0	0	0	0
1	0	1	0	0	1	0	0	0	0	0
1	1	0	0	1	0	0	0	0	0	0
1	1	1	1	0	0	0	0	0	0	0

2．逻辑表达式

由表 7.1 可以写出逻辑式：

$$y = abc + ab\bar{c} + a\bar{b}c + a\bar{b}\bar{c} + \bar{a}bc + \bar{a}b\bar{c} + \bar{a}\bar{b}c + \bar{a}\bar{b}\bar{c}$$
$$= a(bc + b\bar{c} + \bar{b}c + \bar{b}\bar{c}) + \bar{a}(bc + b\bar{c} + \bar{b}c + \bar{b}\bar{c})$$
$$= a \cdot f(b,c) + \bar{a} \cdot f(b,c)$$

其中，$f(b,c) = bc + b\bar{c} + \bar{b}c + \bar{b}\bar{c}$ 为 2/4 数据译码器。

3．顶层文件设计

根据上述 y 的逻辑表达式，将整个设计分为 3 个层次：顶层设计文件包括非门（not）和 2/4 译码器（decoding2_4）设计实体；第二层次为 2/4 译码器的设计，包括非门（not）和三输入与门（and3）设计实体；第三层设计为三输入与门和非们的设计。采用 COMPONET 语句构建底层的设计实体，需要的设计实体为非们（not）、三输入与门（and3）及 2/4 译码器（decoding2_4）。3/8 译码器的结构化设计层次如图 7.3 所示。

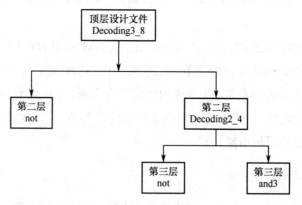

图 7.3　3/8 译码器结构化设计层次

4．译码器的顶层、底层 VHDL 描述

例 7-2　非门设计描述。

```
LIBRARY IEEE;
USE IEEE.STD_LOGIC_1164.ALL;
ENTITY inverse IS
```

```
PORT (a:IN STD_LOGIC;
q:OUT STD_LOGIC);
END inverse ;
ARCHITECTURE archi OF inverse IS
BEGIN
  q<= not a;
END archi;
```

例 7-3 三输入与门设计描述。

```
LIBRARY IEEE;
USE IEEE.STD_LOGIC_1164.ALL;
ENTITY and3 IS
PORT (a,b,c:IN STD_LOGIC;
     q:OUT STD_LOGIC);
END and3 ;
ARCHITECTURE archi OF and3  IS
BEGIN
  q<= a AND b AND c;
END archi;
```

例 7-4 2/4 译码器设计描述。

```
LIBRARY IEEE;
USE IEEE.STD_LOGIC_1164.ALL;
ENTITY decoding2_4 IS
PORT (en,a,b:IN STD_LOGIC;
     q0,q1,q2,q3:OUT STD_LOGIC);
END decoding2_4;
ARCHITECTURE archi OF decoding2_4 IS
COMPONENT inverse IS
PORT (a:IN STD_LOGIC;
q:OUT STD_LOGIC);
END COMPONENT;
COMPONENT and03 IS
PORT (a,b,c:IN STD_LOGIC;
     q:OUT STD_LOGIC);
END COMPONENT;
SIGNAL nota,notb:STD_LOGIC;
BEGIN
     u0:inverse          PORT MAP(a,nota);
     u1:inverse          PORT MAP(b,notb);
     u2:and03            PORT MAP(en,nota,notb,q0);
     u3:and03            PORT MAP(en,nota,b,q1);
     u4:and03            PORT MAP(en,a,notb,q2);
     u5:and03            PORT MAP(en,a,b,q3)
END archi;
```

综合后的 RTL 电路如图 7.4 所示。从 RTL 电路图可以看出，在 2/4 译码器的设计中，总共包括 6 个子元件，可分为两类：非门子元件和三输入与门部件。

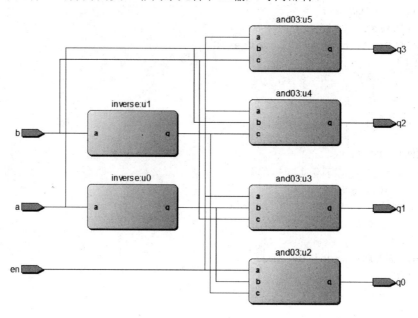

图 7.4   2/4 译码器 RTL 电路图

功能仿真结果如 7.5 所示。

	Name	Value at 0 ps	0 ps	10.0 ns	20.0 ns	30.0 ns	40.0 ns	50.0 ns	60.0 ns	70.0 ns	80.0 ns	90.0 ns
in	▷ a_b	B 00	00	01	10	11	00	01	10	11	00	
in	en	B 0										
out	q0	B 0										
out	q1	B 0										
out	q2	B 0										
out	q3	B 0										

图 7.5   2/4 译码器功能仿真结果

通过仿真结果可以发现，在 en=1 有效的情况下，译码器正常输出。

例 7-5   3/8 译码器顶层设计描述。

```
LIBRARY IEEE;
USE IEEE.STD_LOGIC_1164.ALL;
ENTITY decoding3_8 IS
PORT (a,b,c:IN STD_LOGIC;
y0,y1,y2,y3,y4,y5,y6,y7:OUT STD_LOGIC);
END decoding3_8;
ARCHITECTURE archi OF decoding3_8 IS
COMPONENT inverse
PORT (a:IN STD_LOGIC;
q:OUT STD_LOGIC);
END COMPONENT;
COMPONENT decoding2_4 IS
PORT (en,a,b:IN STD_LOGIC;
     q0,q1,q2,q3:OUT STD_LOGIC);
```

```
END COMPONENT;
SIGNAL nota:STD_LOGIC;
BEGIN
u0: inverse PORT MAP(a,nota);
u1: decoding2_4 PORT MAP(a,b,c,y4,y5,y6,y7);
u2: decoding2_4 PORT MAP(nota,b,c,y0,y1,y2,y3);
END archi;
```

综合后的 RTL 电路图如图 7.6 所示。

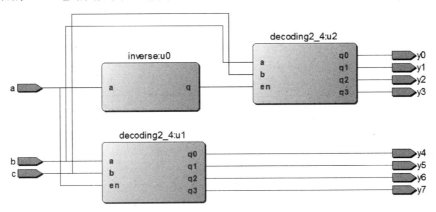

图 7.6 3/8 译码器 RTL 电路图

由图 7.6 可以看出：在顶层 RTL 原理图中，有 3 个子元件，可分为两类，即非门和 2/4 编码器子元件；原理图的组成和结构化的描述是一致的，即 RTL 电路图正确地反映了构造体中的描述。

3/8 译码器仿真结果如图 7.7 所示。

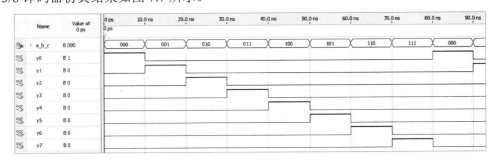

图 7.7 3/8 译码器仿真结果

根据 3/8 译码器的仿真结果，可以看出功能仿真完全正确。这种结构化的描述方式，比较适合于复杂、多层次的结构设计。例如，某硬件系统由若干块插件板组成，每个插件板又由若干块专用的 ASIC 电路组成，专用的 ASIC 电路又由若干已生成的基本单元电路组成。

7.4 数据流描述方式

7.4.1 数据流描述方式的概念和特点

数据流描述方式也称为寄存器传输级描述方式（Register Transfer Level，RTL），即采用 VHDL 语言中预定义的布尔代数，将各信号的逻辑表达式采用布尔代数加以描述的方式。数据流描述方式可以等效为一组用并发赋值语句的寄存器、状态机和组合逻辑函数的表达形式。由于受逻辑综合的限制,在采用数据流描述方式时,对使用 VHDL 语言的描述语句有一定限制,主要包括并发性的赋值语句和模块语句。

7.4.2 数据流描述方式举例

在 RTL 描述方式中经常采用寄存器——对应的直接描述方法,如例 7-6 和例 7-7 所示。

例 7-6 用寄存器硬件的直接对应方法描述全加器。

方法 1:

```
LIBRARY IEEE;
USE IEEE.STD_LOGIC_1164.ALL;
ENTITY full_adder1 IS
PORT(x,y,c_in:IN STD_LOGIC;
sum,cout:OUT STD_LOGIC);
END full_adder1;
ARCHITECTURE archi1 OF full_adder IS
SIGNAL tem1,tem2,tem3,tem4:STD_LOGIC;
BEGIN
tem1<=x XOR y;
tem2<=x AND y;
tem3<=x AND c_in;
tem4<=y AND c_in;
sum<= tem1 XOR c_in;
cout<= tem2 OR tem3 OR tem4;
END archi2;
```

方法 2:

```
LIBRARY IEEE;
USE IEEE.STD_LOGIC_1164.ALL;
ENTITY full_adder1 IS
PORT(x,y,c_in:IN STD_LOGIC;
sum,cout:OUT STD_LOGIC);
END full_adder1;
ARCHITECTURE archi2 OF full_adder IS
BEGIN
sum<=x XOR y XOR c_in;
cout<=(x AND y) OR (x AND c_in) OR (y AND c_in);
END archi;
```

方法 1 和方法 2 均为寄存器的直接对应描述方式,其中方法 2 从书写格式上更加简洁明了。对于综合后的 RTL 电路结果,两种方法在逻辑单元数量和种类上是一致的,只是中间内部连接的信号名称不同。方法 1 为自定义中间信号名,如 tem1,tem2 等,而方法 2 是由编译软件默认命名的。综合后的 RTL 原理图如图 7.8 所示。

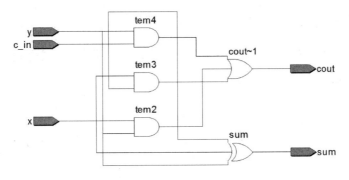

图 7.8　全加器门级电路图

例 7-7　二选一选择器数据流描述。

```
LIBRARY IEEE;
USE IEEE.STD_LOGIC_1164.ALL;
USE IEEE.STD_LOGIC_UNSIGNED.ALL;
ENTITY mux2_1 IS
PORT (d0,d1,sel:IN STD_LOGIC;
y:OUT STD_LOGIC);
END mux21;
ARCHITECTURE archi OF mux2_1 IS
SIGNAL tem1,tem2,tem3:STD_LOGIC;
BEGIN
    tem1<=d0 AND sel;
    tem2<=NOT sel;
    tem3<=d1 AND tem2;
    y<=tem1 OR tem3;
END archi;
```

上例使用一组可生成寄存器的并发赋值语句，实现了对二选一数据选择器 RTL 的描述。经过编译综合，二选一数据流描述的 RTL 门级电路图如图 7.9 所示。

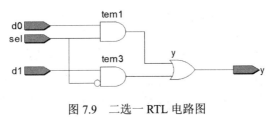

图 7.9　二选一 RTL 电路图

7.5　混合描述方式

7.5.1　混合描述方式的概念和特点

混合描述方式是指把前面的 3 种描述方式任意组合用于系统建模的一种描述方式。

混合描述方式既能达到满足系统建模要求，又能达到描述具体硬件电路的目的，因而它在实际设计工作中应用广泛。

7.5.2 混合描述方式举例

例 7-8 结合结构化描述方式和数据流描述方式，重新设计一个全加器。

```
LIBRARY IEEE;
USE IEEE.STD_LOGIC_1164.ALL;
LIBRARY myLib;
USE myLib.mypkg.ALL;
ENTITY full_adder IS
    PORT(x,y,c_in:IN STD_LOGIC;
    sum,cout:OUT STD_LOGIC);
    END full_adder;
ARCHITECTURE archi OF full_adder IS
    COMPONENT xor_gate IS
    PORT (a,b:IN STD_LOGIC;
    result:OUT STD_LOGIC);
    END COMPONENT;
    SIGNAL temp:STD_LOGIC;
BEGIN
    u1:xor_gate PORT MAP(x,y,temp);
    u2:xor_gate PORT MAP(temp,c_in,sum);
    cout<= (x AND y) OR (temp AND c_in) AFTER 5 ns;
END archi;
```

该例在构造体的描述中既包括了结构化描述，也包括了数据流描述。全加器的和（sum）是通过结构化描述方式完成的。其中，部件 xor_gate 存放在自定义的 **myLib** 库中；mypkg 数据包中已经生成了异或门元件，它与同名元件例化语句采用 u1、u2 的默认连接。全加器的进位（cout）是通过数据流方式描述的。编译后的 RTL 寄存器原理图如图 7.10 所示。

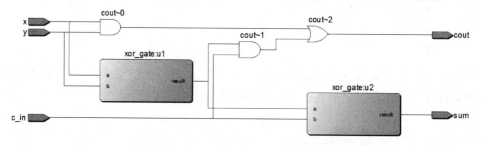

图 7.10 全加器混合描述的 RTL 寄存器原理图

由图 7.10 可以发现，在混合描述的寄存器原理图中不仅包括 2 个异或门部件（xor_gate），还包括由门电路构成的电路结构。这里，数据流描述部分代表的逻辑表达式为 $cout = x \cdot y + temp \cdot c\_in$。

7.6 数据流描述中应注意的问题

7.6.1 非法状态传递问题

'X'状态是不确定的状态，在数据流描述过程中不允许出现'X'状态的传递，否则将使逻辑电路产生不确定的结果。不确定的状态在 RTL 仿真时允许出现，但是在逻辑综合后的门级电路仿真中是不允许出现的。

例 7-9 'X'状态传递举例。

```
LIBRARY IEEE;
USE IEEE.STD_LOGIC_1164.ALL;
USE IEEE.STD_LOGIC_UNSIGNED.ALL;
ENTITY x_state IS
PORT (d0,d1,sel:IN STD_LOGIC;
y:OUT STD_LOGIC);
END x_state;
ARCHITECTURE archi OF x_state IS
SIGNAL tem1,tem2,tem3:STD_LOGIC;
BEGIN
    PROCESS(sel)
      BEGIN
      IF (sel='1') THEN
      y<=d0;
      ELSE
      y<=d0;
      END IF;
      END PROCESS;
END archi;
```

程序分析：由于 sel 为九值逻辑，除了'0'和'1'两种逻辑状态之外，还有其他的逻辑状态存在，如'X'。对于上述程序，若 sel='X'状态，则输出 y 为 d0，这样'X'状态就会发生传递，导致输出逻辑存在隐患。

例 7-10 优化后的构造体。

```
ARCHITECTURE archi OF x_state IS
SIGNAL tem1,tem2,tem3:STD_LOGIC;
BEGIN
    PROCESS(sel)
      BEGIN
      IF (sel='1') THEN
      y<=d0;
      ELSE IF(sel='0') THEN
      y<=d1;
      ELSE
      y<='X';
      END IF;
      END PROCESS;
END archi;
```

在例 7-10 中，sel 的所有可能取值都做了明确的约束。当 sel='X'时，输出为'X'，避免了'X'状态的传递。事实上，在一些功能仿真软件中，这两种描述的功能仿真结果是有区别的，因为'X'对仿真软件是有效的。相反，在一些综合软件中，这两种描述编译综合后的电路，无论是 RTL 寄存器电路，还是门级电路都是相同的。这是因为 EDA 综合软件将'X'状态忽略的缘故。但从描述的严谨性来讲，后者的描述更加合理，建议采用后者。

采用 IF 语句描述的二选一数据选择器经过系统编译后得到 RTL 级原理图，如图 7.11 所示；经过逻辑综合后得到门级电路图，如图 7.12 所示。从图 7.11 和图 7.12 可以看出，RTL 级原理图和门级电路图是软件编译综合的不同阶段：首先产生的是 RTL 原理图，经过逻辑综合、布局布线后产生门级电路图。通过上述内容可以看出，数据流描述方式采用 IF 语句完成的电路模型和综合后的实际电路比较，抽象的程度较高。

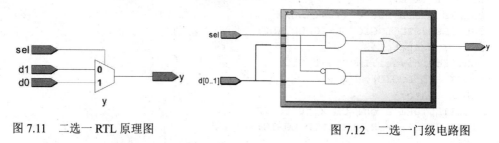

图 7.11　二选一 RTL 原理图　　　　　　　图 7.12　二选一门级电路图

7.6.2　进程中时钟沿的使用问题

在时序电路的设计中，进程中采用上升沿或下降沿描述是常见的设计方法。在进程中不允许出现同时判断两个不同上升沿的情况，常见的错误描述如下。

例 7-11　错误的描述。

```
PROCESS(clk1,clk2)
BEGIN
IF (clk1'EVENT AND clk1='1') THEN
IF (clk2'EVENT AND clk2='1') THEN
y<=b;
x<=a;
END IF;
END IF;
END PROCESS;
```

修改后的程序：

```
PROCESS(clk1,clk2)
BEGIN
IF (clk1'EVENT AND clk1='1') THEN
x<=a;
END IF;
IF (clk2'EVENT AND clk2='1') THEN
y<=b;
END IF;
END PROCESS;
```

由上述程序可以看出，在一个进程中，不允许出现时钟沿的嵌套使用，但不同时钟上升沿的判断在同一个进程中是允许的。

7.6.3　综合电路问题

用 VHDL 进行行为级描述时，其最终综合出的电路的复杂程度除取决于设计要求实现的功能的难度外，还受电路的描述方法和对设计的规划水平的影响，不同描述方法会产生不同的电路结构。

例 7-12　用 IF…ELSE 描述 3/8 译码器。

```
LIBRARY IEEE;
USE IEEE.STD_LOGIC_1164.ALL;
```

```
ENTITY decoding3_8 IS
    PORT(din:IN STD_LOGIC_VECTOR(2 DOWNTO 0);
    dout:OUT STD_LOGIC_VECTOR(7 DOWNTO 0));
END decoding3_8;
ARCHITECTURE archi OF decoding3_8 IS
BEGIN
    PROCESS (din)
    BEGIN
    IF (din="000")              THEN dout<="00000001";
    ELSIF (din="001")    THEN dout<="00000010";
    ELSIF (din="010")    THEN dout<="00000100";
    ELSIF (din="011")    THEN dout<="00001000";
    ELSIF (din="100")    THEN dout<="00010000";
    ELSIF (din="101")    THEN dout<="00100000";
    ELSIF (din="110")    THEN dout<="01000000";
    ELSIF (din="111")    THEN dout<="10000000";
ELSE dout<="00000000";
    END IF;
    END PROCESS;
END archi;
```

例 7-13 采用条件赋值语句描述 3/8 译码器。

```
LIBRARY IEEE;
USE IEEE.STD_LOGIC_1164.ALL;
ENTITY decoding3_8_1 IS
    PORT(din:IN STD_LOGIC_VECTOR(2 DOWNTO 0);
    dout:OUT STD_LOGIC_VECTOR(7 DOWNTO 0));
END decoding3_8_1;
ARCHITECTURE archi OF decoding3_8_1 IS
BEGIN
dout<="00000001" WHEN (din="000") ELSE
    "00000010" WHEN (din="001") ELSE
    "00000100" WHEN (din="010") ELSE
    "00001000" WHEN (din="011") ELSE
    "00010000" WHEN (din="100") ELSE
    "00100000" WHEN (din="101") ELSE
    "01000000" WHEN (din="110") ELSE
    "10000000" WHEN (din="111") ELSE
    "00000000";
END archi;
```

例 7-12 和例 7-13 为两种不同的行为描述方式。其中例 7-12 采用 IF…ELSE 顺序语句完成，而例 7-13 采用并行条件赋值语句完成。二者编译后的 RTL 原理图（如图 7.13 所示）和布局布线后的电路结果（Technology Map）是一致的，因此这两种描述本质上是相同的。从图 7.13 可以看出，编译后的原理图由 8 个比较器和 8 个二选一的数据选择器构成。

对于 IF…ELSE 的描述，ELSE 后的默认代入语句（如"ELSE 代入语句"）经常被省略。这种省略描述虽然不会影响电路的功能，但却会导致 IF 中部分条件没有了明确的赋值。因而在电路中增加了 8 个锁存器，增加了资源的开销，降低了器件的速度。省略"ELSE 代入语句"综合后的 RTL 原理图如图 7.14 所示。

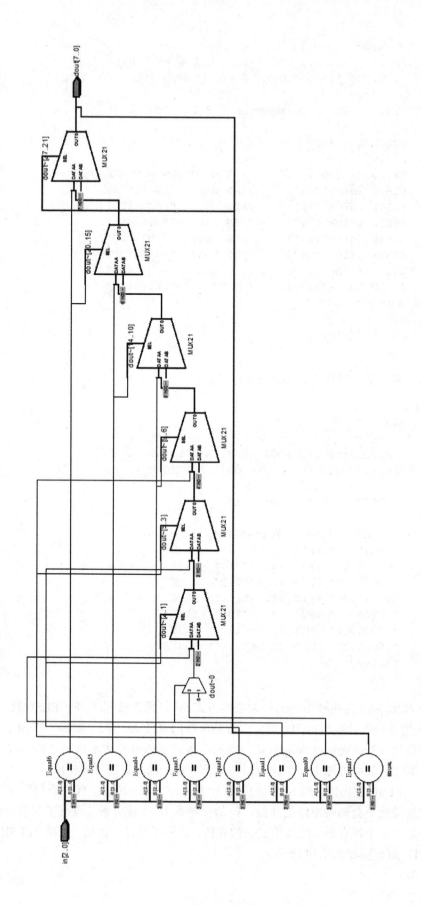

图 7.13   RTL 电路原理图

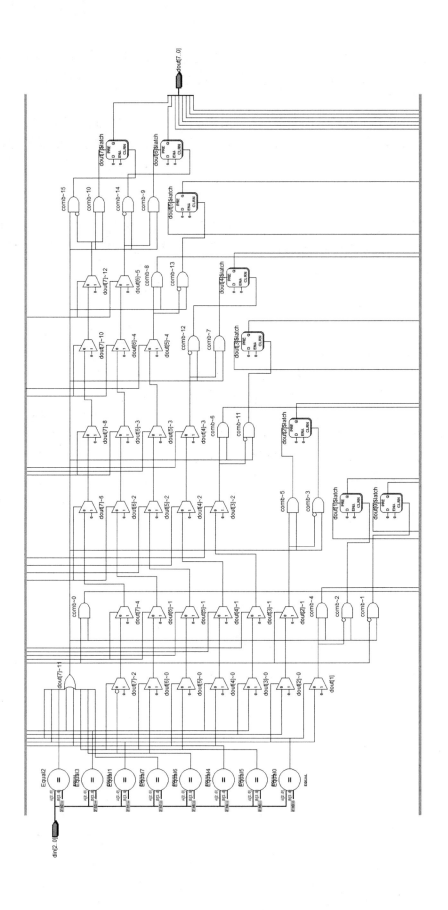

图 7.14 省略 ELSE 后的 RTL 原理图

可以看出，图 7.13 和图 7.14 的最大区别是增加了不必要的 8 个锁存器结构。由于这些结构通常都由大量的触发器组成，不仅使电路更复杂，工作速度降低，而且由于时序配合的原因而导致不可预料的结果。

由上面几个例子可以看出，在用 RTL 描述时，要想使这些描述都能正确地进行逻辑综合，并使综合结果具有较佳的性能，就必须注意 RTL 描述的一些具体规定，并掌握相应的描述技巧。

7.7　小结

本章主要介绍了构造体的 3 种描述方式：行为描述方式、结构化描述方式和数据流描述方式。行为描述适合算法描述，结构化描述适合层次化描述，数据流描述适合逻辑代数、数据传输路径的描述。

习题

1．指出行为描述、结构描述和数据流描述方式之间的差别。

2．写出图 7.15 所示的逻辑电路的输入输出关系和布尔方程，并根据其输入输出关系和布尔方程分别用 VHDL 语言描述该逻辑电路的行为描述和数据流描述。

3．采用行为描述方式设计一个 D 触发器，并用该 D 触发器作为基本的逻辑电路构件，设计一个具有 8 位串转并功能的移位寄存器的结构化描述。

4．设计一个 8KB 的 8 位 RAM 模块，并用该 RAM 模块作为基本的逻辑构件，采用结构化描述方式设计一个实现 256KB 的 16 位存储模块。

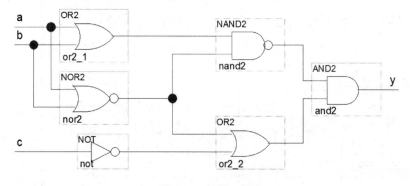

图 7.15　习题 2 图

第8章 数字逻辑电路设计

8.1 概述

根据逻辑功能的不同特点，数字电路可以分成两大类：一类称为组合逻辑电路（简称组合电路），另一类称为时序逻辑电路（简称时序电路）。组合逻辑电路的逻辑功能特点，是任意时刻的输出仅仅取决于该时刻的输入，与电路原来的状态无关。而时序逻辑电路的逻辑功能特点，是任意时刻的输出不仅取决于当前的输入信号，而且还取决于电路原来的状态，或者说，还和以前的输入有关。常见的组合逻辑电路主要包括简单门电路、数据选择器、编码器、译码器、比较器、加法器、缓冲器、三态门及总线缓冲器和奇偶校验器。常用的时序逻辑电路主要有触发器、计数器和寄存器等。

简单门电路由基本的逻辑与、或、非等门电路组成；通过一定的逻辑变换，任何一种复杂逻辑函数都可由基本的逻辑电路实现。由于在绝大多数综合软件的库函数中包含了每一个基本逻辑电路，因而在实际设计中直接调用即可，这里不再赘述。

8.2 组合逻辑电路设计

8.2.1 选择器和分配器

1. 数据选择器

在多路数据传送过程中，根据数据控制端选择其中任意一路输入数据并输出的电路，称为数据选择器（Multiplexer，MUX），也称为多路选择器或多路开关。数据选择器的应用非常多，其功能是将多组的数据来源选取一组输出，故又称为数据多选器。数据选择器的结构是 n 个地址选择线，2^n 次方个数据输入，一个数据输出线。例如，四选一数据选择器的功能框图和电路符号如图 8.1 所示。

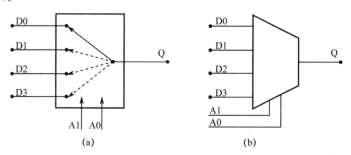

图 8.1 四选一数据选择器的功能框图（a）和电路符号（b）

根据优先级的不同，数据选择器可分为普通数据选择器和优先数据选择器。普通数据选择器的所有输入数据是同一优先级的，而优先数据选择器的输入数据则是有优先级高低的。

CASE 语句和选择代入语句常用来描述普通数据选择器，而 IF 语句和条件代入语句常用来描述优先数据选择器。例 8-1 和例 8-2 分别给出了用 IF 语句描述的优先数据选择器和用 CASE 语句描述的普通数据选择器，应注意区分两种选择器的真值表、描述方式和编译综合后的 RTL 寄存器原理图的差异。根据图 8.1，四选一数据选择器有 4 个信号输入端 D0、D1、D2 和 D3，2 个信号选择端 A0~A1，一个输出端 Q。

例 8-1 IF 语句描述的四选一优先数据选择器。其真值表如表 8.1 所示。

表 8.1 IF 语句描述的优先数据选择器真值表

选 择 输 入		数 据 输 入				数 据 输 出
A1	A0	D0	D1	D2	D3	Q
0	0	D	X	X	X	D0
0	1	0	D	X	X	D1
1	0	0	0	D	X	D2
1	1	0	0	0	D	D3

```
LIBRARY IEEE;
USE IEEE.STD_LOGIC_1164.ALL;
ENTITY mux4 IS
    PORT (d0,d1,d2,d3,a0,a1:IN STD_LOGIC;
    q:OUT STD_LOGIC);
END mux4;
ARCHITECTURE archi OF  mux4 IS
SIGNAL sel:STD_LOGIC_VECTOR(1 DOWNTO 0);
SIGNAL input:STD_LOGIC_VECTOR(3 DOWNTO 0);
BEGIN
   sel<= a1 & a0;
   input<=d3&d2&d1&d0;
   p1:PROCESS(input,sel)
   BEGIN
       IF      (sel="00") THEN  q<=input(0);
       ELSIF   (sel="01") THEN  q<=input(1);
       ELSIF   (sel="10") THEN  q<=input(2);
       ELSIF   (sel="11") THEN  q<=input(3);
       ELSE    q<='0';
       END IF;
   END PROCESS;
END archi;
```

在上述的 IF 语句描述中，程序中的 ELSE 项为剩余条件处理表达式，这里的剩余条件处理表达式不能为空，也不能省略 ELSE 默认选项。根据第 7 章知识，省略 ELSE 默认选项后，会产生锁存器，造成器件资源的损失，这里不再赘述。经过分析和综合后，生成的 RTL 原理图如图 8.2 所示。

例 8-2 CASE 语句描述的四选一普通数据选择器。其真值表如表 8.2 所示。

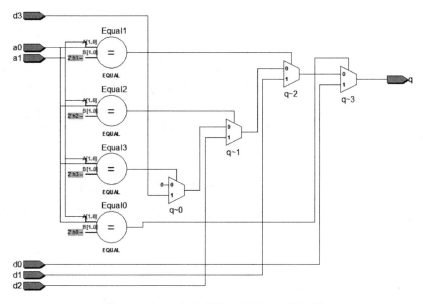

图 8.2 四选一优先数据选择器 RTL 原理图

表 8.2 CASE 语句描述的普通数据选择器真值表

选 择 输 入		数 据 输 入				数 据 输 出
A1	A0	D0	D1	D2	D3	Q
0	0	D	X	X	X	D0
0	1	X	D	D	X	D1
1	0	X	X	D	X	D2
1	1	X	X	X	D	D3

```
LIBRARY IEEE;
USE IEEE.STD_LOGIC_1164.ALL;
ENTITY mux4 IS
      PORT (d0,d1,d2,d3,a0,a1:IN STD_LOGIC;
      q:OUT STD_LOGIC);
END mux4;
ARCHITECTURE archi OF  mux4 IS
SIGNAL sel:STD_LOGIC_VECTOR(1 DOWNTO 0);
SIGNAL input:STD_LOGIC_VECTOR(3 DOWNTO 0);
BEGIN
    sel<= a1 & a0;
    input<=d3&d2&d1&d0;
    p1:PROCESS(input,sel)
    BEGIN
       CASE sel IS
       WHEN "00"=>q<=input(0);
       WHEN "01"=>q<=input(1);
       WHEN "10"=>q<=input(2);
       WHEN "11"=>q<=input(3);
       WHEN OTHERS=>q<='0';
       END CASE;
```

```
        END PROCESS;
    END archi;
```

在上述的 CASE 语句描述数据选择器中，所有的条件是等同的，无优先级差异。分析综合上述程序，结果如图 8.3 所示。由图 8.2 和图 8.3 的比较可知，二者综合后的 RTL 原理图是截然不同的，而 CASE 语句的综合效率更高一些。当然，也可以采用选择信号赋值语句和条件信号代入语句完成描述，这里不再列出，读者可自行学习。

2．数据分配器

根据地址信号的控制，将一路输入数据分配到指定输出通道的电路，称为数据分配器，也称为多路分配器，其逻辑功能与数据选择器相反。常见的一路-四路数据分配器的功能框图如图 8.4 所示。

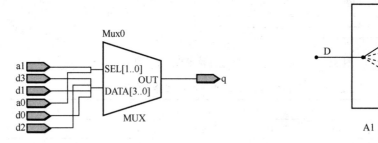

图 8.3　四选一普通数据选择器 RTL 原理图　　图 8.4　一路-四路数据分配器的功能框图

例 8-3　用 CASE 语句描述如表 8.3 所示的数据分配器。

表 8.3　一路-四路数据分配器真值表

选 择 输 入		数 据	输 出 数 据				数 据	输 出 数 据			
A1	A0	D	Q0	Q1	Q2	Q3	D	Q0	Q1	Q2	Q3
0	0	0	0	Z	Z	Z	1	1	Z	Z	Z
0	1	0	Z	0	Z	Z	1	Z	1	Z	Z
1	0	0	Z	Z	0	Z	1	Z	Z	1	Z
1	1	0	Z	Z	Z	0	1	Z	Z	Z	1

数据分配器的 VHDL 语言描述如下：

```
LIBRARY IEEE;
USE IEEE.STD_LOGIC_1164.ALL;
ENTITY dmux4 IS
    PORT (d,a0,a1:IN STD_LOGIC;
    q0,q1,q2,q3:OUT STD_LOGIC);
END dmux4;
ARCHITECTURE archi OF  dmux4 IS
SIGNAL sel:STD_LOGIC_VECTOR(1 DOWNTO 0);
BEGIN
    sel<= a1 & a0;
    p1:PROCESS(d,sel)
    BEGIN
```

```
        CASE sel IS
        WHEN "00"=>q0<=d;q1<='Z';q2<='Z';q3<='Z';
        WHEN "01"=>q0<='Z';q1<=d;q2<='Z';q3<='Z';
        WHEN "10"=>q0<='Z';q1<='Z';q2<=d;q3<='Z';
        WHEN "11"=>q0<='Z';q1<='Z';q2<='Z';q3<=d;
        WHEN OTHERS=>q0<='Z';q1<='Z';q2<='Z';q3<='Z';
        END CASE;
      END PROCESS;
  END archi;
```

对上述数据分配器的描述程序通过 Quartus II 进行语法分析和编译后，所生成的 RTL 原理图如图 8.5 所示。由 RTL 原理图可以看出，分配器是由 8 个四选一的数据选择器和 4 个三态输出缓存器构成的。

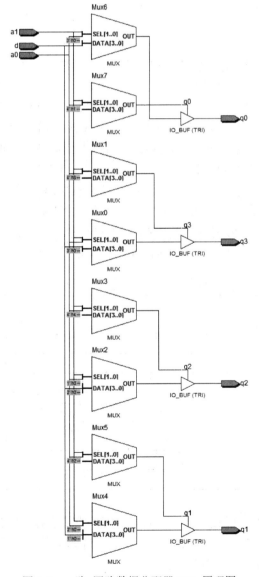

图 8.5　一路-四路数据分配器 RTL 原理图

功能仿真结果如图 8.6 所示。

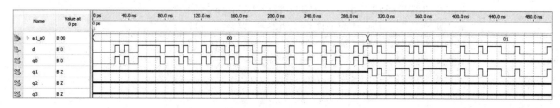

图 8.6　一路-四路数据分配器仿真结果

由图 8.6 的仿真结果可以看出：当 a1=0，a2=0 时，输入数据被分配到 q0 输出，其他输出通道为高阻态'Z'；当 a1=1，a2=0 时，输入数据被分配到 q1 输出，其他输出通道为高阻态'Z'。以此类推，仿真结果正确。

8.2.2　编码器和译码器

1. 编码器

编码是指将数字信号或数据转换为可以进行通信、传输和存储的代码的方法。编码器的实质是用一组二进制代码按一定规则表示字母、数字和符号等信息。具有编码功能的逻辑电路或设备称为编码器。例如，七段显示器 BCD 编码器，就是将 7 个码转为四位 BCD 码。若一个编码器具有 M 个输入端和 N 个输出端，则称其为 M/N 编码器。常见的编码器有 4/2 编码器、8/3 编码器等。编码器分为优先级编码器和普通编码器，这在设计编码器时要进行区分。此外，在设计编码器时，能使用 CASE 语句的，尽量不要使用 IF 语句描述，因为 CASE 语句的可读性好，综合效率高。设计一个 M/N 编码器，使用 GENERIC 类属参数语句和 FOR-LOOP 语句可使得代码的通用性、可移植性更强。8/3 编码器的符号如图 8.7 所示，8/3 普通编码器真值表如表 8.4 所示。

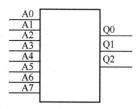

图 8.7　8/3 编码器符号

表 8.4　8/3 普通编码器真值表

输　　入								输　　出		
A7	A6	A5	A4	A3	A2	A1	A0	Q2	Q1	Q0
0	0	0	0	0	0	0	1	0	0	0
0	0	0	0	0	0	1	0	0	0	1
0	0	0	0	0	1	0	0	0	1	0
0	0	0	0	1	0	0	0	0	1	1
0	0	0	1	0	0	0	0	1	0	0
0	0	1	0	0	0	0	0	1	0	1
0	1	0	0	0	0	0	0	1	1	0
1	0	0	0	0	0	0	0	1	1	1

为了更好地掌握 VHDL 的设计技巧，对于相同的设计实体，在结构体设计描述上，可分别采用两种不同的设计语句：顺序 CASE 语句和并行选择信号代入语句。根据表 8.4 真值表，完整的 VHDL 程序如例 8-4 和例 8-5 所示。

例 8-4 利用顺序 CASE 语句描述 8/3 普通编码器。

```
LIBRARY IEEE;
USE IEEE.STD_LOGIC_1164.ALL;
ENTITY encoder8_3 IS
     PORT (a:IN STD_LOGIC_VECTOR(7 DOWNTO 0);
     q:OUT STD_LOGIC_VECTOR(2 DOWNTO 0));
END encoder8_3;
ARCHITECTURE archi OF  encoder8_3 IS
BEGIN
   p1:PROCESS(a)
   BEGIN
      CASE a IS
      WHEN "00000001"=>q<="000";
      WHEN "00000010"=>q<="001";
      WHEN "00000100"=>q<="010";
      WHEN "00001000"=>q<="011";
      WHEN "00010000"=>q<="100";
      WHEN "00100000"=>q<="101";
      WHEN "01000000"=>q<="110";
      WHEN "10000000"=>q<="111";
      WHEN OTHERS=> q<="ZZZ";
      END CASE;
   END PROCESS;
END archi;
```

例 8-5 利用并行选择信号代入语句描述 8/3 普通编码器。

```
LIBRARY IEEE;
USE IEEE.STD_LOGIC_1164.ALL;
ENTITY encoder8_3 IS
     PORT (a:IN STD_LOGIC_VECTOR(7 DOWNTO 0);
     q:OUT STD_LOGIC_VECTOR(2 DOWNTO 0));
END encoder8_3;
ARCHITECTURE archi OF  encoder8_3 IS
BEGIN
   WITH a SELECT
      q<="000" WHEN "00000001",
         "001" WHEN "00000010",
         "010" WHEN "00000100",
         "011" WHEN "00001000",
         "100" WHEN "00010000",
         "101" WHEN "00100000",
         "110" WHEN "01000000",
         "111" WHEN "10000000",
         "ZZZ" WHEN OTHERS;
```

```
END archi;
```

以上两种结构综合出的 8/3 普通编码器 RTL 原理图如图 8.8 所示。

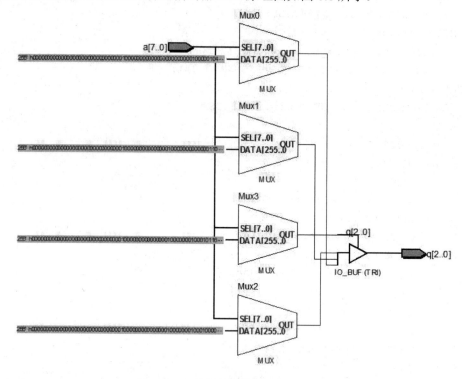

图 8.8　8/3 普通编码器的 RTL 原理图

从 8.8 图可以看出，普通编码器 RTL 原理图由 4 个数据选择器和 3 个三态缓冲器组成。

对于具有优先级的编码器的描述，也可采用两种不同的设计语句：IF…ElSE 和并行条件信号代入语句。根据表 8.5 所示的真值表，完整的 VHDL 程序如例 8-6 和例 8-7 所示。

表 8.5　8/3 优先编码器真值表

输　　入								输　　出		
A7	A6	A5	A4	A3	A2	A1	A0	Q2	Q1	Q0
X	X	X	X	X	X	X	1	0	0	0
X	X	X	X	X	X	1	0	0	0	1
X	X	X	X	X	1	0	0	0	1	0
X	X	X	X	1	0	0	0	0	1	1
X	X	X	1	0	0	0	0	1	0	0
X	X	1	0	0	0	0	0	1	0	1
X	1	0	0	0	0	0	0	1	1	0
1	0	0	0	0	0	0	0	1	1	1

例 8-6　利用顺序条件 IF…ELSE 语句描述 8/3 优先编码器。

```
LIBRARY IEEE;
USE IEEE.STD_LOGIC_1164.ALL;
```

```
ENTITY encoder8_3 IS
     PORT (a:IN STD_LOGIC_VECTOR(7 DOWNTO 0);
     q:OUT STD_LOGIC_VECTOR(2 DOWNTO 0));
END encoder8_3;
ARCHITECTURE archi OF  encoder8_3 IS
BEGIN
 p1:PROCESS(a)
   BEGIN
      IF (a(0)='1')    THEN  q<="000";
      ELSIF  (a(1)='1') THEN  q<="001";
      ELSIF  (a(2)='1') THEN  q<="010";
      ELSIF  (a(3)='1') THEN  q<="011";
      ELSIF  (a(4)='1') THEN  q<="100";
      ELSIF  (a(5)='1') THEN  q<="101";
      ELSIF  (a(6)='1') THEN  q<="110";
      ELSIF  (a(7)='1') THEN  q<="111";
      ELSE  q<="ZZZ";
   END IF;
   END PROCESS;
END archi;
```

例 8-7　利用并行条件代入语句描述 8/3 优先编码器。

```
LIBRARY IEEE;
USE IEEE.STD_LOGIC_1164.ALL;
ENTITY encoder8_3 IS
     PORT (a:IN STD_LOGIC_VECTOR(7 DOWNTO 0);
     q:OUT STD_LOGIC_VECTOR(2 DOWNTO 0));
END encoder8_3;
ARCHITECTURE archi OF  encoder8_3 IS
BEGIN
     q<="000" WHEN a(0)='1' ELSE
       "001" WHEN  a(1)='1' ELSE
       "010" WHEN a(2)='1' ELSE
       "011" WHEN a(3)='1' ELSE
       "100" WHEN a(4)='1' ELSE
       "101" WHEN a(5)='1' ELSE
       "110" WHEN a(6)='1' ELSE
       "111" WHEN a(7)='1' ELSE
       "ZZZ";
   END archi;
```

注意：在使用 IF 语句描述优先编码器时，输入数据中的 a(0)具有最高优先级，a(7)具有最低优先级。优先编码器 RTL 原理图如图 8.9 所示。

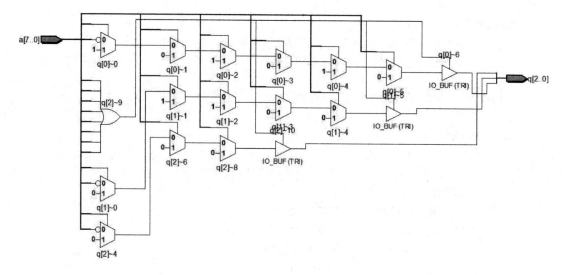

图 8.9　优先编码器 RTL 原理图

2．译码器

　　译码器通常都使用在地址总线上，其功能与编码器的功能相反。若一个译码器有 N 个二进制选择线，则最多可以译成 2^N 个数据。一个具有 N 个输入线，M 个输出线的译码器，称为 N/M 译码器。常见的译码器有 2/4 译码器、3/8 译码器和 4/6 译码器。3/8 译码器的符号如图 8.10 所示。

　　例 8-8　设计一个 3/8 二进制译码器，其真值表如表 8.6 所示，其 RTL 原理图如图 8.11 所示。

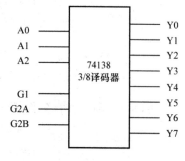

图 8.10　3/8 译码器符号

表 8.6　3/8 译码器真值表

使 能 控 制			输　　入			输　　　出							
G1	G2A	G2B	A2	A1	A0	Y0	Y1	Y2	Y3	Y4	Y5	Y6	Y7
×	1	×	×	×	×	1	1	1	1	1	1	1	1
×	×	1	×	×	×	1	1	1	1	1	1	1	1
0	×	×	×	×	×	1	1	1	1	1	1	1	1
1	0	0	0	0	0	0	1	1	1	1	1	1	1
1	0	0	0	0	1	1	0	1	1	1	1	1	1
1	0	0	0	1	0	1	1	0	1	1	1	1	1
1	0	0	0	1	1	1	1	1	0	1	1	1	1
1	0	0	1	0	0	1	1	1	1	0	1	1	1
1	0	0	1	0	1	1	1	1	1	1	0	1	1
1	0	0	1	1	0	1	1	1	1	1	1	0	1
1	0	0	1	1	1	1	1	1	1	1	1	1	0

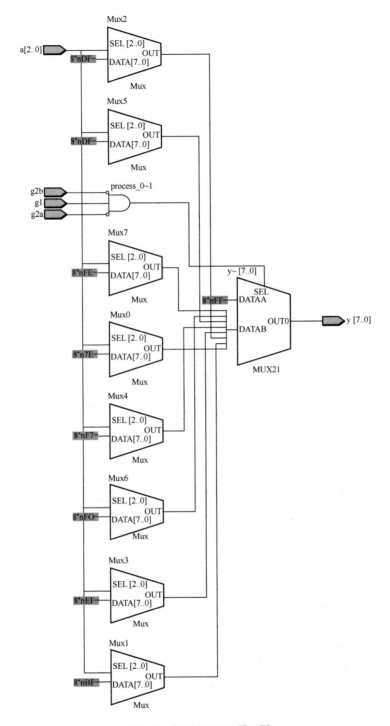

图 8.11　译码器 RTL 原理图

完整的 VHDL 描述如下：

```
LIBRARY IEEE;
USE IEEE.STD_LOGIC_1164.ALL;
ENTITY decoder138 IS
  PORT(g1,g2a,g2b: IN STD_LOGIC;
```

```
        a: IN STD_LOGIC_VECTOR(2 DOWNTO 0);
        y: OUT STD_LOGIC_VECTOR(7 DOWNTO 0));
END decoder138;
ARCHITECTURE dataflow OF decoder138 IS
BEGIN
    PROCESS (g1,g2a,g2b,a)
    BEGIN
        IF(g1='1' AND g2a='0' AND g2b='0') THEN
            CASE A IS
                WHEN "000" => y <="11111110";
                WHEN "001" => y <="11111101";
                WHEN "010" => y <="11111011";
                WHEN "011" => y <="11110111";
                WHEN "100" => y <="11101111";
                WHEN "101" => y <="11011111";
                WHEN "110" => y <="10111111";
                WHEN "110" => y <="01111111";
                WHEN OTHERS => y <="XXXXXXXX";
            END CASE;
            ELSE  y <="11111111";
        END IF;
    END PROCESS;
END dataflow;
```

程序分析：译码器的功能与编码器相反，输入 3 位数据，输出 8 个状态，3 位数据的值与输出端'0'的位置序号对应。对于超出 000~111 数据之外的不确定态或非法数据，输出"XXXXXXXX"。

从图 8.11 可以看出，译码器 RTL 原理图由 8 个 mux、1 个 process_0-1 和 1 个 mux21 组成，其中 8 个 mux 主要完成地址的翻译，process_0-1 完成 mux21 的输出使能控制，即控制 mux21 的选择输出。

8.2.3 数字比较器

用于比较两数大小或相等的硬件电路称为数字比较器。最简单的数字比较器只有两个一位二进制数 A 和 B，分别有 A>B、A<B 和 A=B 三种比较结果。MC14585 为常见的 CMOS 集成数字四位比较器，其引脚分布图如图 8.12 所示。

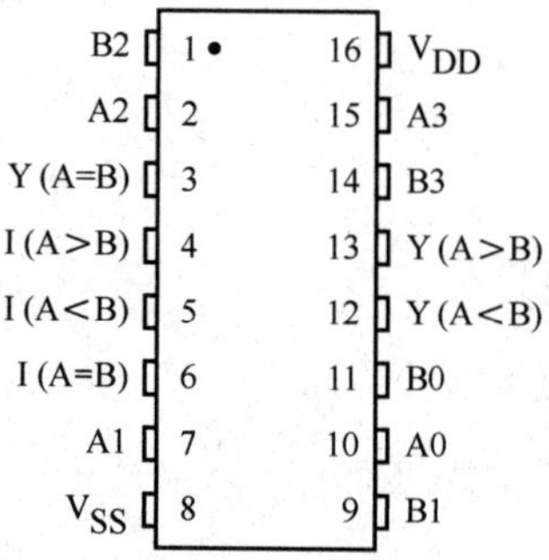

其中各引脚的含义如下：待比较的数据输入端 A、B，3 个级联扩展输入端 I（A>B）、I（A<B）、I（A=B），比较结果输出端 Y（A>B）、Y（A<B）、Y（A=B）。MC14585 功能真值表如表 8.7 所示。

图 8.12 MC14585 引脚分布图

表 8.7 MC14585 功能真值表

数据输入				级联输入			比较输出		
A3,B3	A2,B2	A1,B1	A0,B0	A<B	A=B	A>B	A<B	A=B	A>B
A3>B3	×	×	×	×	1	×	0	0	1
A3=B3	A2>B2	×	×	×	1	×	0	0	1

数 据 输 入				级 联 输 入			比 较 输 出		
A3=B3	A2=B2	A1>B1	×	×	1	×	0	0	1
A3=B3	A2=B2	A1=B1	A0>B0	×	1	×	0	0	1
A3=B3	A2=B2	A1=B1	A0=B0	0	0	×	0	0	1
A3=B3	A2=B2	A1=B1	A0=B0	0	1	×	0	1	0
A3=B3	A2=B2	A1=B1	A0=B0	1	0	×	1	0	0
A3=B3	A2=B2	A1=B1	A0=B0	1	1	×	1	1	0
A3=B3	A2=B2	A1=B1	A0<B0	×	1	×	1	0	0
A3=B3	A2=B2	A1<B1	×	×	1	×	1	0	0
A3=B3	A2<B2	×	×	×	1	×	1	0	0
A3<B3	×	×	×	×	1	×	1	0	0

从表 8.7 中可以看出，若比较 2 个四位二进制数 A（A3、A2、A1、A0）和 B（B3、B2、B1、B0）的大小，首先要将级联扩展端 I（A=B）接高电平，然后从 A 和 B 最高位到最低为逐次进行比较。如果 A3>B3，则 A 一定大于 B；反之，若 A3<B3，则一定有 A 小于 B；若 A3=B3，则比较次高位 A2 和 B2，依此类推直到比较到最低位；若各位均相等，则 A=B。

若要比较四位以上的二进制数，通过数字比较器的输入端 I(A>B)、I(A<B)、I(A=B)可以级联多个数字比较器，即可完成更长位数的数值比较。

例 8-9 比较器 MC14585 的完整 VHDL 描述。

```
LIBRARY IEEE;
USE IEEE.STD_LOGIC_1164.ALL;
ENTITY compare_test IS
    PORT(in_a_more_b,in_a_less_b,in_a_equal_b:IN STD_LOGIC;
    a,b:IN STD_LOGIC_VECTOR(3 DOWNTO 0);
    out_a_more_b,out_a_less_b,out_a_equal_b:OUT STD_LOGIC);
    END compare_test;
ARCHITECTURE archi OF compare_test IS
BEGIN
    PROCESS(in_a_less_b, in_a_more_b,in_a_equal_b)
    BEGIN
        IF(in_a_equal_b='1') THEN
                IF(a(3)>B(3)) THEN
                out_a_more_b<='1';out_a_less_b<='0';out_a_equal_b<='0';
                ELSIF(a(3)<B(3))  THEN
                out_a_more_b<='0';out_a_less_b<='1';out_a_equal_b<='0';
                ELSIF(a(2)>B(2))  THEN
                out_a_more_b<='1';out_a_less_b<='0';out_a_equal_b<='0';
                ELSIF(a(2)<B(2))  THEN
                out_a_more_b<='0';out_a_less_b<='1';out_a_equal_b<='0';
                ELSIF(a(1)>B(1))  THEN
                out_a_more_b<='1';out_a_less_b<='0';out_a_equal_b<='0';
                ELSIF(a(1)<B(1))  THEN
                out_a_more_b<='0';out_a_less_b<='1';out_a_equal_b<='0';
                ELSIF(a(0)>B(0))  THEN
                out_a_more_b<='1';out_a_less_b<='0';out_a_equal_b<='0';
                ELSIF(a(0)<B(0))  THEN
```

```
                out_a_more_b<='0';out_a_less_b<='1';out_a_equal_b<='0';
                ELSE
                out_a_more_b<='0';out_a_less_b<='0';out_a_equal_b<='1';
                END IF;
            ELSE
                out_a_more_b<=in_a_more_b;out_a_less_b<=in_a_less_b;
                out_a_equal_b<=in_a_equal_b;
            END IF;
        END PROCESS;
    END archi;
```

仿真结果如图 8.13 所示。

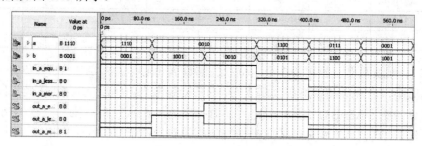

图 8.13　仿真结果

8.2.4　加法器

加法器是数字电路中的基本运算单元，也是 VHDL 设计的基本单元。加法器分为半加器和全加器两种，利用两个半加器可以构成一个全加器。

半加器和全加器的符号如图 8.14 所示。其中：A 和 B 是两个相加的 8 位二进制数，CI 是低位进位，S 是 A、B 相加之和，CO 是 A、B 相加之后的进位。全加器的真值表如表 8.8 所示。

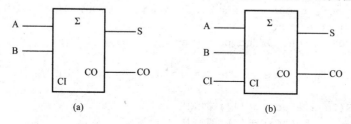

图 8.14　半加器（a）和全加器（b）的符号

表 8.8　全加器真值表

输　　入			输　　出	
CI	A	B	S	CO
0	0	0	0	0
0	0	1	1	0
0	1	0	1	0
0	1	1	0	1
1	0	0	1	0
1	0	1	0	1
1	1	0	0	1
1	1	1	1	1

例 8-10　半加器的 VHDL 描述程序。

```
LIBRARY IEEE;
USE IEEE.STD_LOGIC_1164.ALL;
ENTITY half_adder IS
PORT ( a,b:IN STD_LOGIC;
sum,carry:OUT STD_LOGIC);
END half_adder;
ARCHITECTURE archi OF half_adder IS
BEGIN
u0:PROCESS(a,b)
BEGIN
sum<=a XOR b;
carry<= a AND b;
END PROCESS;
END archi;
```

例 8-11　全加器的 VHDL 描述程序。

```
LIBRARY IEEE;
USE IEEE.STD_LOGIC_1164.ALL;
ENTITY adder IS
 PORT(a,b,cin : IN STD_LOGIC;
  co,sum: OUT STD_LOGIC);
END adder;
ARCHITECTURE behave OF adder IS
 COMPONENT half_adder IS
 PORT ( a,b:IN STD_LOGIC;
 sum,carry:OUT STD_LOGIC);
 END COMPONENT;
 SIGNAL u0_co,u0_s,u1_co:STD_LOGIC;
BEGIN
 u0:half_adder PORT MAP(a,b,u0_s,u0_co);
 u1:half_adder PORT MAP(u0_s,cin,sum,u1_co);
 co<=u0_co OR u1_co;
END behave;
```

例 8-11 的程序中声明了一个半加器元件（half_adder），利用端口映射，就连接构成了一个全加器，如图 8.15 所示。

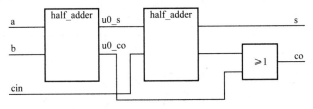

图 8.15　半加器所构成的全加器

例 8-12　数据长度为 8 的全加器数据流的描述程序。

```
LIBRARY IEEE;
USE IEEE.STD_LOGIC_1164.ALL;
USE IEEE.STD_LOGIC_UNSIGNED.ALL;
ENTITY adder8 IS
    PORT(a,b : IN STD_LOGIC_VECTOR(7 DOWNTO 0);
         cin: IN STD_LOGIC;
            co: OUT STD_LOGIC;
            S: OUT STD_LOGIC_VECTOR(7 DOWNTO 0));
END adder8;
ARCHITECTURE behave OF adder8 IS
    SIGNAL sint : STD_LOGIC_VECTOR(8 DOWNTO 0);
    SIGNAL aa,bb: STD_LOGIC_VECTOR(8 DOWNTO 0);
        BEGIN
            aa <='0'& a(7 DOWNTO 0);
            bb <='0'& b(7 DOWNTO 0);
           sint <= aa + bb + cin;
          S(7 DOWNTO 0) <= sint(7 DOWNTO 0);
          co <= sint(8);
    END behave;
```

8.2.5 三态门及总线缓冲器

1. 三态门

三态门（Three-state Gate）是一种重要的总线接口电路，其输出既可以是一般二值逻辑电路的正常的高电平（逻辑'1'）或低电平（逻辑'0'），又可以保持特有的高阻抗状态（'Z'）。三态门结构处于高阻抗状态时，输出电阻很大，相当于隔断状态，没有任何逻辑控制功能。当总线上挂有多个主、从设备，设备与总线常常以高阻态的形式连接。这样在设备不占用总线时可自动释放总线，以方便其他设备获得总线的使用权。

三态门电路的输出逻辑状态的控制，是通过一个输入使能端 EN 引脚实现的。三态门的电路原理图如图 8.16 所示，它有一个数据输入端 din，一个数据输出端 dout 和一个控制端 en。当 en='1'时，dout=din；当 en='0'时，dout='Z'（高阻态），三态门的真值表如表 8.9 所示。

表 8.9　三态门的真值表

数据输入	控制使能	数据输出
din	en	dout
X	0	Z
0	1	0
1	1	1

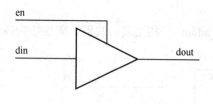

图 8.16　三态门电路原理图

三态门是一种扩展逻辑功能的输出级电路，也是一种控制开关，主要用于总线连接，因为总线只允许同时只有一个使用者。通常，数据总线上接有多个器件，每个器件通过 OE/CE 之类的信号选通。如果器件没有选通，该端口就处于高阻态，相当于没有接在总线上，不影响其他器件的工作。

例 8-13　用 VHDL 语言描述的三态门程序。

```
LIBRARY IEEE;
USE IEEE.STD_LOGIC_1164.ALL;
ENTITY trigate_test IS
    PORT (din,en:IN STD_LOGIC;
        dout:OUT STD_LOGIC);
END trigate_test;
ARCHITECTURE archi OF trigate_test IS
BEGIN
    tri_gate:PROCESS (din,en )
    BEGIN
        IF (en='1') THEN
        dout<=din;
        ELSE
        dout<='Z';
        END IF;
    END PROCESS tri_gate;
END archi;
```

2. 总线缓冲器

总线缓冲器在总线传输中起数据暂存缓冲的作用，其典型芯片有 74LS244 和 74LS245。74LS244 是一种 8 位三态缓冲器，可用来进行总线的单向传输控制；74LS245 是一种 8 位的双向传输的三态缓冲器，可用来进行总线的双向传输控制，所以也称总线收发器。74LS244 和 74LS245 的电路符号如图 8.17 所示，其真值表如表 8.10 所示。

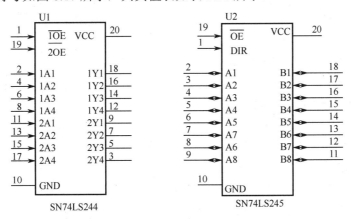

图 8.17　74LS244 和 74LS245 的电路符号

表 8.10　74LS244 和 74LS245 真值表

74LS244 真值表			74LS245 真值表			
数据输入	控制使能	数据输出	数 据	控制使能	方向使能	数 据
A	nOE ($\overline{OE}$)	Y	A	nOE ($\overline{OE}$)	DIR	B
X	1	Z	X	1	Z	Z
0	0	0	A	0	0	B=A
1	0	1	A=B	0	1	B

例 8-14　单向总线缓冲器 74LS244 的 VHDL 描述。

```
LIBRARY IEEE;
USE IEEE.STD_LOGIC_1164.ALL;
ENTITY ls244 IS
    PORT (a1,a2:IN STD_LOGIC_VECTOR(3 DOWNTO 0);
    nOE1,nOE2:IN STD_LOGIC;
    y1,y2:OUT STD_LOGIC_VECTOR(3 DOWNTO 0));
END LS244;
ARCHITECTURE archi OF ls244 IS
BEGIN
    p1:PROCESS (a1,nOE1 )
    BEGIN
        IF (nOE1='0') THEN
        y1<=a1;
        ELSE
        y1<="ZZZZ";
        END IF;
    END PROCESS p1;
    p2:PROCESS (a2,nOE2 )
    BEGIN
        IF (nOE2='0') THEN
         y2<=a2;
        ELSE
        y2<="ZZZZ";
        END IF;
    END PROCESS p2;
END archi;
```

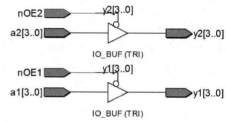

编译后的 RTL 原理图如 8.18 所示。

由图 8.18 可以看出，每一个进程描述被视为单独的一个三态缓冲器。其仿真结果如图 8.19 所示。

图 8.18 单向总线缓冲器 RTL 原理图

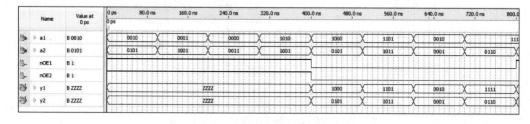

图 8.19 单向缓冲器仿真结果

从图 8.19 可以看出：当 nOE 为高电平时，对应的三态门输出高阻态；当 nOE 为低电平时，输入数据通过三态门传输到对应输出端。

例 8-15 双向总线缓冲器 74LS245 的 VHDL 描述。

```
LIBRARY IEEE;
USE IEEE.STD_LOGIC_1164.ALL;
ENTITY ls245 IS
    PORT (a,b:INOUT STD_LOGIC_VECTOR(7 DOWNTO 0);
    nOE,dir:IN STD_LOGIC);
```

```
END ls245 ;
ARCHITECTURE archi OF ls245 IS
BEGIN
    p1:PROCESS (a,dir,nOE)
    BEGIN
        IF (nOE='0' AND dir='0')  THEN
        b<=a;
        ELSE
        b<="ZZZZZZZZ";
        END IF;
    END PROCESS p1;
    p2:PROCESS (b,dir,nOE)
    BEGIN
        IF (nOE='0' AND dir='1')  THEN
        a<=b;
        ELSE
        a<="ZZZZZZZZ";
        END IF;
    END PROCESS p2;
    END archi;
```

双向总线缓冲器 74LS245 实际上是由两组三态门组成的，根据 dir 的逻辑值不同，决定着启动执行哪一个进程。编译综合后的双向总线缓冲器 RTL 原理图如图 8.20 所示。

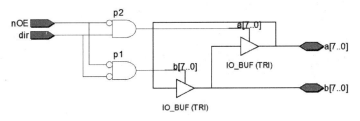

图 8.20　双向总线缓冲器 RTL 原理图

由图 8.20 可以看出，RTL 原理图由非门、与门和三态缓冲器组成。与图 8.18 比较后发现：两个缓冲器不再相互独立，而是相互反馈连接；两个进程通过 nOE 和 dir 信号进行通信。其仿真结果如图 8.21 所示。

	Name	Value at 0 ps	0 ps	80.0 ns	160.0 ns	240.0 ns	320.0 ns	400.0 ns	480.0 ns	560.0 ns	640.0 ns	720.0 ns	800.
in	nOE	B 1											
in	dir	B 0											
▷	a	B ZZZZZZZZ	ZZZZZZZZ	10010010	01110100	10111010	10100111	00110000	11110100	00110111			
▷	b	B ZZZZZZZZ	ZZZZZZZZ	10000100	00100101	10111111	01011001	00010001	10100011	11011100			
▷	a~0	B ZZZZZZZZ	ZZZZZZZZ	10000100	ZZZZZZZZ	10111111	ZZZZZZZZ	00010001	ZZZZZZZZ	11011100			
▷	b~0	B ZZZZZZZZ		ZZZZZZZZ	01110100	ZZZZZZZZ	10100111	ZZZZZZZZ	11110100	ZZZZZZZZ			

图 8.21　双向缓冲器仿真结果

从例 8-15 可以看出：当 nOE 信号为高电平时，缓冲器输出高阻态，输出被阻止；当 nOE 为低电平时，输出使能。当 dir 信号为高电平时，b 为输入端口信号，a 为输出端口信号；当 dir 信号为低电平时，b 为输出端口信号，a 为输入端口信号。

8.2.6 奇偶校验器

奇偶校验用来检测输入高电平（逻辑'1'）的个数，分为奇校验和偶校验。对于奇校验电路，当输入数据有奇数个 1 时，输出为高电平；对于偶校验电路，当输入数据有偶数个 1 时，输出为高电平'1'。奇偶校验是一种增加二进制传输系统最小距离的简单和广泛采用的方法。

奇校验的方法是在数据发送端通过在一定位长二进制数据尾部增加一位校验位，该校验位连同原数据共同组成 1 的位数为奇数；然后在数据接收端使用该代码时，连同校验位一起检查为 1 的位数是否为奇数，以判读奇校验的正确性。奇偶校验器经常设计成九位二进制数，以适应一个字节传输的应用要求。对于位数较少、电路较简单的应用，可以采用奇偶校验方法提高数据传输的可靠性。

例 8-16 奇偶校验器的 VHDL 描述。

```
LIBRARY IEEE;
USE IEEE.STD_LOGIC_1164.ALL;
ENTITY parity_check IS
    GENERIC (len:INTEGER :=8;odd_even:INTEGER :=0);
    PORT (a:IN STD_LOGIC_VECTOR(len-1 DOWNTO 0);
    c:OUT INTEGER;y:OUT STD_LOGIC);
END parity_check;
ARCHITECTURE archi OF parity_check IS
BEGIN
    p1:PROCESS (a)
        VARIABLE  tmp: STD_LOGIC;
        VARIABLE m:INTEGER RANGE 0 TO len-1;
        BEGIN
        tmp:='0';
        m:=odd_even;   --奇校验为 0，偶校验为 1
        FOR i IN 0 TO   len-1 LOOP
        tmp:=  tmp XOR a(i);
        IF (a(i)='1') THEN m:=m+1;
        END IF;
        END LOOP;
        c<=m;
        y<=tmp;
    END PROCESS p1;
END archi;
```

通过对上述程序的分析发现：奇偶校验数据的长度都是通过类属参数 len 传入的，默认 len=8；奇偶校验的类型是通过类属参数 odd_even 传入的，默认为 0。当变量 m 为 0 时为奇校验。只需传入适当的参数，例 8-16 可适合任何位长的二进制数据的奇校验和偶校验。这种设计方法可以很好地保证设计的通用性和可移植性，方便在以后的设计中经常引用。其仿真结果如图 8.22 所示。

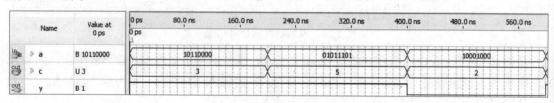

图 8.22　奇偶校验仿真结果

从图 8.22 所示的仿真结果可以看出：当 len=8、odd_even=0 时，上述描述完成了 8 位数据的奇校验判断；当输入数据 a 中高电平'1'的个数为奇数时，y 输出为高电平，c 统计输出高电平'1'的个数。

8.3 时序逻辑电路设计

时序逻辑电路的输出不仅取决于当时的输入信号，而且还取决于电路原来的状态，或者说，还与以前的输入有关。时序逻辑电路原理图如图 8.23 所示。按照电路的工作方式，时序逻辑电路可分为同步时序逻辑电路（简称同步时序电路）和异步时序逻辑电路（简称异步时序电路）两种类型。

8.3.1 触发器

1. RS 电平触发器

RS 电平触发器的符号如图 8.24 所示。RS 电平触发器具有保持、复位和置位功能。

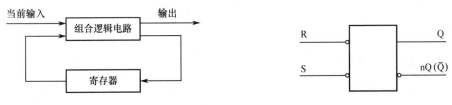

图 8.23　时序逻辑电路原理图　　　　　图 8.24　RS 电平触发器符号

由图 8.24 可知，这种 RS 触发器为低电平有效。根据其真值表（如表 8.11 所示），可知 RS 触发器的功能特性如下：

（1）当输入 RS=11 时，触发器维持原来的状态；

（2）当输入 RS=01 时，触发器为 0 状态，复位 0 状态；

（3）当输入 RS=10 时，触发器为 1 状态，置位 1 状态；

（4）当输入 RS=00 状态时，触发器的两个输出都是 0，这不是触发器的正常工作状态，因此这种输入组合在实际使用时应该避免。

表 8.11　RS 电平触发器真值表

数据信号		输出信号		
R	S	Q^n	Q^{n+1}	含　义
1	1	0	0	保　持
1	1	1	1	
0	1	0	0	复　位
0	1	1	0	
1	0	0	1	置　位
1	0	1	1	
0	0	×	×	禁　止
0	0	×	×	

例 8-17　RS 触发器的 VHDL 描述。

```
LIBRARY IEEE;
```

```
USE IEEE.STD_LOGIC_1164.ALL;
ENTITY rs_ff_3 IS
        PORT(r,s:IN STD_LOGIC;
        q,qn:OUT STD_LOGIC);
END rs_ff_3;
ARCHITECTURE rtl OF rs_ff_3 IS
SIGNAL rs:STD_LOGIC_VECTOR(1 DOWNTO 0);
SIGNAL state:STD_LOGIC:='0';
BEGIN
    rs<=r & s;
    PROCESS (rs) IS
    BEGIN
        CASE rs IS
        WHEN "01"=>state<='0';
        WHEN "10"=>state<='1';
        WHEN "11"=>state<=state;
        WHEN OTHERS=>NULL;
        END CASE;
    q<=state;
    qn<=NOT state;
    END PROCESS;
END rtl;
```

仿真结果如图 8.25 所示。

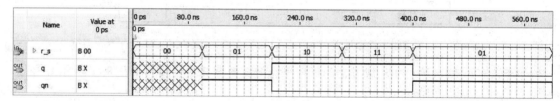

图 8.25　RS 电平触发器仿真结果

2. 同步 RS 边沿钟控触发器

同步 RS 边沿钟控触发器在普通 RS 电平触发器的基础上，引入了时钟信号 CLK。该触发器的符号如图 8.26 所示，其真值表如表 8.12 所示。

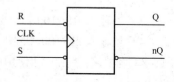

图 8.26　RS 边沿钟控触发器符号

表 8.12　同步 RS 边沿钟控触发器真值表

数据信号			输出信号		
CLK	R	S	Q^n	Q^{n+1}	含　义
上升沿	1	1	0	0	保　持
上升沿	1	1	1	1	
上升沿	0	1	0	0	复　位
上升沿	0	1	1	0	
上升沿	1	0	0	1	置　位
上升沿	1	0	1	1	
上升沿	0	0	0	0	禁　止
上升沿	0	0	1	0	

例 8-18 同步 RS 边沿钟控触发器的 VHDL 描述。

```
LIBRARY IEEE;
USE IEEE.STD_LOGIC_1164.ALL;
ENTITY rs_ff IS
PORT(r,s,clk:IN STD_LOGIC;
q,qn:BUFFER STD_LOGIC);
END rs_ff;
ARCHITECTURE rtl OF rs_ff IS
BEGIN
    PROCESS(r,s,clk)
    BEGIN
        IF (clk'EVENT AND clk='1')  THEN
            IF (s = '1' AND r = '0')    THEN  q<='0';  qn<='1';
            ELSIF (s='0'AND r='1')      THEN  q<='1';  qn<='0';
            ELSIF (s='0' AND r='0')     THEN  q<=q;    qn<=qn;
            ELSE  NULL;
            END IF;
        END IF;
    END PROCESS;
END rtl;
```

3. D 型钟控触发器（D Flip-Flop）

由于 RS 触发器在正常工作时，总有一组输入信号是不允许出现的，这给使用带来了不便；而将 R=D 和 S=$\overline{D}$代入 RS 触发器，则可以很好地解决此问题。D 触发器只有一个数据输入端 D，这个信号经过反相器再加到触发器的另一个输入门，从而可保证触发器的两个输入始终保持相反状态。D 型钟控触发器的符号如图 8.27 所示，其真值表如表 8.13 所示。

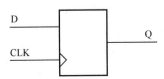

图 8.27 D 型钟控触发器符号

表 8.13　D 型钟控触发器真值表

数据信号	时钟信号	输出信号
D	CLK	Q
X	0	不变
X	1	不变
0	上升沿	0
1	上升沿	1

例 8-19 上升沿 D 触发器的 VHDL 的设计。

```
LIBRARY IEEE;
USE IEEE.STD_LOGIC_1164.ALL;
ENTITY d_flip_flop IS
    PORT(d,clk:STD_LOGIC;
    q:OUT STD_LOGIC);
END ENTITY;
ARCHITECTURE archi OF  d_flip_flop IS
BEGIN
    p1:PROCESS(clk)
    BEGIN
    IF (clk'EVENT AND clk='1') THEN
```

```
            q<=d;
        END IF;
        END PROCESS p1;
    END archi;
```

例 8-20 下降沿 D 触发器的 VHDL 的设计。

```
    LIBRARY IEEE;
    USE IEEE.STD_LOGIC_1164.ALL;
    ENTITY d_flip_flop IS
        PORT(d,clk:STD_LOGIC;
        q:OUT STD_LOGIC);
    END ENTITY;
    ARCHITECTURE archi OF  d_flip_flop IS
    BEGIN
        p1:PROCESS(clk)
        BEGIN
        IF (clk'EVENT AND clk='0') THEN
        q<=d;
        END IF;
        END PROCESS p1;
    END archi;
```

注意：在同一个设计程序中，时钟沿只能选择一种，上升沿和下降沿在同一个进程中不能同时存在。D 触发器作为标准的常规元件存储于 EDA 工具中，一般直接调用即可。当然，除了可以用上述的信号敏感表方式实现，也可以用 WAIT 语句实现，其描述代码这里不再介绍，有兴趣的读者可自行设计。

4. 复位 D 触发器

与常规的 D 触发器相比，复位 D 触发器除了一个数据输入端 D、一个数据输出端 Q 和一个时钟输入端 CLK，还增加了一个复位信号端 RST。其电路符号如图 8.28 所示，其真值表如表 8.14 所示。

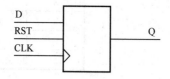

图 8.28 复位 D 触发器电路符号

表 8.14 复位 D 触发器真值表

RST	数据信号	时钟信号	输出信号
RST	D	CLK	Q
0	X	X	0
1	X	0	不变
1	X	1	不变
1	0	上升沿	0
1	1	上升沿	1
RST	数据信号	时钟信号	输出信号

例 8-21 异步复位 D 触发器的 VHDL 的设计。

```
    LIBRARY IEEE;
    USE IEEE.STD_LOGIC_1164.ALL;
    ENTITY d_flip_flop IS
        PORT(d,clk,rst:STD_LOGIC;
        q:OUT STD_LOGIC);
    END ENTITY;
    ARCHITECTURE archi OF  d_flip_flop IS
    BEGIN
```

```
        p1:PROCESS(clk)
        BEGIN
        IF (rst='0') THEN
        q<='0';
        ELSIF (clk'EVENT AND clk='1') THEN
        q<=d;
        END IF;
        END PROCESS p1;
    END archi;
```

例 8-22 同步复位 D 触发器的 VHDL 的设计。

```
    LIBRARY IEEE;
    USE IEEE.STD_LOGIC_1164.ALL;
    ENTITY d_flip_flop IS
        PORT(d,clk,rst:STD_LOGIC;
         q:OUT STD_LOGIC);
    END ENTITY;
    ARCHITECTURE archi OF  d_flip_flop IS
    BEGIN
        p1:PROCESS(clk)
        BEGIN
            IF (clk'EVENT AND clk='1') THEN
                    IF (rst='0') THEN
                    q<='0';
                    ELSE
                    q<=d;
                    END IF;
        END IF;
        END PROCESS p1;
    END archi;
```

程序分析：在例 8-22 和例 8-23 这两个带复位端的 D 触发器设计中，两段程序的实体结构描述是完全相同的，但是结构体的描述是有差异的。在例 8-22 程序中，复位语句在时钟语句外执行，与时钟上升沿无关，因此是异步复位；而在例 8-23 程序中，复位语句嵌套在时钟上升沿语句内部，只有当上升沿来临，而且复位信号有效时，才会执行复位操作，也就是说两个条件都满足时才会复位，因而是同步复位。

5. JK 触发器

JK 触发器是数字电路触发器中的一种电路单元。JK 触发器具有置 0、置 1、保持和翻转功能，在各类集成触发器中，JK 触发器的功能最为齐全。在实际应用中，它不仅具有很强的通用性，而且能灵活地转换其他类型的触发器。由 JK 触发器可以构成 D 触发器和 T 触发器。

JK 触发器是通过在 RS 触发器中增加从输出到输入的反馈而构成的。根据数字逻辑电路的基础知识可知，有以下激励方程：

$$S = J\overline{Q^n};\ R = KQ^n$$

将它们代入到原来的 RS 触发器特征方程中，得到：

$$Q^{n+1} = S + \overline{R}Q^n = J\overline{Q^n} + \overline{\overline{KQ^n}} \cdot Q^n = J\overline{Q^n} + \overline{K}Q^n$$

该式即为 JK 触发器的特征方程。根据此方程，可以得到 JK 触发器的电路符号和真值表分别如图 8.29 和表 8.15 所示。

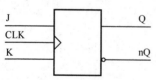

图 8.29　JK 触发器电路符号

表 8.15　JK 触发器真值表

数据信号		时钟信号	输出信号		功　能
J	K	CLK	Q^{n+1}	$\overline{Q^{n+1}}$	
0	0	上升沿	Q^n	$\overline{Q^n}$	保持
0	1	上升沿	0	1	复 0
1	0	上升沿	1	0	置 1
1	1	上升沿	$\overline{Q^n}$	Q^n	翻转

例 8-23　JK 钟控触发器的 VHDL 描述。

```
LIBRARY IEEE;
USE IEEE.STD_LOGIC_1164.ALL;
ENTITY jk_ff IS
PORT(j,k,clk:IN STD_LOGIC;
q,nq:OUT STD_LOGIC);
END jk_ff;
ARCHITECTURE rtl OF jk_ff IS
SIGNAL p:STD_LOGIC:='0';
SIGNAL np:STD_LOGIC:='1';
BEGIN
    PROCESS(j,k,clk)
    BEGIN
      IF (clk'EVENT AND clk='1')  THEN
        IF   (j='0' AND k='0')  THEN    p<=p;   np<=np;
        ELSIF (j='0' AND k='1')  THEN    p<='0'; np<='1';
        ELSIF (j='1' AND k='0')  THEN    p<='1'; np<='0';
        ELSIF (j='1' AND k='1')  THEN    p<=NOT p;np<=NOT np;
        ELSE  p<='0'; np<='1';
        END IF;
        END IF;
    END PROCESS;
      q<=p;
      nq<=np;
END rtl;
```

6. T 触发器

将 JK 触发器的两个输入端连接在一起作为触发器的唯一输入信号，就构成了另外一种类型的触发器——T 触发器。因此，对于 T 触发器，相当于 J=T 和 K=T。将它们代入 JK 触发器的特征方程，即可得到 T 触发器的特征方程：

$$Q^{n+1} = J\overline{Q^n} + \overline{K}Q^n = T\overline{Q^n} + \overline{T}Q^n$$

通过上式，可以方便地得到 T 触发器的电路符号和真值表，分别如图 8.30 和表 8.16 所示。

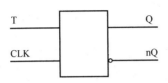

图 8.30 T 触发器电路符号

表 8.16 T 触发器真值表

T	CLK	Q^n	Q^{n+1}	功能
0	上升沿	0	0	保持
1	上升沿	1	1	
1	上升沿	0	1	翻转
0	上升沿	1	0	

例 8-24 T 触发器 VHDL 描述。

```
LIBRARY IEEE;
USE IEEE.STD_LOGIC_1164.ALL;
ENTITY t_ff IS
   PORT(t,clk:IN STD_LOGIC;
   q: BUFFER STD_LOGIC);
END t_ff;
ARCHITECTURE archi OF t_ff IS
BEGIN
   PROCESS(clk)
   BEGIN
      IF clk'EVENT AND clk='1' THEN
            IF  t='1'  THEN
               q<=NOT q;
               ELSIF  t='0'  THEN q<=q;
               ELSE NULL;
            END IF;
      END IF;
   END PROCESS;
END archi;
```

8.3.2 寄存器的设计

在数字电路中,用来存放二进制数据或代码的电路称为寄存器。寄存器的基本组成单元是触发器。例如,D 触发器可以看作一位寄存器,因此寄存器是由具有存储功能的各种触发器组合构成的。一个触发器只能存储 1 位二进制代码,所以存放 n 位二进制代码的寄存器,需由 n 个触发器构成。

按照功能的不同,可将寄存器分为基本寄存器和移位寄存器两大类。基本寄存器只能并行送入数据,需要时也只能并行输出。移位寄存器中的数据可以在移位脉冲作用下依次逐位右移或左移,数据既可以并行输入、并行输出,也可以串行输入、串行输出;还可以并行输入、串行输出,串行输入、并行输出。因此,移位寄存器使用起来十分灵活,用途也很广泛。

1.基本寄存器

基本寄存器由 D 触发器组成,在 CLK 脉冲作用下,每个 D 触发器存储 1 位二进制码。当 D=0 时,寄存器储存为 0;当 D=1 时,寄存器储存为 1。由 D 触发器组成的 4 位寄存器的原理图如图 8.31 所示。

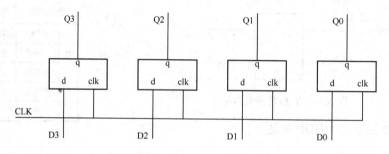

图 8.31 由 D 触发器组成的 4 位寄存器的原理图

例 8-25 基本寄存器的 VHDL 描述方法。

```
LIBRARY IEEE;
USE IEEE.STD_LOGIC_1164.ALL;
ENTITY register_4 IS
PORT (clk:IN STD_LOGIC;
d:IN STD_LOGIC_VECTOR(3 DOWNTO 0);
q:OUT STD_LOGIC_VECTOR(3 DOWNTO 0));
END register_4;
ARCHITECTURE archi OF register_4 IS
COMPONENT d_ff
PORT (a,clk:IN STD_LOGIC;
q:OUT STD_LOGIC);
END COMPONENT;
BEGIN
u0: d_ff  PORT MAP(d(0),clk,q(0));
u1: d_ff  PORT MAP(d(1),clk,q(1));
u2: d_ff  PORT MAP(d(2),clk,q(2));
u3: d_ff  PORT MAP(d(3),clk,q(3));
END archi;
```

上述程序以 D 触发器作为底层设计单元,通过元件例化语句完成了 4 位数码寄存器的设计。

2. 移位寄存器

典型的移位寄存器是串入-串出移位寄存器,其原理图如图 8.32 所示。基本移位寄存器具有以下端口信号:输入信号（datain）、时钟输入信号（clk）和数据输出端（dataout）。串行移位寄存器在时钟信号作用下,前级的数据向后级移动。对于这类具有迭代特点的电路结构,硬件语言描述的典型方法是采用结构化描述:以 D 触发器为底层元件,利用 FOR...GENERATE 语句完成对该电路结构的描述。

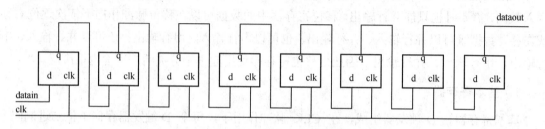

图 8.32 串入-串出移位寄存器原理图

例 8-26 8 位移位寄存器的 VHDL 描述。

```
LIBRARY IEEE;
USE IEEE.STD_LOGIC_1164.ALL;
ENTITY shift8 IS
  PORT (a,clk:IN STD_LOGIC;
  b:OUT STD_LOGIC);
END ENTITY shift8;
ARCHITECTURE archi OF shift8 IS
  COMPONENT d_ff
  PORT (d,clk:IN STD_LOGIC;
  q:OUT STD_LOGIC);
  END COMPONENT;
  SIGNAL tem:STD_LOGIC_VECTOR (0 TO 8);
BEGIN
    tem(0)<=a;
    dff0:d_ff PORT MAP (tem(0),clk,tem(1));
    dff1:d_ff PORT MAP (tem(1),clk,tem(2));
    dff2:d_ff PORT MAP (tem(2),clk,tem(3));
    dff3:d_ff PORT MAP (tem(3),clk,tem(4));
    dff4:d_ff PORT MAP (tem(4),clk,tem(5));
    dff5:d_ff PORT MAP (tem(5),clk,tem(6));
    dff6:d_ff PORT MAP (tem(6),clk,tem(7));
    dff7:d_ff PORT MAP (tem(7),clk,tem(8));
    b<=tem(8);
END archi;
```

例 8-27 改进优化后的设计程序。

```
LIBRARY IEEE;
USE IEEE.STD_LOGIC_1164.ALL;
ENTITY shift8 IS
  PORT (a,clk:IN STD_LOGIC;
  b:OUT STD_LOGIC);
END ENTITY shift8;
ARCHITECTURE archi OF shift8 IS
  COMPONENT d_ff
  PORT (d,clk:IN STD_LOGIC;
  q:OUT STD_LOGIC);
  END COMPONENT;
  SIGNAL tem:STD_LOGIC_VECTOR (0 TO 8);
BEGIN
  tem(0)<=a;
  G1:FOR i IN 0 TO 7 GENERATE
  dffx:d_ff PORT MAP (tem(i),clk,tem(i+1));
  END GENERATE;
  b<=tem(8);
END archi;
```

通过例 8-25 和例 8-26 可知，虽然其综合出来的电路是一样的，但是后者利用 GENERATE 语句循环生成串行连接的 8 个 D 触发器，使得 VHDL 描述较为简洁明了。所以，对于具有迭代结构的电路，采用 GENERATE 语句可以方便地将程序扩展成任意长度的数据寄存器，程序的可移植性更好。

8.3.3　计数器

计数器是一种通过电路的状态来反映输入脉冲数目的电路,因此只要电路的状态与输入脉冲数目具有固定的对应关系,这样的电路就可以作为计数器来使用。一个计数器可以计数的数量,称为计数器的模值。

1. 计数器的分类

计数器是应用非常广泛的一种时序电路,可以采用不同的方法对计数器进行分类。

1) 按计数模值分类

(1) 二进制计数器:计数器的模值 M 和触发器数 n 的关系一定是 $M=2^n$。

(2) 十进制计数器:计数器的模值是 10,但可以采用不同的 BCD 码,所以也会有许多不同的十进制计数器。

(3) 其他进制的计数器:可以根据需要设计计数器的模值。

(4) 任意进制的计数器:计数器有一个最大的计数模值,但具体的计数值可以在这个范围内任意设置,使得这一计数芯片有多种计数范围。

2) 按计数值变化分类

(1) 加法计数器:每输入一个脉冲,计数值加 1,加到最大值后,再从初始值继续加。

(2) 减法计数器:每输入一个脉冲,计数器减 1,减到最小值后,再从初始值继续减。

(3) 可逆计数器:可以进行加、减选择的计数器。

3) 按时钟控制的方式分类

(1) 同步计数器:各级触发器的时钟由外部时钟提供,触发器在时钟有效边沿同时翻转,工作速度快。

(2) 异步计数器:一部分触发器的时钟由前级触发器的输出提供,由于本身的延迟,使得后级触发器要等到前级触发器翻转后,才可以翻转,因此速度会有所降低。

常见的同步计数器有 74160 系列和 74LS190 系列,常见的异步计数器有 74LS290 系列。

2. 计数器的设计方法

从前面章节可知,构造体的描述方式有结构化描述、行为描述和数据流描述 3 种方式,它们的描述方式和特点在前面章节已经阐述,这里不再赘述。下面分别以 3 种设计方式设计一个模值为 8 的同步加法计数器。

1) 结构化设计方法

结构化设计方法是自顶向下设计的主要方法,是完成一些复杂系统的顶层文件设计的重要途径。结构化设计方法的关键是顶层设计原理图的设计,即计数器设计原理图的设计。计数器原理图的设计要完成状态转换图、状态转移表、卡诺图简化、状态方程及输出驱动方程的设计。计数器的结构化设计如下:

(1) 模值为 8 的同步加法计数器的状态转移图如图 8.33 所示。

(2) 模值为 8 的同步加法计数器的状态转移表如表 8.17 所示。

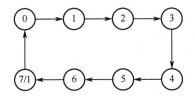

图 8.33 八进制计数器状态转移图

表 8.17 八进制计数器状态转移表

Q_3^n	Q_2^n	Q_1^n	Q_3^{n+1}	Q_2^{n+1}	Q_1^{n+1}	Z
0	0	0	0	0	1	0
0	0	1	0	1	0	0
0	1	0	0	1	1	0
0	1	1	1	0	0	0
1	0	0	1	0	1	0
1	0	1	1	1	0	0
1	1	0	1	1	1	0
1	1	1	0	0	0	1

（3）根据电路分别写出 Q_3^{n+1}、Q_2^{n+1}、Q_1^{n+1} 的状态方程，并画出卡诺图，然后予以化简，如图 8.34 所示。

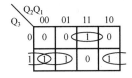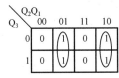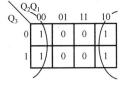

图 8.34　八进制计数器卡诺图

（4）根据卡诺图分别写出 Q_3^{n+1}、Q_2^{n+1} 和 Q_1^{n+1} 的状态方程：

$$Q_3^{n+1} = \overline{Q_3^n}Q_2^nQ_1^n + Q_3^n\overline{Q_1^n} + Q_3^n\overline{Q_2^n}$$

$$Q_2^{n+1} = \overline{Q_2^n}Q_1^n + Q_2^n\overline{Q_1^n}$$

$$Q_1^{n+1} = \overline{Q_1^n}$$

（5）假定 Q、n 采用 JK 触发器作为结构化设计的最小寄存器单元，则需化简得出每一个 JK 触发器的激励方程。

由于 JK 触发器的特征方程为：

$$Q^{n+1} = J\overline{Q^n} + \overline{K}Q^n$$

$Q_3^{n+1} = \overline{Q_3^n}Q_2^nQ_1^n + Q_3^n\overline{Q_1^n} + Q_3^n\overline{Q_2^n} = \overline{Q_3^n}Q_2^nQ_1^n + Q_3^n\overline{Q_2^nQ_1^n}$，故 $J_3 = Q_2^nQ_1^n$，$K_3 = Q_2^nQ_1^n$；

$Q_2^{n+1} = \overline{Q_2^n}Q_1^n + Q_2^n\overline{Q_1^n}$，故 $J_2 = Q_1^n$，$K_2 = Q_1^n$；

$Q_1^{n+1} = \overline{Q_1^n} = \overline{Q_1^n}\cdot1 + Q_1^n\cdot\overline{1}$，故 $J_3 = 1$，$K_3 = 1$。

因此，驱动输出方程为：

$$Z = Q_3^nQ_2^nQ_1^n$$

（6）基于上述的激励方程和输出驱动方程，以 JK 触发器和三输入与门为底层部件，可以方便地绘出顶层设计原理图，如图 8.35 所示。

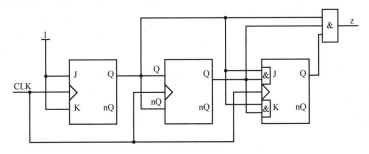

图 8.35　八进制计数器设计原理图

例 8-28 根据图 8.35，八进制计数器结构化的 VHDL 设计描述如下：

```
LIBRARY IEEE;
USE IEEE.STD_LOGIC_1164.ALL;
ENTITY counter_s_8 IS
PORT(clk: IN STD_LOGIC;z: OUT STD_LOGIC);
END counter_s_8;
ARCHITECTURE archi OF counter_s_8 IS
COMPONENT jk_ff
PORT ( j,k,clk:STD_LOGIC;
q,nq:OUT STD_LOGIC);
END COMPONENT;
SIGNAL tem1,tem2,tem3,tem4,tem5:STD_LOGIC;
BEGIN
    u0:jk_ff PORT MAP('1','1',clk,tem1,tem4);
    u1:jk_ff PORT MAP(tem1,tem1,clk,tem2,tem4);
    u2:jk_ff PORT MAP(tem5,tem5,clk,tem3,tem4);
    tem5<=tem1 AND tem2;
    z<= tem1 AND tem2 AND tem3;
END archi;
```

在例 8-28 的描述中，以图 8.29 的 JK 触发器为逻辑部件，采用 PORT MAP 映射语句，将各个部件连接起来。

2）数据流描述方法

结合八进制计数器状态转移表（参见表 8.17），对八位计数器的真值表采用据流描述的方法。

例 8-29 VHDL 数据流描述方法。

```
LIBRARY IEEE;
USE IEEE.STD_LOGIC_1164.ALL;
ENTITY counter_f_8 IS
 PORT(clk: IN STD_LOGIC;z: OUT STD_LOGIC);
END counter_f_8;
ARCHITECTURE archi OF counter_f_8 IS
SIGNAL q:STD_LOGIC_VECTOR(2 DOWNTO 0):="000";
SIGNAL nz:STD_LOGIC:='0';
BEGIN
  PROCESS(clk)
    BEGIN
     IF (clk'EVENT AND clk='1') THEN
       CASE q IS
         WHEN "000"=>q<="001";nz<='0';
         WHEN "001"=>q<="010";nz<='0';
         WHEN "010"=>q<="011";nz<='0';
         WHEN "011"=>q<="100";nz<='0';
         WHEN "100"=>q<="101";nz<='0';
         WHEN "101"=>q<="110";nz<='0';
         WHEN "110"=>q<="111";nz<='0';
         WHEN "111"=>q<="000";nz<='1';
```

```
              WHEN  OTHERS=>q<="000";nz<='0';
          END CASE;
        END IF;
     END PROCESS;
          z<=nz;
     END archi;
```

3）行为描述方法

行为描述方法也称为算法级描述方法，它不是针对某一个器件的描述，而是针对整个设计单元的数学模型描述，所以属于一种高层次描述方式。行为级描述只描述设计电路的功能或电路的行为，而没有指明或实现这些行为的硬件结构；或者说，行为级描述只表示输入输出之间的转换行为，它不包含任何结构信息。

例 8-30　VHDL 行为描述方法。

```
LIBRARY IEEE;
USE IEEE.STD_LOGIC_1164.ALL;
ENTITY counter_b_8 IS
 PORT(clk: IN STD_LOGIC;z: OUT STD_LOGIC);
END counter_b_8;
ARCHITECTURE archi OF counter_b_8 IS
BEGIN
  PROCESS(clk)
    VARIABLE count:INTEGER RANGE 0 TO 7:=0;
    BEGIN
     IF (clk'EVENT AND clk='1') THEN
       IF (count=7) THEN
         count:=0;
         z<='1';
       ELSE
         count:=count+1;
         z<='0';
       END IF;
    END IF;
  END PROCESS;
END archi;
```

例 8-28 为结构化的描述方式，例 8-29 为数据流的描述方式，而例 8-30 为行为级的描述方式，三者具有截然不同的描述风格，3 种方法均实现了所要求的设计功能。第一种方法过程多，步骤烦琐，但综合后的电路是明确的；第二、三种方法虽然描述简单，但设计者对设计电路的单元却是不明了的，是一种行为模型和转换模型的描述。当对电路结构不熟悉时，可以采用第二、三种方法实现功能；而当对综合电路本身和资源有一定要求时，掌握第一种方法就变得十分重要了。3 种方法的仿真结果均如图 8.36 所示。

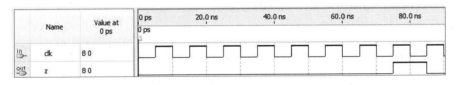

图 8.36　8 位计数器仿真结果

例 8-31　设计一个加减可逆的通用计数器。该计数器的模值可作为参数输入，并且有计数输出和计数溢出位输出信号，具体的原理图符号如图 8.37 所示。

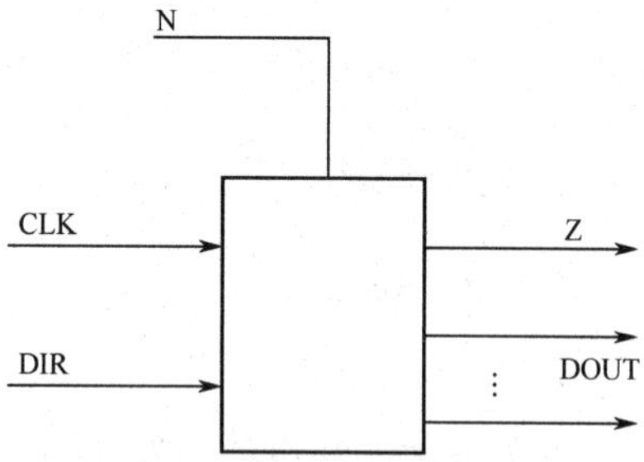

该计数器的 VHDL 描述如下：

```
LIBRARY IEEE;
USE IEEE.STD_LOGIC_1164.ALL;
USE IEEE.STD_LOGIC_ARITH.ALL;
ENTITY counter_com IS
GENERIC (n:INTEGER:=10);
PORT(clk,dir: IN STD_LOGIC;
dout:OUT STD_LOGIC_VECTOR(7 DOWNTO 0);
z: OUT STD_LOGIC);
END counter_com;
ARCHITECTURE archi OF counter_com IS
BEGIN
    PROCESS(clk)
        VARIABLE count:INTEGER RANGE 0 TO 255:=0;
        BEGIN
        IF (clk'EVENT AND clk='1') THEN
            IF(dir='0') THEN
                IF (count=n-1) THEN
                count:=0;
                z<='1';
                ELSE
                count:=count+1;
                z<='0';
                END IF;
            ELSIF (dir='1')  THEN
                IF (count=0) THEN
                count:=n-1;
                z<='1';
                ELSE
                count:=count-1;
                z<='0';
                END IF;
            ELSE NULL;
            END IF;
        END IF;
        dout<= CONV_STD_LOGIC_VECTOR(count,8);
    END PROCESS;
END archi;
```

图 8.37 可逆计数器原理图符号

在例 8-31 中，通用计数器的描述采用了类属参数的描述方式，因此计数器的模值可通过参数传递的方式赋值，当然也可采用默认的参数值。此计数器也可通过 COMPONENT 元件例化的形式设计规模更大的计数器。

3. 异步计数器

异步计数器又称为波纹计数器或行波计数器，低位计数器的输出作为高位计数器的时钟信号，各级级联构成异步计数器。异步计数器与同步计数器最大的不同是时钟脉冲的提供方式，同步计数器的整个设计中只有一个时钟脉冲，而异步计数器则有多个计数脉冲。异步计数器电路结构简单，但计数延迟增加，计数器工作频率较低。

异步计数器可以构成各种各样的计数器，但是异步计数器采用行波计数，从而使计数延迟增加，在要求延迟小的领域受到了很大限制。

在用 VHDL 语言描述异步计数器时，与同步计数器的不同之处主要表现在对各级时钟脉冲的描述上，这一点请读者在阅读例程时多加注意。

一个由 8 个触发器构成的异步计数器的原理图如图 8.38 所示。对于该原理图的 VHDL 描述，可采用结构化的描述方式。

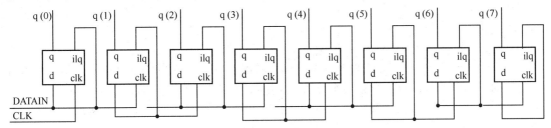

图 8.38　异步计数器原理图

例 8-32　D 触发器的 VHDL 描述。

```
LIBRARY IEEE;
USE IEEE.STD_LOGIC_1164.ALL;
ENTITY d_ff IS
    PORT (clk,d:IN STD_LOGIC;
          q,nq:OUT STD_LOGIC);
END d_ff;
ARCHITECTURE archi OF d_ff IS
SIGNAL q_in:STD_LOGIC;
BEGIN
  PROCESS (clk)
    BEGIN
     IF (clk'EVENT AND clk='1')    THEN
        q_in<=d;
      END IF;
    END PROCESS;
   nq<=NOT q_in;
   q<=q_in;
END archi;
```

例 8-33　异步计数器的 VHDL 描述。

```
LIBRARY IEEE;
USE IEEE.STD_LOGIC_1164. ALL;
ENTITY count IS
  PORT (clk:IN STD_LOGIC;
     count:OUT STD_LOGIC_VECTOR (7 DOWNTO 0));
END count;
ARCHITECTURE archi OF count IS
SIGNAL count_s: STD_LOGIC_VECTOR (8 DOWNTO 0):="000000000";
```

```
COMPONENT d_ff IS
    PORT (clk,d:IN STD_LOGIC;
           q,nq:OUT STD_LOGIC);
END COMPONENT;
BEGIN
    count_s(0)<=clk;
  gen1:FOR i IN 0 TO 7 GENERATE
 ux:d_ff PORT MAP (count_s(i),count_s(i+1),count(i),count_s(i+1));
  END GENERATE;
END archi;
```

8.4 小结

本章主要介绍了组合逻辑电路和时序逻辑电路的设计。在组合逻辑电路部分阐述了选择器、分配器、编码器、译码器、数字比较器、加法器、三态门、总线缓冲器和奇偶校验器的设计方法，在时序逻辑电路部分阐述了触发器、寄存器和计数器的设计方法。在每部分的设计中均给出了设计实例。

习题

1. 设计一个可输入参数的比较器，用于比较两个长度相同位串所代表整数的大小。当 a ≥b 时，y 输出为高电平；当 a<b 时，y 输出为低电平。参数 n 代表位串的长度。该比较器原理图符号如图 8.39 所示。

2. 设计一个可输入参数的二进制加法器，参数 n 代表输入数据的矢量长度。该加法器原理图符号如图 8.40 所示。

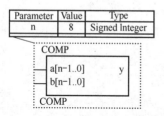

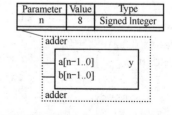

图 8.39 习题 1 比较器原理图符号   图 8.40 习题 2 加法器原理图符号

3. 同步计数器和异步计数器在设计时有哪些区别？试用一个六进制计数器和一个十进制计数器构成一个六十进制同步计数器。

4. 采用 3 种结构体描述方式设计一个七进制计数器，要求在无效状态下可以自启动。

5. 试分析图 8.41 所示的同步时序逻辑电路的功能，并用结构化的描述方式描述该电路。

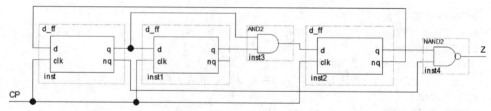

图 8.41 习题 5 电路原理图

第9章 状态机设计

9.1 概述

状态机是大型电子设计系统的基础，是实现高效率、高可靠控制逻辑的重要途径。状态机属于时序电路的范畴，它和 CPU 一样，都是以顺序时序方式按照一定的节奏工作的。CPU 是按照指令周期，以逐条执行指令的方式运行的，并且每执行一条指令完成一项操作。一个指令周期由多个 CPU 机器周期构成，一个机器周期又由多个时钟周期构成，一个含有运算和控制的完整设计程序往往需要成百上千条指令。和 CPU 相比，状态机状态变换周期只有一个时钟周期，而且在每一状态中，状态机可以完成许多并行的运算和控制操作。所以，一个完整的控制程序，是由多个并行的状态机构成的，而每个状态机是由有限个状态组成的。因此，由状态机构成的硬件系统比完成同样功能的 CPU 软件系统的工作速度要快很多，这是状态机在一些复杂控制系统中获得广泛应用的重要原因。

前面章节所述的触发器和计数器等，可以理解为功能明确和状态数量固定的状态机。根据其状态的数量限制，状态机可从宏观的概念上区分为无限状态机（Infinite State Machine，ISM）和有限状态机（Finite State Machine，FSM）。无限状态机的状态个数不确定，其行为模型也不确定，因此，一般状态机的研究对象是有限个状态以及在这些状态之间的转移和动作等行为的数学模型。通常情况下所说的状态机指有限状态机。

根据有限状态机的输入输出关系，将状态机分为 Mealy 型和 Moore 型两类。然而，面对多种多样的实际应用要求，目前产生了很多不同结构和功能特点的状态机。在实际设计中，只要设计师能满足实际电路的需要，完全不必受限于自己究竟设计的是什么类型的状态机，因为状态机的设计模式本身就是十分灵活多样的。如果单从输入、输出关系划分，有限状态机主要分为两大类：一类是输出只和状态有关，而与输入无关，这种状态机称为摩尔（Moore）状态机；另一类是输出不仅和状态有关，而且和当前的输入有关，这种状态机称为米勒（Mealy）状态机。这两种状态机的框图如图 9.1 所示。其中如果虚线存在，则为米勒状态机，否则为摩尔状态机。

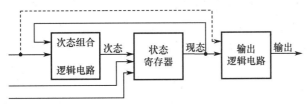

图 9.1 摩尔状态机和米勒状态机框图

应特别注意的是，米勒状态机由于和输入状态有关，输出会受到输入的干扰，所以会产生毛刺现象，使用时应当引起注意。目前很多 EDA 工具可以很方便地采用提供状态图输入的方式来设计电路，因为 EDA 工具可以很方便地将采用状态图描述的电路转换成可以综合的VHDL 代码。

本章重点介绍状态机的组成结构、功能特点和一些典型应用实例。

9.2　状态机的特点

在利用 VHDL 语言设计的许多实用的复杂时序逻辑系统中，依赖常规的描述方法很难实现设计的高效率和高可靠性的逻辑控制，而有限状态机是 FPGA 设计中的常用方法，是实现一些复杂控制逻辑系统的重要途径。

在很多场合可以利用状态机的设计方案来描述和实现一些复杂逻辑系统。状态机无论与基于 VHDL 的其他设计方案相比，还是与可完成相似功能的 CPU 相比，都具有很强的优越性，它的特点主要表现在以下几方面：

（1）设计方案固定，有利于电路综合。设计状态机，只要在构造体说明部分自定义用于表示状态名的枚举数据类型和状态信号，在构造体的描述区用进程语句描述状态转换的顺序和结果，具有设计结构固定、单一和简单的特点。

（2）易于提高电路的稳定性。状态机容易构成性能良好的同步时序逻辑模块，这对于大规模逻辑电路设计中令人深感棘手的竞争冒险现象无疑是一个最佳的选择。一般的综合器对状态机具有优化功能，这使状态机解决方案的优越性更为突出。

（3）层次分明，结构清晰。状态机具有由主控组合控制、主控时序控制和辅助输出控制构成的控制架构，分为单进程式、双进程式和三进程式描述结构，其程序结构清晰、层次分明，具有易读易懂、调试方便和易于模块移植的特点。

（4）适合高速运算和控制。在高速运算和控制方面，状态机有巨大的优势。以并行运行为主的纯硬件结构决定了状态机在高速运算方面的优势。在 VHDL 语言中，一个状态机可以由多个进程构成，一个构造体中包含多个状态机；而一个单独的状态机（或多个并行运行的状态机）以顺序方式所完成的运算和控制方面的工作类似于控制灵活的 CPU，在性能上都优于 CPU。

（5）状态机的快速容错技术。状态机进入非法状态并从中跳出所耗费的时间十分短暂，通常只有 2 个时钟周期，故不足以对整个系统的稳定性构成损害。有限的状态数量和快速容错技术决定了状态机不可能在非法状态下长期运行，因此状态机具有高可靠性。

9.3　状态机的组成

用 VHDL 语言描述的状态机一般由以下几部分组成：

- 说明部分；
- 主控时序进程；
- 主控现合进程；
- 输出组合进程。

1．说明部分

说明部分包括状态数据类型的定义及状态变量的声明。状态类型一般采用枚举类型，其中每一个状态名可任意选取。但为了便于辨认和含义明确，状态名最好具有明显的解释性意义；状态变量应定义为信号，便于信息传递。说明部分一般放在 ARCHITECTURE 和 BEGIN 之间。

例 9-1　状态声明举例。

```
ARCHITECTURE arhci OF state_machine IS
TYPE states IS (st0; st1,st2,st3,st3);          --定义新的数据类型和状态名
```

```
SIGNAL current_state,next_state:states;        --定义状态机所需信号
[其他声明信号等]
BEGIN
END archi;
```

2. 主控时序进程

状态机随外部时钟信号以同步时序方式完成工作的顺序切换。因此,状态机中必须包含一个对工作时钟信号敏感的进程,作为状态机的驱动时钟,当时钟发生有效跳变时,状态机的状态才发生变化。状态机的下一状态(包括再次进入本状态)仅仅取决于时钟信号的到来。一般,主控时序进程不负责进入的下一状态的具体状态取值。当时钟有效跳变到来时,时序进程只是机械地将代表下一状态的信号(next_state)中的内容送入代表本状态的信号(current_state)中,而信号(next_state)中的内容完全由其他的进程根据实际情况来决定,当然此进程中也可以放置一些同步清零、异步清零或置位方面的控制信号。总体而言,主控时序进程的设计比较固定。

例 9-2 带异步复位的主控时序进程示例。

```
PROCESS(clk,reset)
  BEGIN
   IF reset='1' THEN
      present_state<=s0;
     ELSIF (clk'EVENT AND clk = '1') THEN
      present_state<=next_state;
     END IF;
   END PROCESS;
```

3. 主控组合进程

主控组合进程的任务是根据外部输入的控制信号或和来自状态机内部信号确定下一状态(next_state)的取值内容。

例 9-3 主控组合进程示例。

```
PROCESS (present_state)
    BEGIN
    CASE present_state IS
      WHEN s0=>next_state <= s1;
      WHEN s1=>next_state <= s2;
      WHEN s2=>next_state <= s3;
      WHEN s3=>next_state <= s0;
      WHEN OTHERS=>next_state <= s0;
    END CASE;
  END PROCESS;
```

4. 输出组合进程

输出组合进程确定对外输出或对内部其他组合或时序进程输出控制信号的内容。

例 9-4 输出组合进程示例。

```
PROCESS(present_state)
```

```
        BEGIN
            CASE present_state IS
                WHEN s0=>output<="00";
                WHEN s1=>output<="01";
                WHEN s2=>output<="10";
                WHEN s3=>output<="11";
            END CASE;
        END PROCESS;
```

　　一个状态机最简单的结构应至少由两个进程构成,即一个主控时序进程和一个主控组合进程。一个进程描述时序逻辑,按时钟顺序切换状态,包括状态寄存器的工作和寄存器状态的输出;另一个进程描述组合逻辑,包括进程间状态值的传递逻辑以及状态转换值的输出。

　　例 9-5　本例进程描述的状态机由两个主控进程构成,其中"REG"是主控时序进程,"COM"是主控组合进程。下列程序可作为一般状态机设计的模板加以套用。

```
LIBRARY IEEE;
USE IEEE.STD_LOGIC_1164.ALL;
ENTITY state_machine IS
    PORT(clk,rst:IN STD_LOGIC;
    state_inputs:IN STD_LOGIC_VECTOR(1 DOWNTO 0);
    comb_outputs:OUT STD_LOGIC_VECTOR(3 DOWNTO 0));
    END state_machine;
ARCHITECTURE archi OF state_machine IS
    TYPE states IS (st0,st1,st2,st3);
    SIGNAL current_state,next_state:states;
BEGIN
    REG:PROCESS (clk)
    BEGIN
    IF (clk='1'AND clk'EVENT) THEN
        current_state<=next_state;
        END IF;
    END PROCESS;
    COM:PROCESS(rst,current_state, state_inputs) --组合逻辑进程
    BEGIN
        IF rst='1'  THEN
      next_state<=st0;
      comb_outputs<="0000";
        ELSE  CASE current_state IS
        WHEN st0=>comb_outputs<="0000";
             IF state_inputs="00" THEN
             next_state<=st0;
             ELSE
             next_state<=st1;
           END IF;
        WHEN st1=>comb_outputs<="0001";
             IF state_inputs="01" THEN
             next_state<=st1;
             ELSE
```

```
                    next_state<=st2;
                    END IF;
        WHEN st2=>comb_outputs<="0010";
                    IF state_inputs="11" THEN
                    next_state<=st2;
                    ELSE
                    next_state<=st3;
                    END IF;
        WHEN st3=>comb_outputs<="0011";
                    IF state_inputs="11" THEN
                    next_state<=st3;
                    ELSE
                    next_state<=st0;
                    END IF;
      WHEN OTHERS=>comb_outputs<="0000";
      next_state<=st0;
        END CASE;
      END IF;
    END PROCESS;
  END archi;
```

一般而言，进程间是并行运行的，在位置的书写上没有先后顺序；但由于敏感信号的设置不同以及电路的延迟，在时序上进程的执行是有次序的。

通过对上述状态机的描述，可分析得到其工作原理如下：

（1）就状态转换过程而言，当时钟上升沿到来时，时序进程"REG"启动，完成当前状态（current_state）转换的赋值操作。

（2）当时序进程的信号 current_state 或输入信号改变时，组合进程（COM）开始启动。在组合进程中，根据 current_state 的值和外部输入信号（state_inputs）来决定下一状态（next_state）的输出。

（3）当下一个时钟边沿到来后，进程 REG 再次启动，当前状态（current_state）再次完成转换赋值操作。

（4）在状态机中，current_state 和 next_state 两个信号起到相互反馈的作用，完成两个进程间的信息传递功能。current_state 信号的变化触发了组合进程的启动，从而引起 next_state 的变化。在每一个时钟上升沿，next_state 将赋值给 current_state，以此类推，从而形成一个固定状态、有序切换的状态机。状态机的转换图由组合进程决定，例 9-5 综合出的状态机的状态转换图如图 9.2 所示。

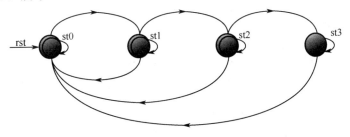

图 9.2　带同步复位的状态机的状态转换图

例 9-5 综合出的电路如图 9.3 所示。

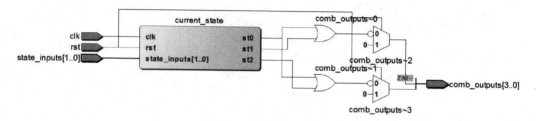

图 9.3　例 9-5RTL 原理图电路

9.4　状态机的描述风格

为了使综合工具将一个完整的 VHDL 源代码识别为有限状态机，一个有限状态机的描述应该包括以下内容：

- 至少一个枚举信号，它用来指定有限状态机所有状态；
- 状态转移指定和输出指定，它们对应于控制状态机的转移条件；
- 时钟信号，它用来表示状态机各个状态之间切换的节奏；
- 复位信号，用于对状态机进行同步或者异步复位。

根据 9.2 节的内容，状态机有 3 种描述风格：三进程描述、双进程描述和单进程描述。三进程描述由主控时序进程、主控组合进程和输出逻辑进程构成；而双进程描述由主控时序进程和组合逻辑进程构成，其中组合逻辑进程由主控组合进程和输出逻辑进程构成；单进程描述是指所有的状态逻辑、状态寄存器和输出逻辑在一个进程中完成。对于一个简单的状态机的描述，三种描述方式的差别不大。但是，对于比较复杂的状态机，最有效的方式是对三进程或双进程描述，这样可以把有限状态的组合逻辑部分和时序逻辑部分分开，有利于有限状态机的组合逻辑部分和时序逻辑部分进行测试。

例 9-6　将例 9-5 的双进程描述方式修改为单进程描述方式。

```
LIBRARY IEEE;
USE IEEE.STD_LOGIC_1164.ALL;
ENTITY state_machine IS
    PORT(clk,rst:IN STD_LOGIC;
    state_inputs:IN STD_LOGIC_VECTOR(1 DOWNTO 0);
    comb_outputs:OUT STD_LOGIC_VECTOR(3 DOWNTO 0));
    END state_machine;
ARCHITECTURE archi OF state_machine IS
    TYPE states IS (st0,st1,st2,st3);
    SIGNAL state:states;
BEGIN
    REG:PROCESS (clk,rst,state,state_inputs)
    BEGIN
        IF rst='1'  THEN
        state<=st0;
        ELSIF (clk='1'AND clk'EVENT) THEN
        CASE state IS
        WHEN st0=>comb_outputs<="0000";
```

```
                   IF state_inputs="00" THEN
                      state<=st0;
                   ELSE
                      state<=st1;
                   END IF;
             WHEN st1=>comb_outputs<="0001";
                   IF state_inputs="01" THEN
                      state<=st1;
                   ELSE
                      state<=st2;
          END IF;
          WHEN st2=>comb_outputs<="0010";
                   IF state_inputs="11" THEN
                      state<=st2;
                   ELSE
                      state<=st3;
                   END IF;
        WHEN st3=>comb_outputs<="0011";
                   IF state_inputs="11" THEN
                      state<=st3;
                   ELSE
                      state<=st0;
                   END IF;
      END CASE;
      END IF;
     END PROCESS;
   END archi;
```

9.5 状态机的状态编码

　　状态机的状态编码方式多种多样，需要根据实际情况来决定，而影响编码方式选择的因素主要有状态机的速度要求、逻辑资源的利用率、系统运行的可靠性以及程序的可读性等。常见的状态机编码方式主要包括直接输出型编码、顺序编码、格雷码编码和独热码编码 4 种。

9.5.1 直接输出型编码

　　直接输出型编码（Direct）最典型的应用实例就是计数器。计数器本质上是一个主控时序进程与一个主控组合进程合二为一的状态机，它的输出就是各状态的状态码。

　　将状态编码直接输出作为控制信号，要求对状态机各状态的编码进行特殊的选择，以适应控制时序的要求。例 9-5 中的状态机由 4 个状态组成，各状态的编码分别为 0000、0001、0010 和 0011，每一位的编码值都赋予了实际的控制功能，和组合输出控制功能关联。

　　例 9-7　状态位直接输出型编码状态机描述。

```
LIBRARY IEEE;
USE IEEE.STD_LOGIC_1164.ALL;
ENTITY state_machine_1 IS
   PORT(clk,rst:IN STD_LOGIC;
```

```
        state_inputs:IN STD_LOGIC_VECTOR(1 DOWNTO 0);
        comb_outputs:OUT STD_LOGIC_VECTOR(3 DOWNTO 0));
    END state_machine_1;
    ARCHITECTURE archi OF state_machine_1 IS
        SIGNAL current_state,next_state:STD_LOGIC_VECTOR(3 DOWNTO 0);
        CONSTANT state0:STD_LOGIC_VECTOR(4 DOWNTO 0):="0000";
        CONSTANT state1:STD_LOGIC_VECTOR(4 DOWNTO 0):="0001";
        CONSTANT state2:STD_LOGIC_VECTOR(4 DOWNTO 0):="0010";
        CONSTANT state3:STD_LOGIC_VECTOR(4 DOWNTO 0):="0011";
    BEGIN
        -----构造体描述和例 9-5 相同-----
    END archi;
```

这种状态位直接输出型编码状态机的优点是输出速度快，无毛刺产生；缺点是程序可读性差，剩余的非法状态较多。

9.5.2 顺序编码

顺序编码（Sequential）的编码方式最为简单，且使用的触发器数量最少，剩余的非法状态最少，容错技术最为简单。

例 9-8 以上面所述的 4 状态机为例，若采用顺序编码方式，只需 2 个触发器即可，其状态机描述如下：

```
    LIBRARY IEEE;
    USE IEEE.STD_LOGIC_1164.ALL;
    ENTITY state_machine_1 IS
        PORT(clk,rst:IN STD_LOGIC;
        state_inputs:IN STD_LOGIC_VECTOR(1 DOWNTO 0);
        comb_outputs:OUT STD_LOGIC_VECTOR(3 DOWNTO 0));
    END state_machine_1;
    ARCHITECTURE archi OF state_machine_1 IS
        SIGNAL current_state,next_state:STD_LOGIC_VECTOR(1 DOWNTO 0);
        CONSTANT state0:STD_LOGIC_VECTOR(4 DOWNTO 0):="00";
        CONSTANT state1:STD_LOGIC_VECTOR(4 DOWNTO 0):="01";
        CONSTANT state2:STD_LOGIC_VECTOR(4 DOWNTO 0):="10";
        CONSTANT state3:STD_LOGIC_VECTOR(4 DOWNTO 0):="11";
    BEGIN
        -----构造体描述和例 9-5 相同-----
    END archi;
```

顺序编码方式的优点是节省触发器；其缺点是增加了从一种状态向另一种状态转换的译码组合逻辑电路，增加了延迟时间。

9.5.3 格雷码编码

格雷（Gray）码又称为循环码，它是用 n 位二进制数码来表示最大值为 2^n-1 的十进制数。它的特点是：相邻代码之间只有一位改变，即从 0 变到 1 或从 1 变到 0。格雷码是一种无权码，因而很难从某个代码识别它所代表的数值。格雷码与自然二进制码之间具有简单的转换关系，

具体如下:

设自然二进制码为 $B=B_nB_{n-1}\cdots B_1B_0$

其对应的格雷码为 $G=G_nG_{n-1}\cdots G_1G_0$

二进制码转换为格雷码: $G_n=B_n$ 和 $G_i=B_{i+1}$ NOR B_i （$i<n$）

格雷码转换为二进制码: $B_n=G_n$ 和 $B_i=B_{i+1}$ NOR G_i （$i<n$）

格雷码编码方式是对顺序编码方式的一种改进,由于它的特点是任意一对相邻状态的编码中只有一个二进制位发生变化,所以格雷码十分有利于状态译码组合逻辑的简化,提高综合后的目标器件的资源利用率和运行速度。

例 9-9 格雷码状态编码。

```
LIBRARY IEEE;
USE IEEE.STD_LOGIC_1164.ALL;
ENTITY state_machine_1 IS
    PORT(clk,rst:IN STD_LOGIC;
    state_inputs:IN STD_LOGIC_VECTOR(1 DOWNTO 0);
    comb_outputs:OUT STD_LOGIC_VECTOR(3 DOWNTO 0));
END state_machine_1;
ARCHITECTURE archi OF state_machine_1 IS
    SIGNAL current_state,next_state:STD_LOGIC_VECTOR(1 DOWNTO 0);
    CONSTANT state0:STD_LOGIC_VECTOR(4 DOWNTO 0):="00";
    CONSTANT state1:STD_LOGIC_VECTOR(4 DOWNTO 0):="01";
    CONSTANT state2:STD_LOGIC_VECTOR(4 DOWNTO 0):="11";
    CONSTANT state3:STD_LOGIC_VECTOR(4 DOWNTO 0):="10";
BEGIN
    -----构造体描述和例 9-5 相同-----
END archi;
```

9.5.4 独热码编码

独热码编码方式就是用 n 个触发器来实现具有 n 个状态的状态机,而状态机中的每一个状态由其中一个触发器的状态表示:当状态机处于某一状态时,对应的触发器置为'1',其余的触发器都清'0'。独热码状态编码的特色是编码简单,速度快,缺点是占用较多的资源。例如,对于 4 个状态的状态机需由 4 个触发器来表达,其对应的状态编码为 0001、0010、0100、1000。一位独热码编码方式尽管用了较多的触发器,但其简单的编码方式大大简化了状态译码逻辑,提高了状态转换速度。独热码编码方式适用于速度要求较高、逻辑资源较丰富的 FPGA、CPLD 可编程器件。在状态机设计中,独热码编码方式是一个比较好的解决方案,许多 VHDL 综合器具有将符号状态自动优化设置成一位热码编码状态的功能,而有些综合器设置成一位热码编码方式选择开关。

例 9-10 独热码状态编码。

```
LIBRARY IEEE;
USE IEEE.STD_LOGIC_1164.ALL;
ENTITY state_machine_1 IS
    PORT(clk,rst:IN STD_LOGIC;
    state_inputs:IN STD_LOGIC_VECTOR(1 DOWNTO 0);
    comb_outputs:OUT STD_LOGIC_VECTOR(3 DOWNTO 0));
```

```
END state_machine_1;
ARCHITECTURE archi OF state_machine_1 IS
    SIGNAL current_state,next_state:STD_LOGIC_VECTOR(3 DOWNTO 0);
    CONSTANT state0:STD_LOGIC_VECTOR(4 DOWNTO 0):="0001";
    CONSTANT state1:STD_LOGIC_VECTOR(4 DOWNTO 0):="0010";
    CONSTANT state2:STD_LOGIC_VECTOR(4 DOWNTO 0):="0100";
    CONSTANT state3:STD_LOGIC_VECTOR(4 DOWNTO 0):="1000";
BEGIN
    -----构造体描述和例 9-5 相同-----
END archi;
```

9.6 状态机剩余状态处理

在状态机设计中，使用枚举类型或直接指定状态编码的程序中，特别是使用了独热码编码方式后，总是不可避免地出现剩余状态，即未被定义的编码组合；而这些状态在状态机的正常运行中是不允许出现的，通常称其为非法状态。在状态机的设计中，如果没有对这些非法状态进行合理的处理，在外界不确定的干扰下，或是随机上电的初始启动后，状态机都有可能进入不可预测的非法状态，其后果或是对外界出现短暂失控，或是完全无法摆脱非法状态而失去正常的功能。因此，对于状态机剩余状态的处理，即状态机系统容错技术的应用是设计者必须慎重考虑的问题。

另外，剩余状态的处理会不同程度地耗用逻辑资源，这就要求设计者在选用何种状态机结构、何种状态编码方式、何种容错技术及系统的工作速度与资源利用率方面做权衡比较，以适应自己的设计要求。

以程序例 9-5 为例，该程序总共定义了 4 个合法的有效状态：st0，st1，st2，st3。如果使用顺序编码和格雷编码方式指定各状态，则需 2 个触发器，这样最多有 4 种可能的状态，没有非法状态。但如果使用状态位直接输出型和独热型编码，则存在多余的状态。对于剩余状态的处理，有以下 3 种方法：

（1）转入空闲状态，等待下一个工作任务的到来；

（2）转入指定的状态，去执行特定任务；

（3）转入预定义的专门处理错误的状态，如预警状态。

前两种处理方法适用于非法状态数量不多的情况，可在枚举类型定义中将这些多余状态做出定义，并在以后的语句中采用 WHEN OTHERS 语句加以统一处理。具体的代码如例 9-11 所示。

例 9-11 独热码状态编码。

```
TYPE states IS (st0,st1,st2,st3,st4,st5,st6,undefined1,undefined2);
SIGNAL current_state,next_state:states;
……
BEGIN
    com:PROCESS(current_state,state_inputs)
    BEGIN
    CASE current_state IS
    WHEN st0=>…
    …
```

```
        WHEN OTHERS=>next_state<=st0;
        END CASE;
        END PROCESS con;
    END archi;
```

如果采用独热码编码方式设计状态机,其剩余状态数将随有效状态数的增加呈指数方式增加。例如,对于编码长度为 4 的状态机,总状态数为 16 个,有效状态为 4 个,剩余状态有 12 个。对于编码长度为 n 的状态机,其合法与非法状态之和的最大可能状态数有 2^n 个。

根据独热码编码方式的特点,正常的状态只可能有 1 个触发器为'1',其余的触发器均为'0',即任何多于 1 个触发器为'1'的状态都属于非法状态。因此,可以在状态机设计程序中创建一个报警信号,该报警信号由并行赋值语句完成,对状态编码中'1'的个数是否大于 1 做出逻辑判断。若有多个状态触发器为'1'时,报警信号 "alarm" 赋值为高电平'1',系统可根据报警信号是否有效来决定是否调整状态转向或复位。

例 9-12 报警信号赋值语句。

```
alarm<= (st0 AND st1 OR st2 OR st3) OR
        (st1 AND st0 OR st2 OR st3) OR
        (st2 AND st0 OR st1 OR st3) OR
        (st3 AND st0 OR st1 OR st2);
```

9.7 有限状态机的复位

有限状态机的复位信号分为同步复位信号和异步复位信号两种。同步复位信号在主控时序进程中完成:当时钟跳变沿到来时,对有限状态机进行复位操作,同时把复位值赋给输出信号并使有限状态机回到初始状态。异步复位进程在主控组合进程中完成。无论是同步复位还是异步复位,目的都是使状态转移进程中的每个状态分支能转移到指定的状态。

如果异步复位信号有效,则直接进入空闲状态并将复位值赋给输出信号;如果复位信号无效,则执行正常状态转移进程。

例 9-13 主控组合进程中的同步复位程序。

```
COM:PROCESS(rst,current_state, state_inputs)
    BEGIN
      IF rst='1'  THEN
      next_state<=st0;
      ELSE  CASE current_state IS
      WHEN st0=>comb_outputs<="0000";
      WHEN st1=>comb_outputs<="0001";;
         ---
      END  CASE;
      END IF;
    END PROCESS com;
```

例 9-14 主控时序进程中的同步复位程序。

```
PROCESS(clk,reset)
BEGIN
```

```
    IF (clk'EVENT AND clk = '1') THEN
        IF reset='1' THEN
        present_state<=s0;
        ELSE
        present_state<=next_state;
        END IF;
    END IF;
  END PROCESS;
```

虽然例 9-14 和例 9-15 都可以达到同步复位的结果，但是如果只需要在上电复位和系统错误时进行复位操作，那么采用异步复位方式要比同步复位方式更好。其主要原因是：同步复位方式会占用较多的额外资源，而异步复位方式则可以消除引入额外寄存器的可能性。带有异步复位信号的 VHDL 描述十分简单，只需要在描述状态寄存器的进程中引入异步复位信号即可。

例 9-15 主控时序进程中的异步复位程序。

```
reg:PROCESS (rst,clk)
BEGIN
IF (rst='1') THEN
current_state<=s0;
ELSIF (clk='1'AND clk'EVENT) THEN
current_state<=next_state;
END IF;
END PROCESS reg;
```

异步复位综合后的状态转换图如图 9.4 所示。

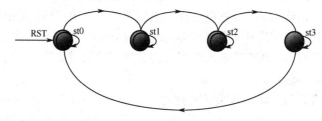

图 9.4　具有异步复位功能的状态转换图

例 9-16 三进程同步复位状态机的 SRAM 控制器的设计。

（1）要求：用状态机设计一个存储控制器，并根据微处理器的读写周期，控制存储器输出写使能信号 we 和读使能信号 re。

（2）工作过程：当读 SRAM 时，read_write 信号高电平。读 SRAM 分为单字节读和 4 个字节突发读方式：在读周期第一个时钟期间，若 burst 信号为高，则为连续 4 字节读方式；若 burst 信号为低，则为单字节读方式。在连续读期间 re 信号有效，地址线依次递增，SRAM 输出地址连续，并依次送出 4 个连续地址内的数据。

（3）写操作为单字节写方式，在写信号 we 有效时将数据写入 SRAM 指定地址。当 ready 信号有效时，则标志读、写操作访问完成。

（4）根据上述描述，SRAM 控制器的真值表如表 9-1 所示。

表 9.1　SRAM 控制器真值表

状　态	re	we	addr[1:0]
idle	0	0	00
decision	0	0	00
read_1	1	0	00
read_2	1	0	01
read_3	1	0	10
read_4	1	0	11
write	0	0	00

（5）VHDL 语言描述。

```
LIBRARY IEEE;
USE IEEE.STD_LOGIC_1164.ALL;
USE IEEE.STD_LOGIC_UNSIGNED.ALL;
USE IEEE.STD_LOGIC_ARITH.ALL;
ENTITY sram_controller IS
    PORT(rst,read_write,rdy,burst,clk:IN STD_LOGIC;
        bus_id:IN STD_LOGIC_VECTOR(7 DOWNTO 0);
        re,wr:OUT STD_LOGIC;
        add:OUT STD_LOGIC_VECTOR(1 DOWNTO 0));
END sram_controller;
ARCHITECTURE archi OF sram_controller IS
TYPE states IS(idle,decision,read_1,read_2,read_3,read_4,write_1);
SIGNAL present_state,next_state:states;
BEGIN
  reg:PROCESS (clk)
  BEGIN
    IF (clk'EVENT AND clk='1') THEN
    present_state<=next_state;
    END IF;
.END PROCESS reg;
com:PROCESS(rst,read_write,rdy,burst,bus_id)
BEGIN
    IF (rst='1') THEN
    re<='0';wr<='0';add<="00";
    next_state<=idle;
    ELSE
     CASE present_state IS
     WHEN idle =>re<='0';wr<='0';add<="00";
       IF (bus_id="11110011") THEN next_state<=decision;
       ELSE next_state<=idle;
       END IF;
     WHEN decision =>re<='0';wr<='0';add<="00";
       IF (read_write='0') THEN next_state<=read_1;
       ELSE next_state<=write_1;
```

```
              END IF;
          WHEN read_1 =>re<='1';wr<='0';add<="00";
            IF (rdy='0') THEN next_state<=read_1;
            ELSIF (burst='0') THEN next_state<=idle;
            ELSE next_state<=read_2;
            END IF;
          WHEN read_2 =>re<='1';wr<='0';add<="01";
            IF (rdy='1') THEN next_state<=read_3;
            ELSE next_state<=read_2;
            END IF;
          WHEN read_3 =>re<='1';wr<='0';add<="10";
            IF (rdy='1') THEN next_state<=read_4;
            ELSE next_state<=read_3;
            END IF;
          WHEN read_4 => re<='1';wr<='0';add<="11";
            IF (rdy='1') THEN next_state<=idle;
            ELSE next_state<=read_4;
            END IF;
          WHEN write_1 =>re<='0';wr<='1';add<="00";
            IF (rdy='1') THEN next_state<=idle;
            ELSE next_state<=write_1;
            END IF;
          WHEN OTHERS =>re<='0';wr<='0';add<="00";
            next_state<=idle;
          END CASE;
        END IF;
      END PROCESS com;
    END archi;
```

本例中采用的是双进程描述状态机的设计方法。第一个进程 reg 定义了状态机的同步逻辑部分，第二个进程 com 定义了组合逻辑部分。

（6）状态转换图如图 9.5 所示。

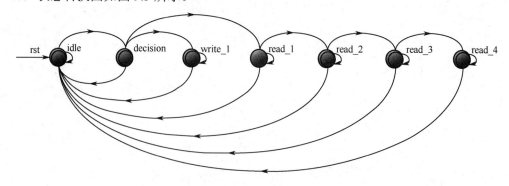

图 9.5　具有同步复位功能的状态转换图

（7）RTL 综合原理图如图 9.6 所示。

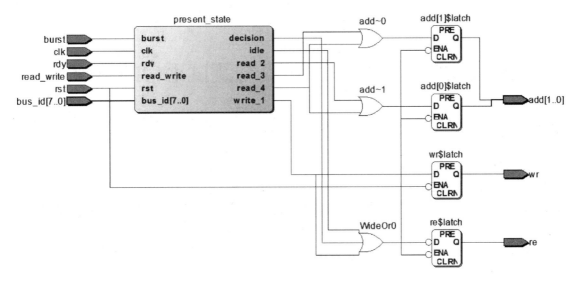

图 9.6　RTL 综合原理图

9.8　小结

本章主要介绍了状态机的概念、分类及特点，详细阐述了状态机的组成、描述风格、状态编码、状态机剩余状态处理方法及状态机的复位方法。

习题

1. Moore 型状态机和 Mealy 型状态机有什么异同。

2. 以 VHDL 设计一个由有限状态机构成的序列检测器。序列检测器用来检测一组或多组序列信号的电路，要求当检测器连续收到一组串行码（如 1110010）后，输入为 1，否则输出为 0。序列检测 I/O 口的设计如下：设 xi 是串行输入端，zo 是输出端，当 xi 连续输入 1110010 时 y 输出为 1。根据要求，电路需记忆的初始状态为 1、11、111、1110、11100、111001、1110010。

3. 设计一状态机，设输入和输出信号分别是 a、b 和 output，时钟信号为 clk，有 5 个状态：S0、S1、S2、S3 和 S4。状态机工作方式是：当 a=0，b=0 时，随 clk 向下一状态转换，输出 1；当 a=1，b=0 时，随 clk 逆向转换，输出 1；当 a=0，b=1 时，保持原状态，输出 0；当 a=1，b=1 时，返回初始态 S0，输出 1。要求：

（1）画出状态转换图；

（2）用 VHDL 描述此状态机；

（3）为此状态机设置异步清零信号输入，修改原 VHDL 程序；

（4）若为同步清零信号输入，试修改原 VHDL 程序。

4. 改进例 9-3 中的程序，采用独热码编码方式对各状态进行编码，并加入非法状态监测识别逻辑。

5. 举例说明独热码编码方式在逻辑资源利用率和工作速度上优于其他编码方式的原因。

第 10 章　ModelSim 仿真与测试平台的搭建

10.1　引言

仿真是指从电路的功能行为抽象出描述模型，然后将外部激励信号或数据加于此模型，通过观测该模型在外部激励信号的作用下的响应来判断该电路系统是否能实现预期的功能。通俗地讲，仿真是实现正确设计的关键环节，是用来验证设计者的设计思想是否正确的有效途径。在设计实现过程中将各种分布参数引入后，设计的功能依然正确，则仿真验证通过。仿真主要分为功能仿真和时序仿真。功能仿真是在设计输入后进行，而时序仿真是在逻辑综合和布局布线后进行。

功能仿真是在设计实现前对所创建的逻辑进行功能是否正确的验证过程。布局布线以前的仿真都称为功能仿真，包括综合前仿真（Pre-Synthesis Simulation）和综合后仿真（Post-Synthesis Simulation）。综合前仿真主要是针对基于原理框图的设计验证。综合后仿真既适合原理图设计，也适合基于 HDL 语言的设计。因此功能仿真着重考虑的是模型电路在理想环境情况下的行为和预想设计结构的一致性，不考虑实现模型电路的实际逻辑门电路及时序信息。

时序仿真是电路已经映射到特定的工艺环境后，使用布局布线后器件给出的模块和连线的延时信息，在最坏的情况下对电路的行为做出实际的评估。时序仿真使用的仿真器和功能仿真使用的仿真器相同，所需的流程和激励也是相同的。功能仿真在仿真时不涉及器件实际延时，而时序仿真则包含了实际布局布线设计的最坏情况的布局布线延时，并且会在仿真结果波形图中显示。

10.2　ModelSim 仿真软件

10.2.1　ModelSim 简介

ModelSim 仿真工具是工业上最流行、最通用的仿真器之一，它是由 Mentor Graghics 公司开发的，一种简单实用、功能强大的 HDL 硬件描述语言仿真工具。ModelSim 仿真工具支持 VHDL、Verilog 的功能仿真，支持 IEEE 常见各种硬件描述语言标准；可以完成两种语言的混合仿真，具有代码仿真、门级仿真和时序验证的功能。

10.2.2　ModelSim 软件的安装及破解

1. 安装

运行 modelsim-se 目录中的 modelsim-win32-10.1a-se.exe 安装文件，弹出安装启动画面，如图 10.1 所示。

等待安装启动画面启动完成之后，会出现的安装提示画面，如图 10.2 所示。

单击"Next"按钮，弹出安装路径选择对话框，如图 10.3 所示，这里选择默认安装路径"C:\modeltech_10.1a"，然后单击"Next"按钮。

图 10.1　ModelSim 安装启动画面

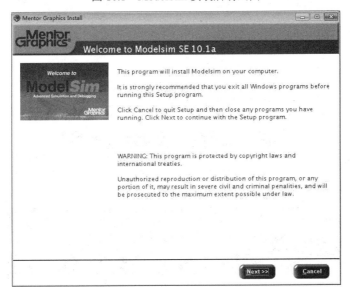

图 10.2　安装提示画面

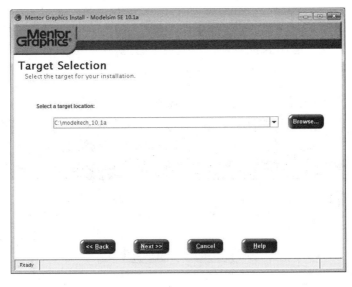

图 10.3　安装路径选择对话框

此时出现图 10.4 所示的版权授权选择界面。单击"Agree"（同意）按钮后，显示文件安装进度；结束后，弹出是否创建桌面快捷方式对话框，如图 10.5 所示，单击"Yes"按钮确认创建桌面快捷方式。

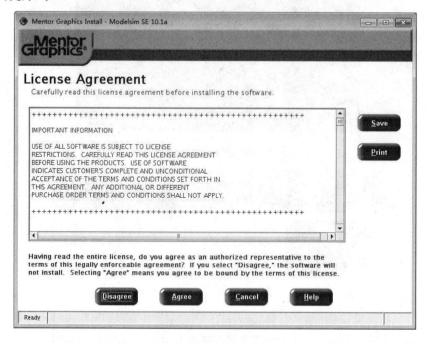

图 10.4　版权授权选择界面

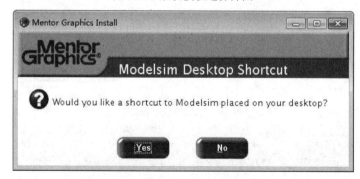

图 10.5　是否创建桌面快捷方式对话框

紧接着出现可执行文件添加对话框，如图 10.6 所示，选择默认的"Yes"按钮即可。

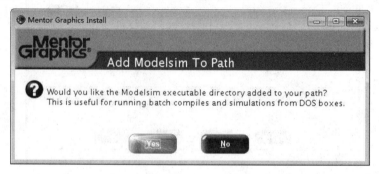

图 10.6　可执行文件添加对话框

在图 10.7 所示的安装密钥对话框中，单击"No"按钮；接着出现安装成功提示对话框，如图 10.8 所示，至此 ModelSim10.1a 安装完毕。

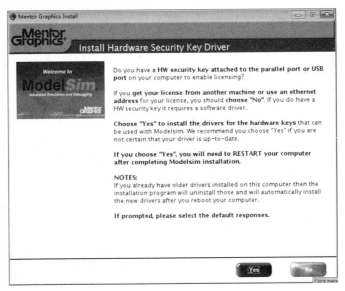

图 10.7　安装密钥对话框

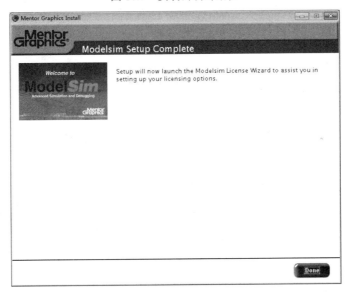

图 10.8　安装成功提示对话框

2．授权破解 ModelSim10.1a 的步骤

（1）将图 10.9 所示的两个破解文件 MentorKG.exe 和 crack.bat 复制到安装根目录 win32 下。运行 crack.bat 文件，生成 txt 文件后另存到 C:\modeltech_10.1a 目录中，将另存的路径添加为系统环境变量 LM_LICENSE_FILE。

（2）配置 ModelSim SE 的环境变量。

打开计算机属性对话框的"高级"选项卡，找到环境变量，在系统变量里找到 LM_LICENSE_FILE；如果没有，则需要新建

图 10.9　破解文件

LM_LICENSE_FILE。然后编辑并输入变量值的具体路径信息"C:\ modeltech_10.1a\license.txt"（也就是 License 文件的物理路径），如图 10.10 所示。

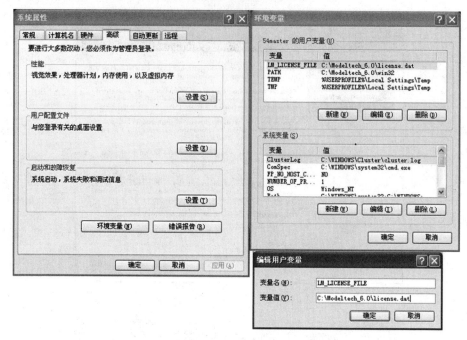

图 10.10　注册环境变量

编辑完成之后，单击"确定"按钮。运行 ModelSim，如果没有出现授权安装的提示信息，则证明安装成功；如果出现软件注册失败对话框（如图 10.11 所示），则表示注册未成功，需要重新进行软件注册破解。

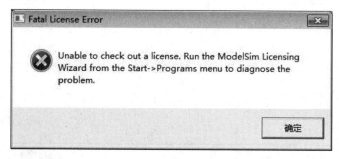

图 10.11　软件注册失败对话框

10.2.3　软件仿真步骤

ModelSim 快速仿真的 4 个步骤分别是：创建工程、添加 VHDL 代码、设计文件编译和波形仿真。下面简单给出这 4 步的具体操作，对于更深入的应用（如断点设置、错误排除等），请参考 ModelSim 的说明文档。

1．创建工程

（1）选择 File→New→Project，弹出如图 10.12 所示的对话框，输入工程名（Project Name）和存储路径，以及工作库名（Library Name），如图 10.13（a）所示；默认的现行工作库是"work"。

（2）给工程（Project）添加设计文件：ModelSim 会自动弹出 Add Items to the Project 窗口，

如图 10.13（b）所示。若要添加已经设计好的文件，选择 Add Existing File；若要创建新文件，则选择 Create New File。然后根据相应提示将文件添加到该 Project 中。

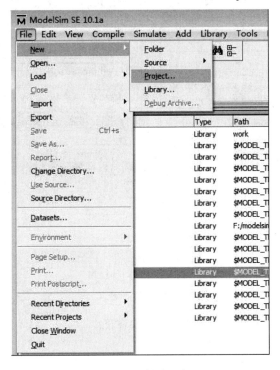

图 10.12　新建工程

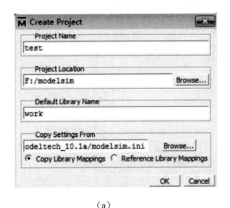

（a）

（b）

图 10.13　路径选择（a）和设计文件添加（b）

2．添加 VHDL 代码

添加 VHDL 代码的目的，是将 VHDL 文件添加到创建好的工程中。要添加的文件可以是先前已经创建好的，也可以现在输入。输入工具可以用 ModelSim 自带的代码输入工具，但常用的是 UltraEdit 编辑工具。

3．设计文件编译

选择 Compile 下拉列表中的 Compile All，编译所有功能模块和测试模块，编译状态如图 10.14 所示。如果工程文件状态（Status）显示蓝色的符号，则表示待编译；如果 Status 显示绿色的勾选符号，则表示编译成功，无语法错误；但如果出现红色的双叉符号，则表示编译失败，此时双击错误信息可以直接转到出错代码处。

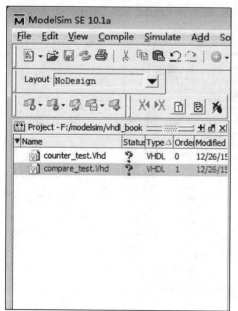 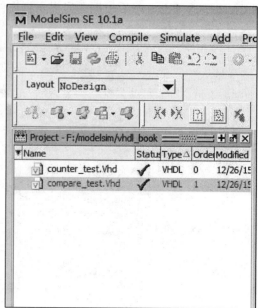

（a）待编辑 （b）编辑成功

图 10.14　编译状态

4．仿真

先调用设计，选择 Simulate→Start Simulation，弹出如图 10.15 所示的仿真设计实体选择对话框。选择所要仿真的设计实体所对应的结构体，然后单击"OK"按钮。

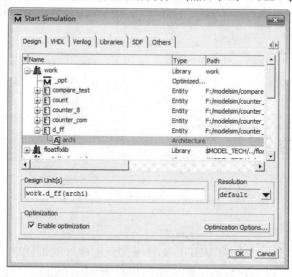

图 10.15　仿真设计实体选择对话框

在图 10.16 所示的仿真对象（Simulation Objects）中，出现了设计实体中的所有端口输入信号、输出信号及内部信号，可以将需要激励、监测输出的信号有选择地添加到仿真波形中。其操作方法是单击鼠标右键，选择 Add Wave 将所需信号添加到 WAVE 波形文件中。另外，对于一些输入激励信号，如时钟 clk、计数器信号 count 等，ModelSim 支持对它们（常规仿真输入信号）的编辑。

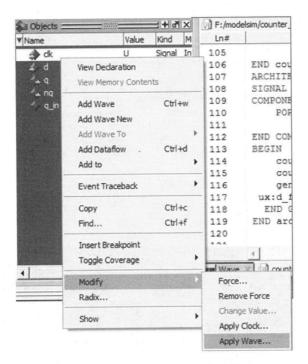

图 10.16　输入信号逻辑状态编辑

ModelSim 仿真工具提供了 5 种输入信号类型：时钟类型，常量类型，随机类型，重复类型，计数类型。在信号类型选择对话框（如图 10.17 所示）中，可以完成对特定输入信号的编辑输入。

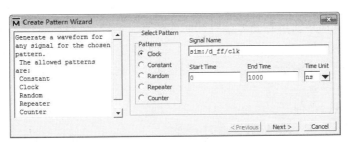

图 10.17　信号类型选择对话框

在模拟信号逻辑添加完毕后，即出现仿真前的模拟信号输入波形，如图 10.18 所示。

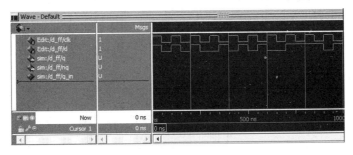

图 10.18　模拟信号输入波形

选择 Simulate→Run，弹出仿真模式选择菜单，如图 10.19 所示；选择仿真程序的运行模式，这里有 Run-All、Continue、Run-Next、Run 100 4 种模式，通常采用 Run All 仿真模式。

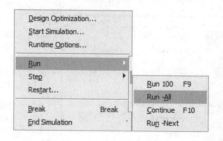

图 10.19　仿真模式选择菜单

仿真后的波形如图 10.20 所示。

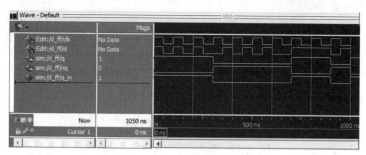

图 10.20　仿真后的波形

10.3　测试及验证平台

在对所设计的功能电路进行功能仿真和时序仿真时，需要给被测单元（Design Under Test，DUT）提供输入激励信号。产生输入激励信号的方式分为两种：第一种是通过仿真软件编辑输入的方式产生激励信号的波形，如在图 10.17 所示的信号类型选择对话框中选择特定的信号类型；第二种是基于设计文件产生激励信号，即通过编写测试平台（Testbench）产生激励文件。当通过测试平台产生激励信号时，可以通过测试平台直接产生，也可以通过矢量文件或单独的激励文件产生，具体如图 10.21 所示。

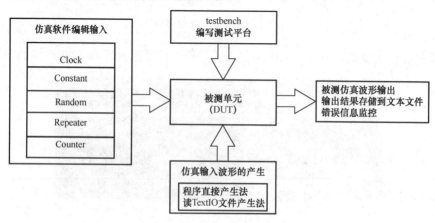

图 10.21　仿真激励信号的产生方式

激励信号有两种：一种是周期性的激励信号，其波形是周期性变化的，这类信号通过仿真软件编辑输入产生，如 clk、data 等信号；另一种是非周期性的激励信号，通过时序变化来决定信号的产生，如复位信号和读写信号。

10.3.1 仿真软件编辑输入

通过仿真软件编辑输入的方式最简单，效率也最高。例如，在 10.2 节的 ModelSim 软件仿真中，采用图 10.17 所示的信号类型选择对话框产生激励信号。所以在仿真时，如果被测单元可以采用仿真软件编辑输入信号，应尽量采用此方式完成。但是，此方法对于一些非规则信号，如复位信号、启动信号、响应信号、清零信号、置位信号等，则无法利用仿真软件所提供的信号类型来实现。

10.3.2 仿真输入波形的产生

由图 10.21 可以看出，仿真波形的产生方法分为两大类：一类为程序直接产生法，另一类为 TextIO 文件读取法。

1．程序直接产生法

程序直接产生法是指设计者自行设计一段 VHDL 程序，然后由该程序直接产生仿真所需的输入逻辑信息。而该程序文件的产生，主要可以借助于两类仿真语句完成：一类是 AFTER 语句，另一类是 WAIT FOR 语句。

下面以实际示例说明如何由程序直接产生图 10.22 所示的输入激励波形。

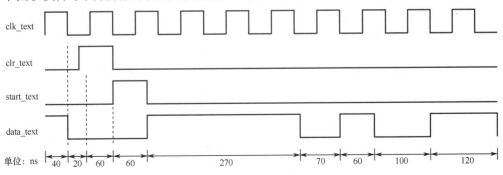

图 10.22　输入激励波形

从图 10.22 可以看出，除了 clk 为周期性信号，其余的 clr、start、data 信号均为不规则信号，而且时序固定。通过仿真软件编辑输入法容易产生规则输入激励信号，如 clk 信号；而不规则信号则很难生成。

对于上述不规则的时序激励波形，其输入波形逻辑时序真值表如表 10.1 所示。

表 10.1　输入波形逻辑时序真值表

序号	clr	start	data	持续时间/ns	起始时间节点	结束时间节点
1	0	0	1	40	0	40
2	0	0	0	20	40	60
3	1	0	0	60	60	120
4	0	1	0	60	120	180

序号	clr	start	data	持续时间/ns	起始时间节点	结束时间节点
5	0	0	1	270	180	450
6	0	0	0	70	450	520
7	0	0	1	60	520	580
8	0	0	0	100	580	680
9	0	0	1	120	680	800
10	0	0	0	无限长	800	仿真结束时间

对于上述真值表，可分别采用 WAIT FOR 语句和 AFTER 语句两种描述方式直接产生仿真激励波形，如例 10-1 和例 10-2 所示。

例 10-1 用 WAIT FOR 语句产生激励信号。

```
LIBRARY IEEE;
USE IEEE.STD_LOGIC_1164.ALL;
ENTITY stimulus IS
     PORT (clk_test,clr_test,start_test,data_test:OUT STD_LOGIC);
END ENTITY;
ARCHITECTURE archi OF  stimulus IS
BEGIN
    clk_gen:PROCESS
    BEGIN
       clk_test<='1';
       WAIT FOR 40 ns;
       clk_test<='0';
       WAIT FOR 40 ns;
    END PROCESS clk_gen;
    sig_gen:PROCESS
       BEGIN
       clr_test<='0';start_test<='0';data_test<='1';
       WAIT FOR 40 ns;
       clr_test<='0';start_test<='0';data_test<='0';
       WAIT FOR 20 ns;
       clr_test<='1';start_test<='0';data_test<='0';
       WAIT FOR 60 ns;
       clr_test<='0';start_test<='1';data_test<='0';
       WAIT FOR 60 ns;
       clr_test<='0';start_test<='0';data_test<='1';
       WAIT FOR 270 ns;
       clr_test<='0';start_test<='0';data_test<='0';
       WAIT FOR 70 ns ;
       clr_test<='0';start_test<='0';data_test<='1';
       WAIT FOR 60 ns;
       clr_test<='0';start_test<='0';data_test<='0';
       WAIT FOR 100 ns;
       clr_test<='0';start_test<='0';data_test<='1';
       WAIT FOR 120 ns;
       clr_test<='0';start_test<='0';data_test<='0';
       WAIT;
    END PROCESS sig_gen;
```

```
END archi;
```

例 10-2 用 AFTER 语句描产生激励信号。

```
LIBRARY IEEE;
USE IEEE.STD_LOGIC_1164.ALL;
ENTITY stimulus IS
END ENTITY;
ARCHITECTURE archi OF  stimulus IS
SIGNAL clk_test,clr_test,start_test,data_test:STD_LOGIC:='0';
BEGIN
    clk_test<= NOT clk_test AFTER 40 ns;
    clr_test<='0','1' AFTER 60 ns,'1' AFTER 120 ns;
    start_test<='0','1' AFTER 120 ns,'1' AFTER 180 ns;
    data_test<='1','0' AFTER 40 ns,'1' AFTER 180 ns,'0' AFTER 450 ns,
    '1' AFTER 520 ns,'0' AFTER 580 ns,'1' AFTER 680 ns ,'0' AFTER 800 ns;
END archi;
```

采用 ModelSim 软件仿真，上述两例的仿真结果如 10.23 所示。

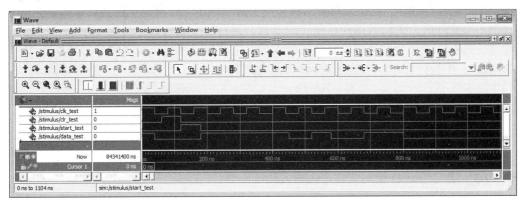

图 10.23　利用 WAIT 和 AFTER 语句产生的仿真激励波形

对于由 VHDL 语言描述的待测设计模块，比较简便的仿真验证方法是通过对待测模块施加激励信号，并通过仿真软件获得仿真结果。在实际应用中，VHDL 测试平台用来提供上述功能。VHDL 测试平台通过元件例化语句例化一个待测 VHDL 模块，给它施加激励并观测其输出。由于测试平台是采用 VHDL 语言来描述的，因此可以应用于不同的仿真环境。待仿真模块和与之对应的测试平台组成一个仿真模型，应用这个模型可以在不同的测试环境中用相同的激励对待测模块进行调试。10.3.3 节将针对不同的电路类型分别介绍 VHDL 测试平台的语言结构。

2. TextIO 文件输入方法

TextIO 文件创建输入方法，是根据仿真波形的时序要求将输入激励信号按一定的格式存入一个 Text 文件中。此方法适用于一些输入/输出比较复杂的模型算法仿真场合。TextIO 文件的产生可以借助于第三方软件完成。例如，首先由 MATLAB 产生激励文件，再由 Testbench 读入激励文件产生的激励波形。在仿真时，根据时序要求按行读出，并赋予相应的输入信号。这种方法允许采用同一个测试平台,通过不同的测试矢量文件进行不同的仿真。值得注意的是，测试矢量文件的读取，需要利用 TextIO 程序包的功能。在 TextIO 程序包中，包含对文本文件进行读写的过程和函数。

Testbench 使用 TextIO 的仿真步骤如下：

（1）声明 TextIO 数据包集合。

```
USE IEEE.STD_LOGIC_1164.ALL;
USE STD.TEXTIO.ALL;
```

（2）在 PROCESS 中声明输入、输出激励文件。

```
FILE stimulate_in:TEXT OPEN READ_MODE IS "stimulate_in.txt";
FILE stimulate_in:TEXT OPEN WRITE_MODE IS "stimulate_out.txt";
```

（3）声明读写文件的行变量。

```
VARIABLE line_in:line;
VARIABLE line_out:ine;
```

（4）声明用于保存行变量值的数据变量。

```
VARIABLE clk,start,data:STD_LOGIC;
VARIABLE q:STD_LOGIC;
```

（5）文件的读写操作。读文件时，先从文件中按行读出一行数据，再将行中的数据读到数据变量中；写文件时，先将数据变量组合成一行，再将行变量的数据写入文件。

注意：只有变量类型的数据客体才是文件的存取类型，所以不能使用信号数据客体。

TextIO 包集合中定义了常用的文件操作函数，具体如下：

```
READLINE(file_var,line_var);
READ(line_var,line_var);
WRITE(line_var,data_var);
ENDFILE(fiel_var);
```

例 10-3　通过 TextIO 读写文件产生输入激励波形。

```
LIBRARY IEEE;
USE  IEEE.STD_LOGIC_1164.ALL;
USE  IEEE.STD_LOGIC_TEXTIO.ALL;
USE  STD.TEXTIO.ALL;
ENTITY  stim_text IS
    PORT(clr,start,data : OUT std_logic);
    END stim_text;
ARCHITECTURE archi OF stim_text IS
SIGNAL num:INTEGER RANGE 0 TO 10:=0;
SIGNAL clk:STD_LOGIC;
BEGIN
    clk_gen:PROCESS
    BEGIN
        clk<='1';
        WAIT FOR 40 ns;
        clk<='0';
        WAIT FOR 40 ns;
    END PROCESS clk_gen;
    stim:PROCESS (clk)
        FILE stim_in:TEXT OPEN READ_MODE IS "stimulate_in.txt";
        VARIABLE line_in:line;
```

```
        VARIABLE clr_v,start_v,data_v:STD_LOGIC;
        VARIABLE line_num:INTEGER RANGE 0 TO 10:=0;
        BEGIN
        IF (clk'EVENT AND clk='1') THEN
          IF NOT(ENDFILE(stim_in)) THEN
            READLINE(stim_in,line_in);
            READ(line_in,line_num);
            READ(line_in,clr_v);
            READ(line_in,start_v);
            READ(line_in,data_v);
            num<=line_num;
            clr<=clr_v;
            start<=start_v;
            data<=data_v;
            END IF;
      END IF;
    END PROCESS;
END archi;
```

在例 10-3 的程序中，clk 时序的产生通过 WAIT FOR 语句产生，而 clr、start 和 data 信号的时序均从文本文件 stimulate_in.txt 中读出。stimulate_in.txt 文本文件的输入格式如图 10.24 所示，其中 line 为行号，clr、start 和 data 为仿真激励信号的输入状态信息。

stimulate_in.txt - 记事本

文件(F) 编辑(E) 格式(O) 查看(V) 帮助(H)

line	clr	start	data
1	0	0	X
2	1	0	X
3	0	0	X
4	0	1	0
5	0	0	1
6	0	0	0
7	0	0	1
8	0	0	0
9	0	0	1
10	0	0	0
11	0	0	1
12	0	0	0

第 1 行，第 1 列

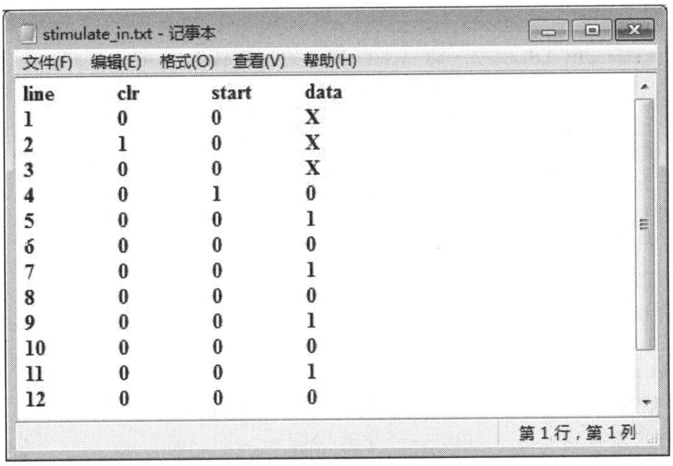

图 10.24　TextIO 文本文件格式

仿真结果如图 10.25 所示。

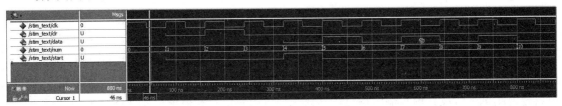

图 10.25　TextIO 文本读仿真结果

从图 10.25 可以看出，clr、start 及 data 信号的时序变化和文本文件的变化是一致的，而此信号可以直接施加在被测单元（DUT）上。

10.3.3 测试平台的搭建

当输入激励波形通过上述两种方式产生后，就可以创建所需要的测试平台了。设计测试平台时，待测模块及其功能决定了激励的选择与测试次数。对于一个已有的待测模块，需要在测试平台中声明与其输入输出端口对应的信号，而例化时则要将测试平台中声明的信号映射到待测模块的输入输出端口。要完成一个测试平台，必须：

（1）对被测试设计的顶层接口进行例化；

（2）给被测试设计的输入接口添加激励；

（3）判断被测试模块的输出是否满足相应的设计要求。

一个测试平台文件就是一个 VHDL 模型，可以用来验证所设计硬件模型的正确性。测试平台文件为所测试的元件提供了激励信号，仿真结果以波形的方式将显示或测试结果存储到文件中。激励信号可以直接集成在测试平台文件中，也可以从外部文件加载。通常，可以直接使用 VHDL 语言来编写测试平台文件。

当使用 VHDL 语言编写测试平台文件时，所有的基本 VHDL 语法都是适用的，但是测试平台文件与一般的项目设计存在一些区别。一个测试平台文件必须包括与被测单元（DUT）所对应的元件声明，以及输入到 DUT 的激励描述。

例 10-4　一个测试平台文件的基本结构。

```
LIBRARY IEEE;
USE IEEE.STD LOGIC_1164.ALL;
ENTTIY testbench IS      --测试平台文件的空实体
                         --不需要定义端口
END testbench;
ARCHITECTURE arhci OF testbench IS
COMPONENT dut
--被测试元件的声明
PORT（端口信号声明）:
END COMPONENT;
--局部信号声明
BEGIN
u0:dut GENERIC MAP（参数列表）
PORT MAP（信号映射列表）;     --被测试元件的例化或映射
clk_gen:PROCESS()              --产生时钟信号
END PROCESS clk_gen;
source_ger:PROCESS()            --产生激励源描述语句
END PROCESS source;
END arhci;
END PROCESS:
END archi;
```

从上面的基本结构中，可以看出测试平台包含的最基本的模块，即实体的定义、所测试元件的例化、产生时钟信号和产生激励源等语句。其中测试平台中的实体定义不需要定义端口，也就是说测试平台没有输入输出端口，它只是通过内部信号和被测单元（DUT）相连接。

例 10-5　以十进制计数器的设计为例，设计一个测试平台来验证十进制计数器的正确性。

（1）十进制计数器的原理图符号如图 10.26 所示。

（2）十进制计数器的 VHDL 描述如下：

```
LIBRARY  IEEE ;
USE  IEEE.STD_LOGIC_1164.ALL ;
USE  IEEE.STD_LOGIC_ARITH.ALL ;
USE  IEEE.STD_LOGIC_UNSIGNED.ALL ;
ENTITY  base_counter  IS
    PORT (clr,clk,en :INSTD_LOGIC ;
    co:OUT STD_LOGIC;
    q:BUFFER  STD_LOGIC_VECTOR (3 DOWNTO 0)) ;
    END  ENTITY  base_counter ;
ARCHITECTURE  archi  OF  base_counter  IS
BEGIN
    p1:PROCESS (clr,clk )
    VARIABLE co_v:STD_LOGIC:='0';
        BEGIN
        IF  (clr = '1')  THEN
        q <=  "0000" ;
        ELSIF (clk='1'  AND  clk'LAST_VALUE='0' AND clk'EVENT)    THEN
        IF  (en='1')  THEN
        IF  (q="0111")  THEN
         q<="0000" ;
        co_v:='1';
        ELSE
        q<=q+'1' ;
        co_v:='0';
        END  IF ;
        END  IF ;
        END  IF ;
        co<=co_v;
    END  PROCESS p1 ;
END  ARCHITECTURE  archi ;
```

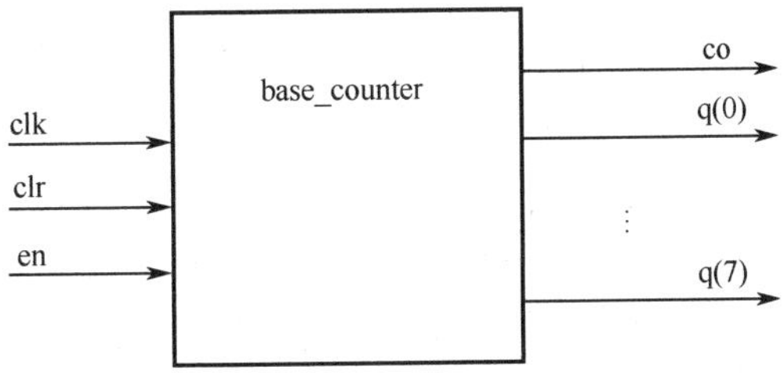

图 10.26　计数器原理图符号

（3）仿真时序图的创建。从图 10.26 所示的原理图符号和待测试模块的程序可以发现，清零信号（clr）为高电平有效，使能信号（en）为高电平有效，且为非周期性信号。为了有效地验证此待测模块的正确性，设计图 10.27 所示的信号激励时序图来完成验证。

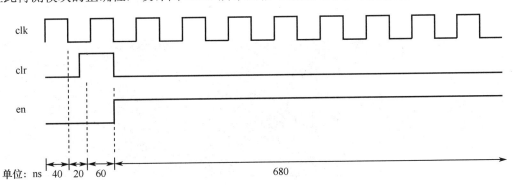

图 10.27　信号激励时序图

（4）测试平台 VHDL 描述如下：

```
LIBRARY  IEEE ;
USE  IEEE.STD_LOGIC_1164.ALL;
ENTITY testbench IS
END testbench;
ARCHITECTURE archi OF testbench IS
COMPONENT  base_counter   ----DUT component is defined
        PORT (clr,clk,en:IN  STD_LOGIC ;
          co:OUT STD_LOGIC;
          q:BUFFER  STD_LOGIC_VECTOR(3 DOWNTO 0)) ;
END  COMPONENT;
CONSTANT period:TIME:=80 ns;
SIGNAL clr,en,co:STD_LOGIC;
SIGNAL clk:STD_LOGIC:='0';
SIGNAL q:STD_LOGIC_VECTOR(3 DOWNTO 0);
BEGIN
    dut:base_counter PORT MAP(clr,clk,en,co,q);
    --Clock signal is will be generated
clock_gen:PROCESS(clk)
BEGIN
    clk<=not clk AFTER period/2;
END PROCESS;
    clr<='0','1' AFTER 60 ns,'0' AFTER 120 ns;
    en<='0','1' AFTER 120 ns;
END archi;
```

将实体名为"testbench"的 VHDL 描述在仿真工具（如 ModelSim 仿真软件）上进行编译，其仿真结果如图 10.28 所示。

（5）仿真结果分析。从例 10-5 中的测试平台程序可以看出，测试平台程序的实体是没有端口信号的，它是一个空的设计实体，因此所有的仿真激励信号和输出信号是通过内部信号完成的。对比信号激励时序图（见图 10.27）和仿真结果（见图 10.28）可以发现，clk、clr 及 en 信号的逻辑时序是完全一致的，并且是上升沿计数，符合预先设计的要求。仿真结果也表明，输出值 q 从 0 增加到 7，共 8 个计数值，符合 8 进制计数器的设计要求，功能仿真正确。

图 10.28　仿真结果

10.4 小结

本章主要介绍了 ModelSim 仿真软件的使用方法，测试激励文件的产生方法和测试平台的搭建。

习题

1. 用 ModelSim 进行时序仿真的步骤是什么？
2. 设计一个十进制计数器，编写仿真 Testbench，用 ModelSim 工具仿真出波形。
3. 设计一个串行移位寄存器，编写仿真 Testbench，用 ModelSim 工具仿真出波形。

第 11 章　Quartus II 集成开发环境

11.1　概述

作为专业半导体器件厂商，Altera 公司不仅有丰富的 PLD 可编程器件，而且提供功能完备的集成开发平台，包括 Max+PLUS II 和 QuartusII 开发软件。MAX+PLUS 是 Altera 公司上一代的 PLD 开发软件，比较适合小规模逻辑器件，如 CPLD 等器件的开发；而 Quartus II 集成开发环境是 Altera 公司开发的新一代 PLD 综合开发软件，同时也可以完成 Max+PLUS 所需的所有设计任务。因此，只要熟练掌握 Quartus II 集成开发环境，就可以完成对 PLD 器件的设计任务。

Quartus II 集成开发环境提供了一个完整的开发平台，能满足各种特定设计的需要，包括 FPGA 和 CPLD 设计阶段所需要的设计输入、逻辑综合、布局布线、时序分析、仿真和编程下载，是一个理想的 EDA 开发环境。QuartusII 设计工具完全支持 VHDL、Verilog 的设计编程，内嵌二者的逻辑综合器。Quartus II 也可以利用第三方的综合工具，如 Leonardo Spectrum、Synplify Pro 和 FPGA Complier II，并能直接调用这些工具。Quartus II 内嵌了 Quartus Simulator 仿真软件，同时也支持第三方的仿真工具，如 ModelSim 仿真工具。此外，Quartus II 与 MATLAB 和 DSP Builder 结合，可以进行基于 FPGA 的 DSP 系统开发，是 DSP 硬件系统实现的关键 EDA 工具。

Quartus II 软件包括模块化的编译器，包括分析综合器（Analysis & Synthesis），适配器（Fitting）、装配器（Assembler）、时序分析器（Timing Analyzer），设计辅助模块（Design Assistant）、EDA 网表文件生成器（EDA Netlist Writer）和编译器数据库连接接口（Complier Database Interface）等。通过一键式的操作可以完成所有的编译和链接，操作简单、方便。当然，也可以通过选择 start 单独运行各个模块，通过选择编译工具选项，在窗口中运行该模块来启动编辑器的模块。在编译器工具窗口中，可以打开该模块的设置文件、报告文件，或者打开其他相关窗口。

另外，Quartus II 还包含许多十分有用的 LPM（Library of Parameterized Modules）元器件库模块，主要包括 Megafunction 库、Others 库和 Primitives 库，具体的库分类如图 11.1 所示。这些元器件库均基于 Altera 器件的结构做了优化设计。在实际的情况中，通过使用宏功能模块，可以使用 Altera 器件的特定硬件功能，包括片上存储器、DSP 模块、LVDS 驱动器和 PLL 锁相环等。这些宏功能模块为设计人员提供了丰富的电路功能，极大地提高了 FPGA 电路的设计效率和可靠性。

Quartus II 软件不仅可以作为常规的 PLD 芯片的集成开发环境，还提供了可编程片上系统（SOPC）开发环境，即 SOPC Builder。SOPC Builder 软件是 Quartus II 用来建立、开发和维护系统的平台，作为 Nios II 用户使用 Quartus II 软件可以方便地进行系统级设计、嵌入式软件开发和可编程逻辑器件设计。

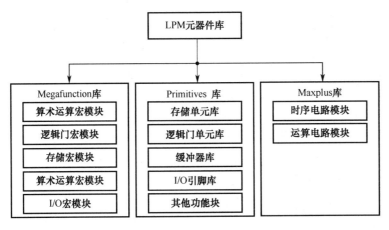

图 11.1　LPM 元器件库分类

11.2　Quartus II 软件开发流程

基于 Quartus II 软件的设计方法流程，主要包括工程的打开或新建、设计输入子流程、编译子流程、仿真子流程、Quartus 其他软件的使用、逻辑分析仪的仿真验证和配置下载，具体流程如图 11.2 所示。在上述的开发步骤中，设计输入和仿真验证为软件开发的主要环节，在学习时应着重掌握。

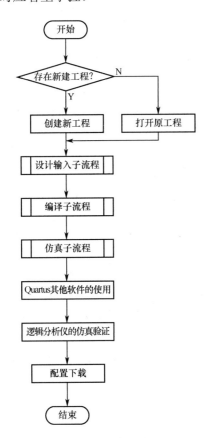

图 11.2　Quartus II 软件开发流程

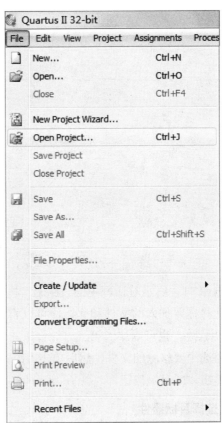

图 11.3　新建工程向导

• 203 •

11.2.1 新建工程设计流程

本节设计一个典型的组合逻辑电路——二选一多路选择器，它包含 1 个非门、2 个与门、1 个或门和 3 个输入引脚、1 个输出引脚，具体实现步骤如下。

1. 建立工程

在 Quartus II 11.0 启动软件的界面下，选择菜单 File→New Project Wizard，弹出图 11.3 所示的新建工程向导。单击"New Project Wizard"，然后单击"Next"按钮进行下一步操作，弹出图 11.4 所示的对话框。在该对话框中，指定工作目录、工程名、顶层文件名。需要注意的是，工程名必须与设计的顶层实体名一致，并且不包含汉字。

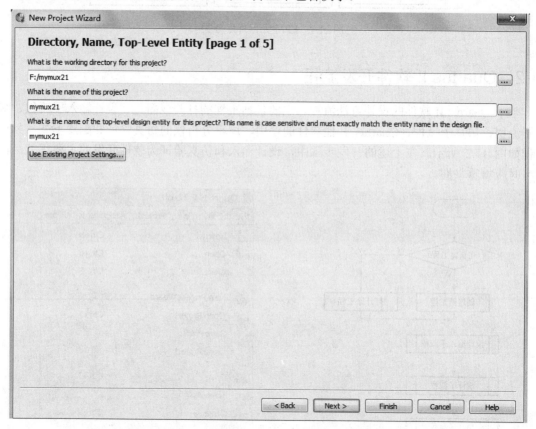

图 11.4 工作目录、工程名、顶层文件名对话框

单击图 11.4 所示对话框中的"Next"按钮，弹出图 11.5 所示的添加文件对话框。在该对话框中选择需要加入的文件和库，便可以将已设计好的文件加入项目中；可以加入 VHDL、Verilog 源程序，也可以加入第三方综合工具综合后的网表文件。也可以将已加入的文件移除，此时只需选中要移除的文件，然后单击"Remove"按钮即可。这里不需要添加任何其他文件，故直接单击"Next"按钮。

2. 选择目标器件

图 11.6 所示为器件类型设置对话框，用户可以根据实验条件选择指定的目标器件。这里选择 cyclone II 系列 EP2C5Q208C8 器件。

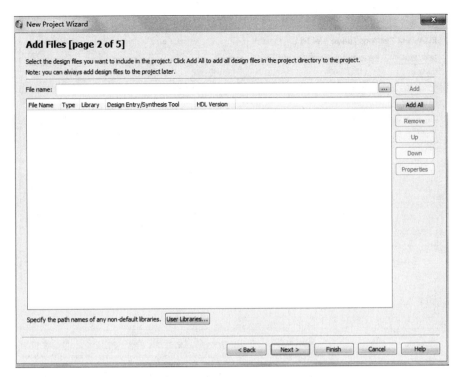

图 11.5　添加文件对话框

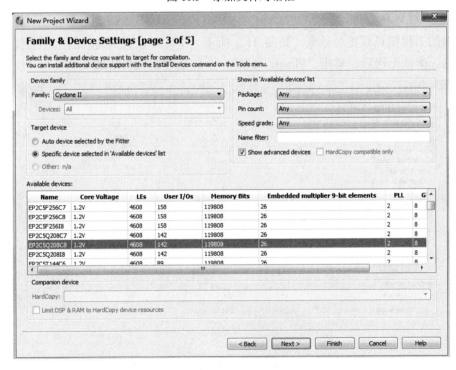

图 11.6　器件类型设置对话框

3. 选择第三方 EDA 工具

单击图 11.6 中的"Next"按钮，弹出 EDA 工具设置对话框，如图 11.7 所示。选择将要使用的第三方 EDA 工具。本例中不需要第三方工具，故直接单击"Next"按钮。

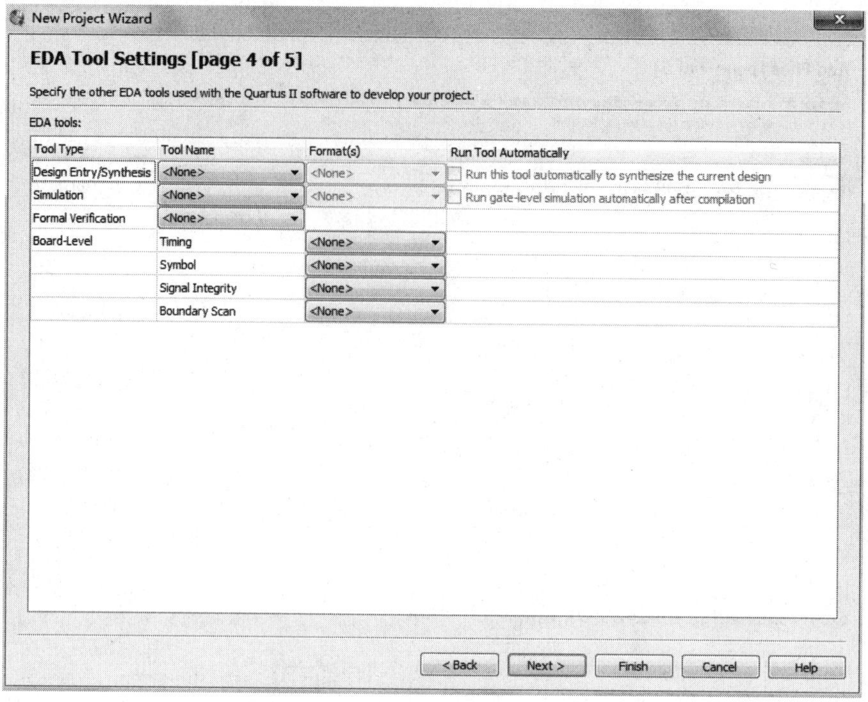

图 11.7　EDA 工具设置对话框

4．结束工程设置

在弹出的工程信息概要对话框（如图 11.8 所示）中，可以看到建立的工程名称、选择的器件等信息。确认无误后，单击"Finish"按钮，至此创建新工程结束。

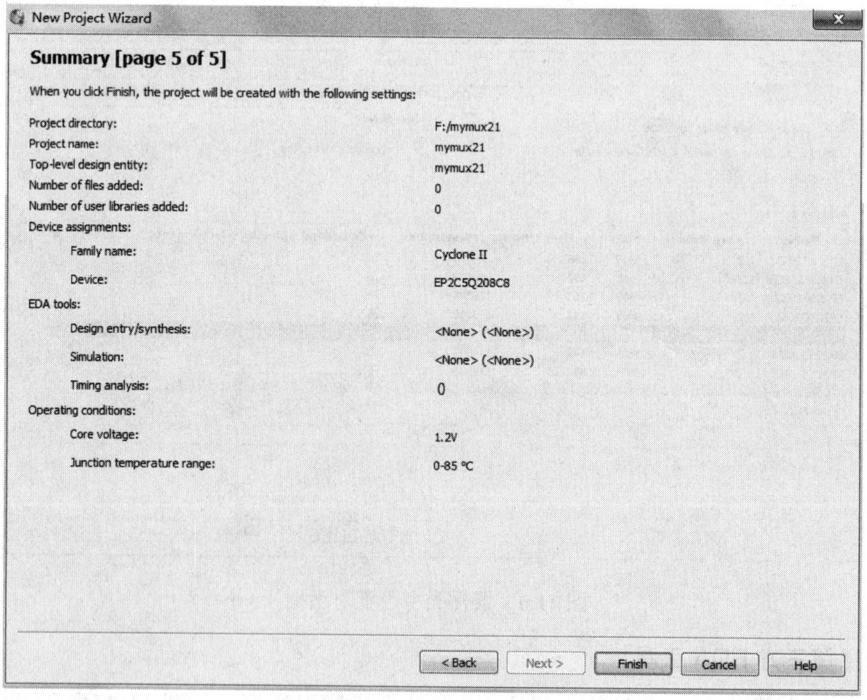

图 11.8　工程信息概要对话框

11.2.2 设计输入流程

Quartus II 软件支持的设计输入方法包括两种：一种是利用 Quartus II 本身具有的编辑器，包括模块编辑输入、文本编辑输入（如 AHDL、VHDL、Verilog）和内存编辑输入（如 hex、mif）等，其设计输入流程如图 11.9 所示；第二种为利用第三方 EDA 工具编辑的标准格式文件，如 EDIF、HDL 和 VQM 等。

1. 原理图输入法

模块编辑法设计流程也称为原理图输入法。该设计方法对编程技术要求不高，在没有掌握硬件描述语言的情况下，也能对一些功能简单的设计完成开发。由于模块编辑方法具有操作简单、直观灵活的特点，因此在多层次项目设计中，顶层文件的设计经常采用此方法。

1）打开模块编辑器

单击 File→New 命令，弹出图 11.10 所示的新建文件对话框。选择文件类型为 Block Diagram/Schematic File，打开模块编辑器，如图 11.11 所示。使用该编辑器可以编辑图标模块，也可以编辑原理图。由于 Quartus II 提供了大量常用的基本单元和宏功能模块，在模块编辑器中可以直接调用它们。

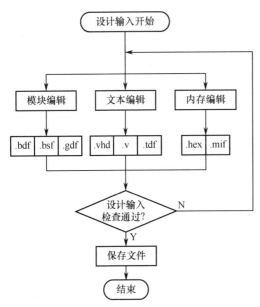

图 11.9　Quartus II 编辑器设计输入流程

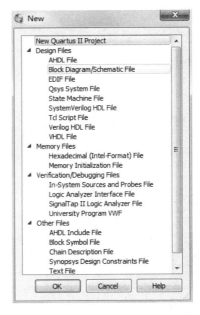

图 11.10　新建文件对话框

2）添加元件符号

在图 11.11 的空白处双击鼠标左键或单击工具栏中的文件打开图标，打开图 11.12 所示的"Symbol"对话框。在符号分类中，包括 Project 库和系统库两大类，Project 库中包含本项目中设计文件所生成的符号，系统库中包含 Megafunction、Others 和 Primitives 三大类符号。此时根据工程需要，添加所需符号即可。本示例中，选择 primitives/logic/and2 元件或在 name 栏中输入 and2 后，在右边窗口会显示出该单元符号的形状，然后单击"OK"按钮，将该符号加入电路原理图中；选择 primitives/pin/input 元件，添加输入引脚，如图 11.13 所示。采用同样的方法将其他元件及输入输出引脚加入原理图中。

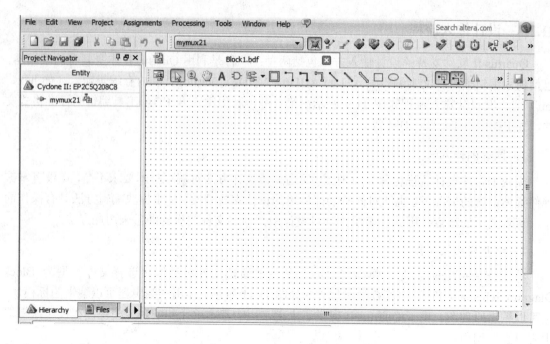

图 11.11　模块编辑器窗口

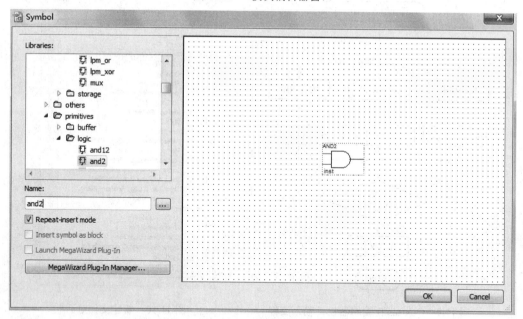

图 11.12　"Symbol" 对话框——添加元件符号

3）连接各元件并给引脚命名

放置好元件后，接下来要连接各个功能模块，即通过导线将模块间的对应引脚直接连接起来。连线完成后应给输入/输出引脚命名。在引线端子的 PIN_NAME 处双击鼠标，弹出 Pin Properties 对话框，在 Pin name 栏中填入名字。这里 4 个引脚分别命名为 a、b、s、y，如图 11.14 所示。引脚名称可以使用 26 个大写英文字母、26 个小写英文字母、阿拉伯数字以及一些特殊符号（如"/"和"_"）命名。注意：不能以数字开头，大小写表示相同的含义，在同一个设计文件中引脚名称不能重复。

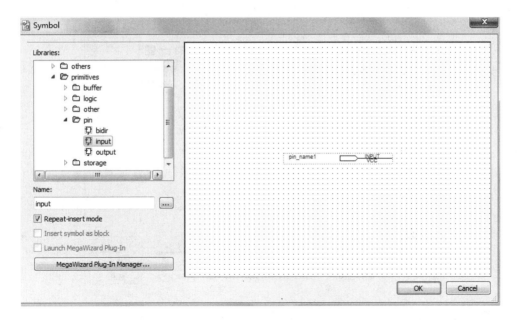

图 11.13 "Symbol"对话框——添加引脚

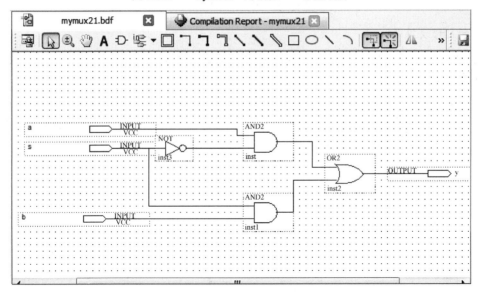

图 11.14 连接元件并命名

4）保存设计文件

保存文件选择 File→Save As 或单击"保存"按钮，此时将弹出"另存为"对话框，如图 11.15 所示。在文件名文本框中输入文件名，这里文件名为 mymux21，然后单击"保存"按钮，即可保存文件。原理图文件的扩展名为".bdf"。

原理图文件与引脚的命名规则相同。

2. 自顶向下的模块输入法

模块编辑输入法也可以采用自顶向下的设计方法。首先在顶层文件中画出图形块或器件符号，然后在图形块上设置端口和参数信息，再用信号线、总线和管道线把各个组件连接起来，最后设计各个子程序模块。具体步骤如下。

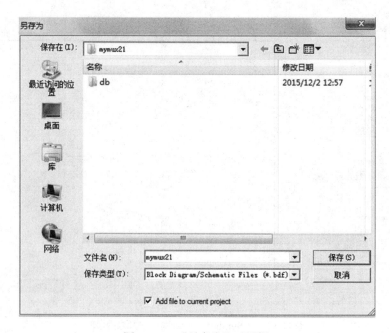

图 11.15　"另存为"对话框

1）插入模块符号

　　打开模块编辑器，单击工具栏上的图表模块工具，在空白处拖住鼠标左键绘制模块，如图 11.16 所示。

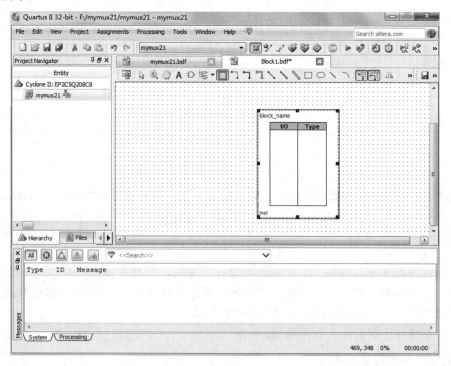

图 11.16　绘制模块

　　在新生成的模块上单击鼠标右键，弹出图 11.17 所示的快捷菜单；选择 Properties 选项，弹出模块属性设置对话框，如图 11.18 所示。在 General 标签页中的 Name 栏设置模块的名称

（mymux21），在 I/Os 标签页设置端口信息，在 Name 栏输入端口名称 a，Type 栏输入 INPUT，设定为输入端口；用同样的方法添加其他端口，完成后如图 11.19 所示。单击"OK"按钮，就生成了空白模块符号。使用鼠标选中图表模块，调整其大小，以便显示所有的端口，如图 11.20 所示。保存设计的图表模块文件，将该文件的后缀名定义为*.bdf。

以上的设计过程只是规定了设计的图表模块的外部端口，图表模块的功能由硬件描述语言或图形文件实现。

2）创建设计文件

图表模块符号的创建成功，标志着模块端口设计的完成。接下来要进行模块的内核设计，设计方法包括文本输入方法（AHDL、VHDL 及 Verilog）和原理图（Schematic）设计方法。下面采用原理图方法完成模块内部的设计。选择模块，单击鼠标右

图 11.17　模块属性快捷菜单

键选择 Creat Design File From Selected Block 菜单，弹出如图 11.21 所示对话框；选中 Schematic 选项，单击"OK"按钮，则弹出包含已经定义的输入/输出端口原理图编辑窗口。在该编辑窗口添加所需的元器件并连接，如图 11.22 所示。最后，要对子模块进行编译及仿真，确保编译结果中没有错误信息。如果有错误信息，则需根据错误信息进行相应的修改，并重新编译，直到没有错误信息为止。

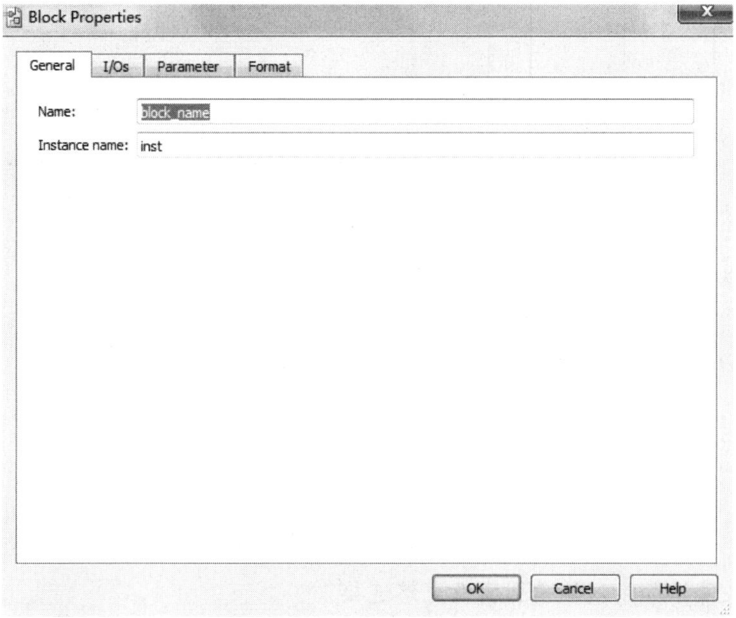

图 11.18　模块属性设置对话框

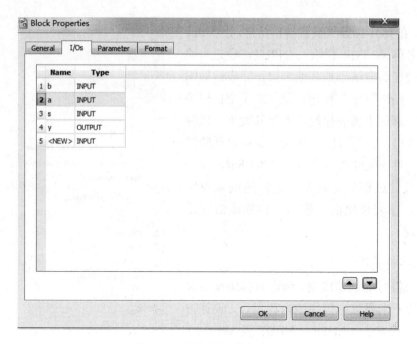

图 11.19　设置端口信息窗口

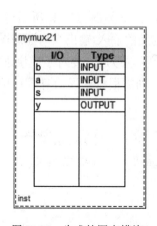

图 11.20　生成的图表模块

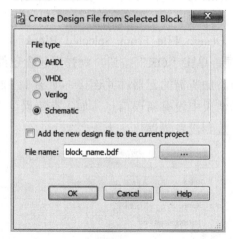

图 11.21　创建设计文件对话框

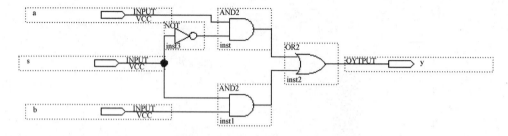

图 11.22　添加所需的元器件并连接

3）为顶层文件添加输入输出引脚及电路连接

一般而言，连接元件符号的是信号线（Node）、总线（Bus）及管道线（Conduct）。Node 线和 VHDL 中的 STD_LOGIC 类型类似，Bus 线和 STD_LOGIC_VECTOR 类型类似，而 Conduct

线则是二者的集合，故称为管道线。连接图表模块的既可以是信号线或总线，也可以是管道线，具体采用哪一种线应根据模块间的信号类型来决定。为顶层文件添加引脚并连接之后的电路图，如图 11.23 所示。

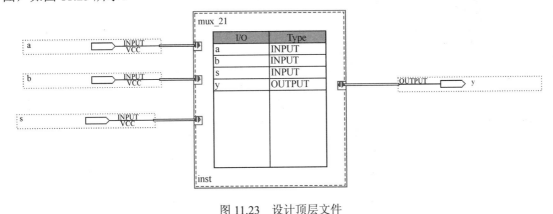

图 11.23　设计顶层文件

4）端口映射

当需要连接的两个图表模块的端口名称不同时，或者图表模块和元件符号相连时，可使用端口映射的方法将两个模块的端口连接起来，如图 11.24 所示。在图 11.24 中，表示将图表模块 mux_21 的输出端 s 连接到信号 wire0 上，而信号线 wire0 又连接在非门的输出端上，这样就实现了图表模块和元件信号的相连。如果需要连接的是两个图表模块，采用同样的方法设置即可。

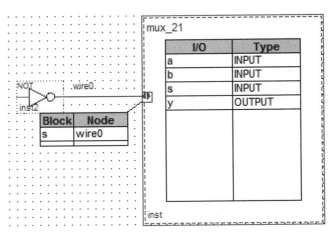

图 11.24　映射后的连接图

选中图表模块中需要映射的连接器端点，在连接器端点上单击右键；在弹出的快捷菜单中选择 Mapper Properties 选项，弹出 Mapper Properties 对话框，如图 11.25 所示；在该对话框中选择 Mapping 标签，该属性页用于设置模块 I/O 端口和连接器上的信号映射。

5）编译工程

单击工具栏上的 ▶ 按钮或选择菜单 Processing/Start Complication，可对工程进行全编译，主要完成工程项目的分析、综合、适配、布局布线，最后生成下载文件。编译结束后产生如图 11.26 所示的编译结果窗口，编译结果显示了该项目所选的目标器件、顶层实体名称和占用资源等信息。如果编译不成功，信息显示窗口将给出错误和警告，可根据提示错误进行相应修改后再重新编译，直到没有错误为止。

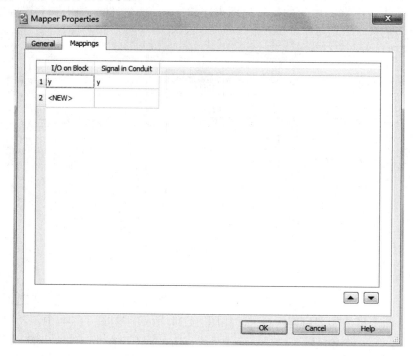

图 11.25　Mapper Properties 对话框

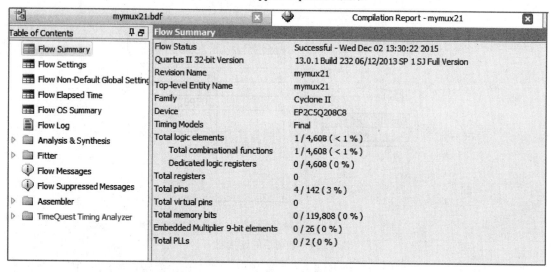

图 11.26　编译结果窗口

3. 文本编辑输入法

Quartus II 的文本编辑输入方式比较丰富，典型的有 AHDL、VHDL、Verilog HDL 及 Tcl 脚本语言输入方式。在一个比较复杂的工程设计中，可以将上述这些方式输入的文件进行结合，如 Verilog 和 VHDL 设计文件包含 Quartus II 所支持构造的任意组合，还可以包含 Altera 提供的逻辑功能。另外，也可以采用模板输入方式，将指定的输入类型模板插入到当前文件。这种方式更加简便，可提高设计输入的速度和准确度。

1) 输入 VHDL 语言程序代码

在一个已经创建完毕的工程当中，选择 File→New 命令或者采用按快捷键 Ctrl+N 等方式弹出新建文件对话框；然后在该对话框中选择 VHDL File 并单击"OK"按钮，进入文本编辑窗口，如图 11.27 所示。

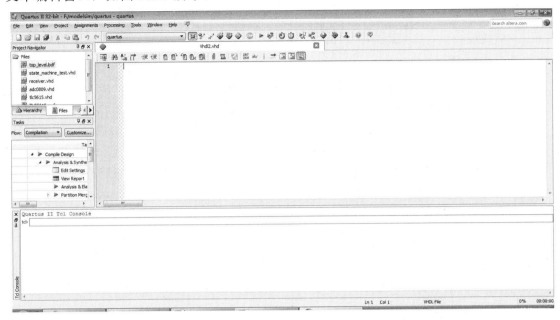

图 11.27　Quartus II 文本编辑窗口

在图 11.27 所示 的 Quartus II 文本编辑窗口中输入程序代码的方式有两种：一种是手动编辑输入；另一种方式模板输入，具体方法是在文本空白处单击右键，然后在弹出的如图 11.28 所示的快捷菜单中选择 Insert Template，弹出图 11.29 所示的插入模板对话框。

在模板对话框的 Language Templates 列表中，选择需要插入语言的语法结构模板，此时会在右侧 Preview 栏中显示选择的语法模板；然后单击"Insert"按钮，即可完成当前语法模板的插入操作。如果需要在其他位置插入第二个语法模板，则只需要将鼠标切换到文本编辑器窗口，将光标移到插入位置；然后在插入模板对话框中选择要插入的语法结构，单击对话框中的"Insert"按钮，即可完成语法的插入操作。因此在不关闭模板插入对话框的前提下，一次可以插入多个语法模板。输入代码后的文本编辑器如图 11.30 所示。

2) 保存程序

单击■按钮，弹出"另存为"对话框，如图 11.31 所示；修改保存的文件为指定的文件名，如"Three_state.vhd"。

图 11.28　插入模板快捷菜单

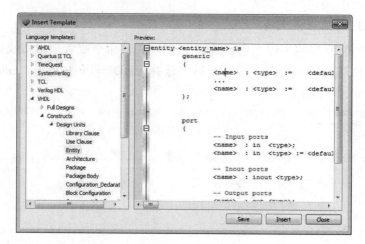

图 11.29 插入模板对话框

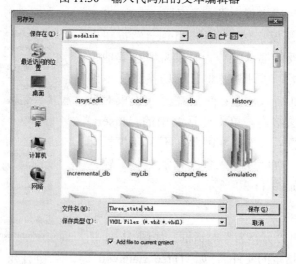

图 11.30 输入代码后的文本编辑器

图 11.31 "另存为"对话框

4．内存编辑输入法

Quartus II 的内存编辑输入法通常用来建立 RAM 和 ROM 表格，以完成设计输入程序对表格数据的读取和修改。其文件主要包括两类：一类是 Hexadecimal（Inter-Format）File 类型文件，即*.hex 文件；另一类是 Memory Initialization File 类型文件，即*.mif 文件。

1）表格文件的建立

选择菜单 File→New，在弹出的对话框中选择 Memory Initialization File 选项，如图 11.32 所示。

单击"OK"按钮，弹出图 11.33 所示的对话框；输入字节长度及数目两个参数，便创建了一个指定数据宽度和长度的空白数据表格，如图 11.34 所示；将预先设定的数据填入空白表格，便完成了内存文件的创建。

同理，也可以选择 hex 类型的内存文件，即 Hexadecimal（Inter-Format）File，具体的创建方法与 mif 文件的创建方法类似。

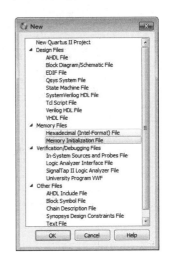

图 11.32 新建内存文件对话框

2）保存内存编辑文件

根据选择内存文件类型的不同，将图 11.34 所示的表格文件保存为*.mif 文件或*.hex 文件。

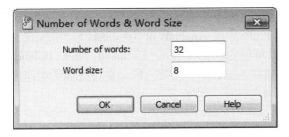

图 11.33 新建表格参数对话框

Addr	+0	+1	+2	+3	+4	+5	+6	+7	ASCII
0	80	227	17	161	165	90	138	173	P....Z..
8	108	35	88	238	89	246	163	98	l#X.Y..b
16	104	223	85	70	212	138	52	228	h.UF..4.
24	100	142	170	6	54	184	233	46	d..6...

图 11.34 输入表格数据对话框

11.2.3 编译及综合流程

完成设计后，Quartus II 软件设计中的后续步骤是编译设计（Compile Design）。编译设计部分包括分析与综合（Analysis & Synthesis）、适配或布局布线（Fitter or Place & Route）、编程文件生成（Assembler or Generate Programming）等过程。分析与综合是指对设计进行检查并对逻辑进行综合，适配是指在器件内部进行布局布线，"Assembler"是指产生编程文件。

Quartus II 软件的编译设计流程如图 11.35 所示，编译设计过程既可以利用菜单命令 Processing/Start Compilation 一次性完成，也可以在 Start 菜单中分步进行。

1．编译设置

所有的编译设置均可以通过主窗口的编译设置（Assignments/Setting）对话框完成，如图 11.36 所示。

编译设置对话框包括了 Quartus II 软件的大部分配置约束内容,主要包括工程顶层实体名、工程文件及库文件设置、时序分析设置、EDA 工具设置、编译设置、分析和综合设置、仿真

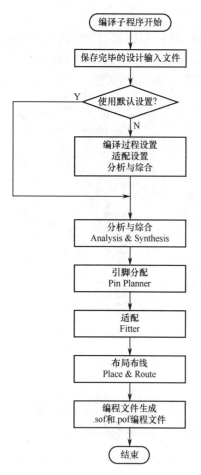

图 11.35　Quartus II 软件编译设计流程

器、适配器设置。下面只对编译设计的基本条件进行介绍。

General 项设置当前工程的顶层实体文件和工程的基本信息，在此处也可以修改当前工程的顶层实体名；Files 项设置当前工程所包含的设计输入文件，在此处可以添加、移除工程中的设计文件；Libraries 项为当前工程指定自定义的用户库。

1）编译过程设置

选择图 11.36 中的 Compilation Process Settings 设置子目录选项，可以对编译过程进行设置，包括指定智能编译选项、在编译过程中保留节点名称和运行渐进式编译或综合，并且保存节点级的网表，导出兼容版本数据库，显示实体名称和使能或者禁止 OpenCore Plus 评估功能。合理地设置编译过程可以减少编译时间，提高设计效率。

2）布局布线设置

选择图 11.36 中的 Fitter Settings 设置子目录选项，可以对布局布线进行设置，包括时序驱动编译选项、布线等级的设置，工程范围的 Fitting 逻辑选项分配，以及物理网表的优化（优化保持时间和自动适配选项）。

3）分析与综合设置

选择图 11.36 中的 Analysis & Synthesis Settings 设置子目录选项，可设置优化技术，包括 Speed、Area、Balance 选项；默认选择为 Balance 选项，其含义为既要考虑速度因素，也要考虑硬件资源要素。

2．分析与综合

单击工具条中的 按钮，或者选择菜单 Processing→Start→Start Analysis & Synthesis 或使用快捷键 Ctrl+K，可对工程中所有的设计文件进行分析和综合。分析与综合（Analysis & Synthesis）是完整编译过程中的第一个环节，也是设计流程中的一个基本步骤；它将用户设计的输入文件（文本或原理图）生成针对目标器件的逻辑或物理表示，即将输入文件翻译成基本的逻辑门、RAM 和触发器等基本逻辑单元的连接关系，并根据约束条件优化设计的门级连接，同时输出网表文件供适配器使用。

综合分为两个阶段：分析阶段和构建工程数据库阶段。分析阶段的任务是检查工程的逻辑完整性及一致性，并检查语法错误和边界连接。在此阶段系统会使用多种算法来减少逻辑门的使用量，删除冗余逻辑，并适配物理器件，实现对设计的优化。构建工程数据库阶段包含优化后的工程，此工程将适配、时序分析、时序仿真等操作建立一个或多个文件。

3．引脚分配

Quartus II 软件的引脚分配是指将器件封装形式的输入输出资源用图形化的形式进行表示。设计人员要对输入输出引脚进行自定义分配，分配后的引脚在重新进行编译时，其在实际器件中的位置是固定不变的。

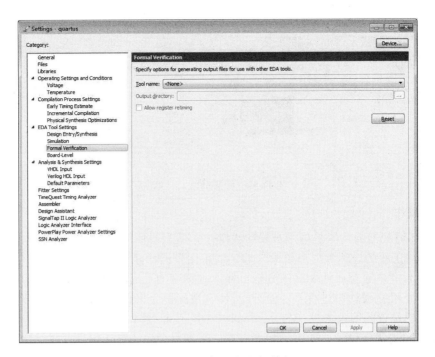

图 11.36 编译设置对话框

引脚分配可以通过两种方式完成。第一种方式是选择菜单 Assignments→Pin Planner，弹出引脚分配对话框，如图 11.37 所示，其下方的列表中列出了本设计的所有输入输出引脚名。在图 11.37 中，双击输入端 a 对应的 Location 选项，即可弹出引脚列表，从中可选择合适的引脚或直接输入引脚号，同理完成其他所有引脚的指定。

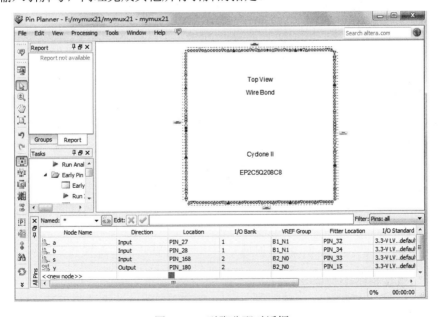

图 11.37 引脚分配对话框

第二种方式是选择菜单 Assignments→Assignments Editor，弹出如图 11.38 所示的对话框。引脚分配完成后需要对设计再进行一次全编译，以便存储引脚锁定的信息；同时全编译通过后会生成程序下载文件.sof 和.pof，供硬件下载与验证使用，同时生成输出全编译报告。

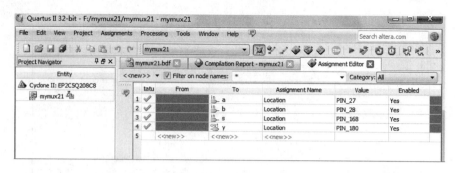

图 11.38　引脚分配对话框

4．适配操作

Quartus II 适配器的功能是进行布局布线操作。适配器使用分析和综合建立的数据库，根据引脚约束，将工程的逻辑和时序要求与器件的可用资源相匹配。它将每个逻辑功能分配给最佳的逻辑单元位置，进行布线和时序分析，并选定相应的互连路径和引脚分配方案。

如果用户已经在设计中进行了资源分配，那么适配器会将这些资源分配与器件上的资源相匹配，以满足已设置的约束条件，然后优化设计中的其余逻辑。如果用户没有进行任何约束设计，适配器将自动优化设计。如果适配不成功，适配器会自动终止编译，并且给出错误信息。

适配模块既可以作为一个子任务在 Quartus II 软件启动完整编译时被顺序启动，也可以通过选择 Processing→Start→Start Fitter 单独启动适配器。

11.2.4　仿真验证

Quartus II 软件的仿真分为功能仿真和时序仿真。功能仿真是指忽略器件延时，按照逻辑关系进行仿真；而时序仿真则是加上了器件延时的仿真，这种情况更加接近于器件实际运行情况。根据设置，在工程中可以进行功能仿真和时序仿真。在实际应用中先进行功能仿真，验证设计逻辑关系的正确性；然后进行时序仿真，验证设计是否满足要求。

在 Quartus II 软件中既可以仿真整个设计，也可以仿真设计的任何子模块。当整个系统为层次化设计时，首先仿真底层的设计文件，需要将该底层文件指定为顶层设计，然后进行仿真；接着仿真更高层次的设计实体……以此类推，直到仿真到整个顶层文件。通过使用 Assignments/Setting 菜单中的 Simulator Setting 子目录或通过 Simulator Tool 窗口下的 Simulator 页面，用户可以指定要执行的仿真类型、仿真时间周期、当前待仿真的输入波形文件以及其他仿真选项。具体的仿真子程序验证流程如图 11.39 所示。

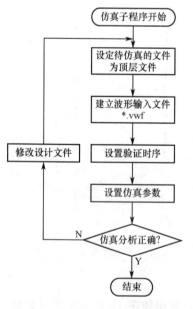

图 11.39　仿真子程序验证流程

1．设置顶层实体文件

指定工程中待仿真的设计实体为顶层设计实体的方法有以下 3 种：

第一种方法是通过选择菜单 Assignments→Setting，在弹出的设置对话框中选择 General 子目录，然后选择待仿真的设计实体或者输入仿真实体名，如图 11.40 所示。

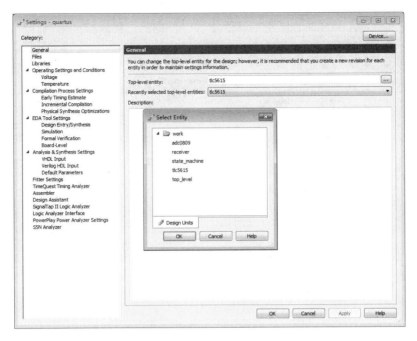

图 11.40　顶层实体设置界面

　　第二种方法是在待仿真的设计实体编辑窗口活跃的情况下，通过选择菜单 Project→Set as Top-Level Entity 可以直接将该设计实体设置为顶层设计实体。

　　第三种方法是在工程导航栏（Project Navigator）中选择文件栏（File）。在 Files 文件列表中罗列出了当前工程中所有的设计文件，选定其中的文件之一，单击鼠标右键，选择 Set as Top-Level Entity，同样可以将该设计实体设置为顶层设计实体，如图 11.41 所示。

2．建立仿真矢量波形文件

　　矢量波形文件（Vector Waveform File，VWF）是 Quartus II 中仿真、计算和输出波形的载体。在进行常规的功能或时序仿真时，根据工程文件的信号信息，选择适当的信号节点添加到矢量波形文件；然后编辑输入激励信号，如时钟信号、复位信号、控制信号或数据信号；最后通过仿真运行后，在矢量波形文件观测输出波形。具体操作为：工程设计通过完整编译后，选择菜单 File→New 命令，弹出图 11.42 所示的新建波形对话框；选择 University Program VWF 选项，单击"OK"按钮，弹出空白波形输入文件，如图 11.43 所示。

图 11.41　文件导航栏设置顶层实体

图 11.42　新建波形对话框

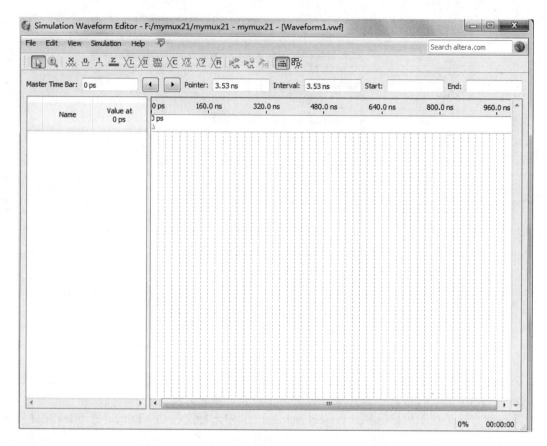

图 11.43 空白波形输入文件

　　然后双击波形文件左侧栏的空白处，弹出"Insert Node or Bus"对话框，如图 11.44 所示。单击"Node Finder"按钮，在节点查找对话框中单击 Filter 下拉列表框，选择"Pins：all"选项。然后单击"List"按钮，再单击 >> 按钮，则当前顶层设计实体编译后的节点全部列于左侧栏中。此时根据实际仿真的需要，可以自行选择仿真信号，所选的仿真信号将出现在右侧栏中，如图 11.45 所示。

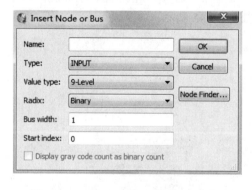

图 11.44 "Insert Node or Bus"对话框

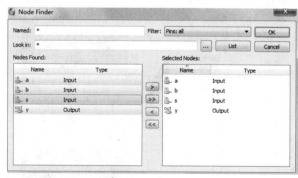

图 11.45 选择插入节点

　　单击"OK"按钮后，弹出波形编辑窗口（如图 11.46 所示），生成一个包含选中节点的波形文件，然后对此文件进行命名、保存。

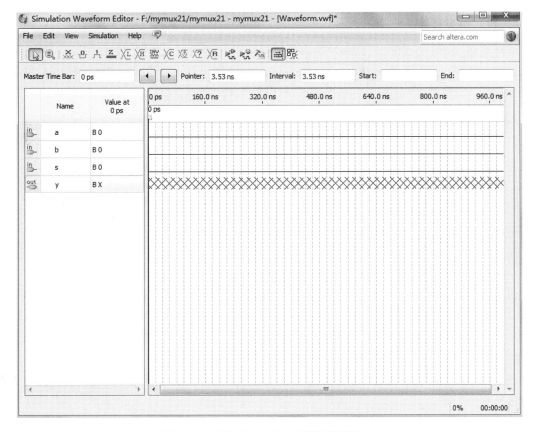

图 11.46 添加节点后的矢量波形编辑窗口

3．设置节点的验证时序

波形文件产生后，接下来就是设置节点的验证时序。波形文件的上侧是波形输入工具条，常见的信号逻辑状态有"X"、"0"、"1"、"Z"、"L"、"H"，时序类型有逻辑取反（INV）、计数器（C）、时钟信号（CLK）及随机数据信号（R）。一般情况下，输入节点的时序应尽量做到全覆盖性，即把各种可能存在的情况都尽量考虑到。在各节点时序的设置中，应该根据工程设计的数据操作特点，把输入节点设置为不同的时序状态。用户需要全面考虑设计输入节点可能存在哪些输入逻辑信号（时钟、数据），以验证所设计的逻辑输出是否满足要求。设置好验证时序的波形输入文件如图 11.47 所示。

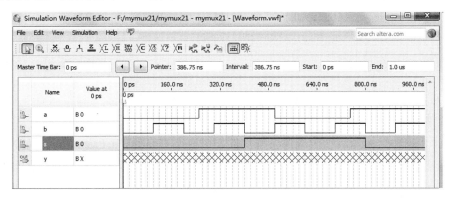

图 11.47 波形输入文件示例

4．设置仿真参数

选择菜单 Edit→Set End Time，弹出仿真时间设置对话框，如图 11.48 所示。单击菜单 Simulation，此时若选择 Run Functional Simulation，则进行功能仿真；若选择 Run Timing Simulation，则进行时序仿真。仿真模式选择如图 11.49 所示。

图 11.48　仿真时间设置对话框

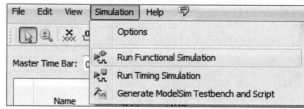

图 11.49　仿真模式选择

5．分析仿真结果

仿真参数设置完毕后，即可运行特定的仿真模式（功能仿真或时序仿真），之后会自动弹出只读的仿真结果，如图 11.50 所示。用户可以观察对应的输入节点信号的输出节点仿真输出波形，分析是否满足用户设计的逻辑、时序要求，工程所要求的功能是否达到，等等。如果存在问题（如逻辑错误、时序错误、毛刺等），则可根据波形所反映对设计进行适当修改；然后再次进行编译、仿真，直至达到满意的结果。如果节点波形均满足设计者的预期，则说明工程设计仿真结果正确。

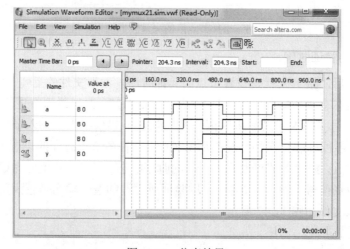

图 11.50　仿真结果

11.2.5　硬件下载与验证

使用 Quartus II 软件对工程完成编译和布局布线，并通过仿真验证确认设计无误后，便可以对目标器件进行配置或编程，进行最后的硬件下载验证。

Quartus II 软件全编译后所生成的编程文件，可以用 Quartus II Programmer 对 Altera 编程硬件进行编程和配置，通过 Assembler 自动将适配过的器件、逻辑单元和引脚分配转换为器件的编程镜像文件，其形式为 Flash 的配置文件，即 Programmar Objects Files（.pof）或者 FPGA 的 SRAM 配置文件（SRAM Objects Files）（.sof）。具体的编程下载步骤如下。

1．配置下载电缆

连接好下载线缆，选择 Tools→Programmer 命令或在工具栏中单击 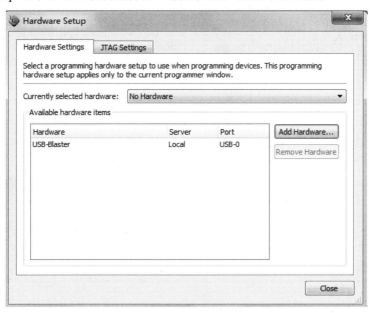 命令，弹出新建配置的下载窗口；单击"Hardware Setup"按钮，弹出"Hardware Setup"对话框，图 11.51 所示；双击下载电缆名称，这里是"USB Blaster"，再单击"Close"按钮，完成设置。如果连接好下载电缆后仍未出现 USB Blaster 项，则检查硬件连接是否正确，或者因为驱动程序没有安装好而需要重装。USB Blaster 的驱动程序在 Quartus II 安装目录下的.\quartus\drivers\usb-blaster 子目录中，具体的安装过程和 Windows 系统下的标准硬件安装过程一致。下载电缆配置成功后，在 Hardware Setup 区中即可显示所选择的下载器类型，如图 11.52 所示。

图 11.51 硬件设置（Hardware Setup）对话框

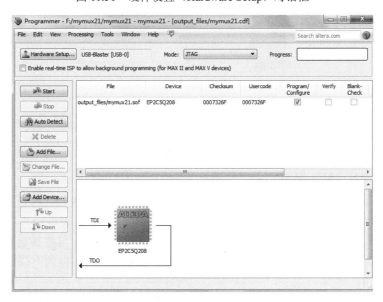

图 11.52 配置完成后的下载窗口

2. JTAG 模式下载

JTAG 模式是 Quartus II 软件默认的下载模式，其相应的下载文件为*.sof 格式。该模式主要用于完成对 FPGA 中 SRAM 的配置下载。一旦关闭电源，下次使用时需要重新下载，此模式适合在线调试。勾选需下载文件右侧的小方框，（如图 11.53 所示），单击"Start"按钮，计算机就开始下载编程文件。下载成功后的界面如图 11.54 所示。

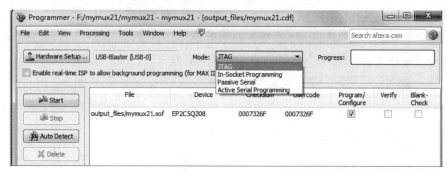

图 11.53　选择下载模式

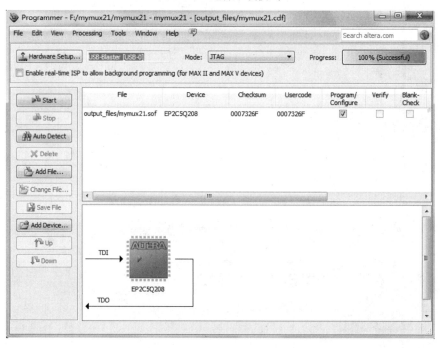

图 11.54　JTAG 模式下载成功后的界面

3. Active Serial（AS）模式

AS 模式的下载文件为"*.pof"格式。它是将配置文件数据下载到目标板的配置芯片中，具有掉电保存功能。在图 11.54 中，在模式窗口的 Mode 下拉列表框中选择 Active Serial Programming 选项，弹出提示框；单击"Yes"按钮，然后在 Add File 里添加选择文件"*.pof"，勾选下载文件右侧的小方框；单击"Start"按钮，开始下载编程文件，直到下载进度显示 100%，表示下载完成。

注意：当设计项目中包含多个设计文件时，需要对所有的文件进行编译、综合，并且要指定一个文件为顶层设计文件。

11.3 Quartus II 软件其他常用功能应用

11.3.1 嵌入式逻辑分析仪

编译、仿真、器件配置与编程结束后，下一步就是要进行实际的硬件测试验证。系统运行时，Quartus II 软件中的嵌入式逻辑分析仪（SignalTap II Logic Analyzer）可以对器件内部节点和 IO 引脚实现在线系统分析。嵌入式逻辑分析仪可以帮助用户自定义监测信号的触发条件，而监测信号则由 JTAG 端口送到 SigalTap II 逻辑分析仪、外部逻辑分析仪或者示波器等测试设备，并完成监测信号的波形测试和分析。

SignalTap II 逻辑分析仪是一个系统级调试工具，它通过 JTAG 接口能够获取、存储、显示 FPGA 设计的实时信号，在不需要外部逻辑分析仪和附加 IO 引脚的情况下，即可完成系统硬件功能的校验工作。由于不需要外部的逻辑分析仪，所以不但节约了成本，而且加快了调试的进度。

在使用信号（Signal）之前，首先要创建一个 SignalTap II 文件（.stp），此文件包括所有配置设置，并以波形显示所捕获的信号。完成对 SignalTap II 文件的设置及工程编译后，即可对器件进行编程并使用逻辑分析仪采集、分析数据。具体操作步骤如下。

1. 建立 SignalTap II 文件

在当前工程打开的情况下，在主窗口选择菜单 File→New；在弹出的新建文件窗口中，选择 SignalTap II Logic Analyzer File 项；单击"OK"按钮后，弹出图 11.55 所示的 SignalTap II 逻辑分析仪主界面。整个主窗口分为实例管理器、下载电缆及端口、数据采集及信号触发配置、时钟信号配置、层次显示及数据记录等窗口。

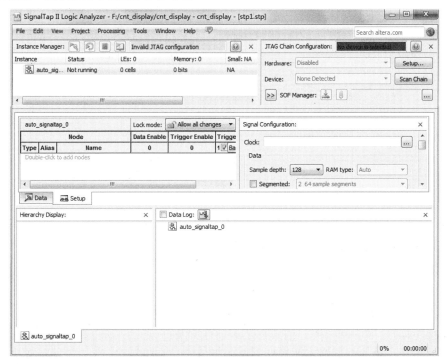

图 11.55　SignalTap II 逻辑分析仪主界面

注意：在一个功能复杂的设计工程中，为了满足不同阶段的分析需求，可为该工程创建不同的文件（.stp），但在同一时刻只能有一个文件有效。具体的设定和修改方法是：在 Quartus II 界面中的 Assignments/Settings 子目录中，选择 SignalTap II Logic Analyzer；可以把 Enable

SignalTap II Logic Analyzer 前面的复选勾去掉，以便关闭逻辑分析仪或者重新指定分析文件。

2．创建实例

SignalTap II Logic Analyzer 主界面打开时，在实例管理器窗口就会打开并显示一个新的 auto_signaltap0 示例。选中实例后，可通过单击鼠标右键修改、删除该实例。在空白处单击鼠标右键便可创建新的实例，可以用这些实例在工程中主动捕获数据信号。选择 Processing→Run Analysis 命令可以实现同时启动多个逻辑分析仪，而当前面板上其他的设置项改变时只影响当前选中的实例。

3．选择信号创建触发条件

在创建触发条件之前，首先应该添加节点。鼠标左键双击选中指定实例，在数据采集及信号触发配置窗口双击空白处或单击右键弹出来的菜单选择"Add Nodes"，调出添加节点（Node Finder）对话框，如图 11.56 所示。在添加信号过程中，Filter 列表中有"Signal Tap II: Pre-synthesis"和"Signal Tap II: post-fitting"两种信号。前者的含义是综合前的信号，它是在 Processing/Start/Start Analysis & Elaboration 操作后的信号，而后者的含义是综合后的信号。

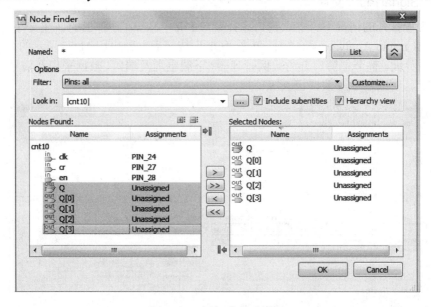

图 11.56　添加节点对话框

节点添加完成后，下一步就是为节点选择基本的触发条件。触发条件的选择分为两类：一类是基本触发（Basic），其中又分为 Basic OR 和 Basic AND 触发，每一个触发信号又可定义为无关触发（don't care）、低电平触发（Low）、高电平触发（High）、下降沿触发（Falling Edge）、上升沿触发（Rising Edge）和双沿触发（Either Edge）。另一类为高级触发条件设置，在"Basic"栏的下拉菜单中选择"Advanced"，弹出高级触发条件编辑器。高级触发以用户创建的布尔表达式作为触发条件，是基本触发无法实现的复杂触发条件。在列表栏中，默认情况下所有的信号的触发关系被设定为"Basic"，触发条件被设置为"don't care"。当然，根据测试需要，也可以将其修改为其他触发关系和触发条件，如图 11.57 所示。如果一个抽取信号不能作为触发条件，就可以在打开或关闭"Data Enable"选项来控制每个信号的数据获取，该选项通过减少逻辑分析仪要求的存储器数量来减少资源的占用。

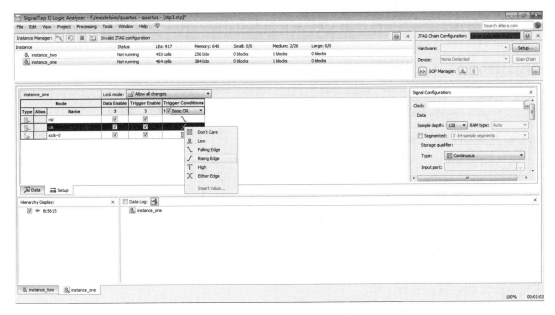

图 11.57　为节点选择基本触发条件

4. 信号配置

在使用 SignalTap II 逻辑分析仪采集数据之前，首先要设置系统的采样时钟。在采样时钟

的选择上，虽然可以使用设计中的任意信号作为时钟，但为了防止时钟偏移，原则上应采用全局时钟。设置采样时钟的具体操作步骤是：首先调出 Node Finder 对话框，选择全局时钟作为采样时钟添加到 Clock 选项中；然后在 Data 配置区域中分别设置采样深度（Sample depth），采样深度决定逻辑分析仪的采样个数，同时它也受器件资源的限制。至于实例缓存存储类型（RAM type），可在"Storge qualifier"中选择存储类型为连续存储类型（Continuous）。在"Trigger"栏中配置触发条件为顺序型触发（Sequential），如果选择基于状态的触发条件流程，就会出现基于流程设置表，触发位置为前触发、中触发或后触发。用"Trigger in"与"Trigger out"作为 SignalTap II 逻辑分析仪与外部器件或实例接口，如图 11.58 所示。

设置完成后，重新对当前工程进行编译。编译成功后，系统会将逻辑分析仪嵌入到当前的设计工程当中，在工程窗口就会出现新的条目，这些条目用于实现 SignalTap II 逻辑分析仪缓存。

图 11.58　采样时钟配置

5. 配置 JTAG 链

在 JTAG Chain Configuration 中选择下载电缆、目标器件和下载 RAM 文件（*.sof）后进行下载，器件编程窗口如图 11.59 所示。若系统没有扫描到开发板上的目标器件，逻辑分析仪将不能使用，调试将被终止。等待器件配置完成，且将逻辑分析仪的逻辑都配置到目标器件中

之后，逻辑分析仪才能监视触发条件，寻找满足触发条件的合成信号，并完成抽取信号节点的现场触发信息。

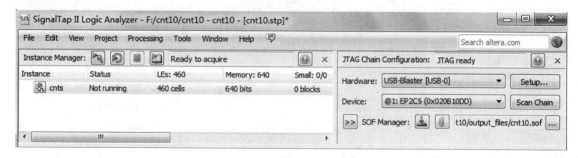

图 11.59　器件编程窗口

这里需要特别指出，当设计文件或者逻辑分析仪的任何触发条件信息、信号配置信息发生更改时，都应该先进行全编译（Processing/Start Compilation），并通过 JTAG 下载后，方可完成逻辑分析仪的监视、分析工作。

6. 启动 SignalTap II 进行采样分析

选择快捷图标按钮或子菜单逻辑分析仪（Run Analysis），启动数据采集，开始对指定实例的满足条件的信息进行监视。捕获的数据抽样信息用波形显示出来，抽样次数也显示在顶部。Waveform Display 面板允许用户编辑波形、查看数据，用户也可以插入时间条和逻辑节点，编辑总线和总线值，并可打印波形，以便进行详细的数据分析，如图 11.60 所示。Stop Analysis 为停止数据采集，AutoRun Analysis 为连续执行触发条件的数据采集任务，直到用户选择停止为止。

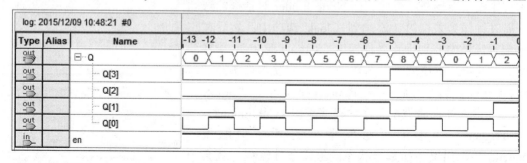

图 11.60　逻辑分析仪监视波形

11.3.2　信号探针

信号探针（SignalProbe）是在不改变原有布局布线的条件下，将期望的节点信号送至预先保留的硬件输出引脚，供外部逻辑分析仪或者示波器监视使用。使用信号探针的优点是在不影响设计适配的情况下编译设计，软件对信号探针的布线比正常编译的速度快。与 Signal Tap II 相比，使用信号探针只是占用了预留的 IO 资源，但是几乎不占用内部资源，调试中也无须通过 JTAG 下载电缆。使用 SignalProbe 功能保留引脚，并对设计进行 SignalProbe 编译，将选定的信号和输出引脚连接，具体操作步骤如下：

（1）对设计进行完整编译。

（2）指定信号探针。选择 Tools→SignalProble Pins，弹出设置信号探针引脚对话框，如图 11.61 所示。

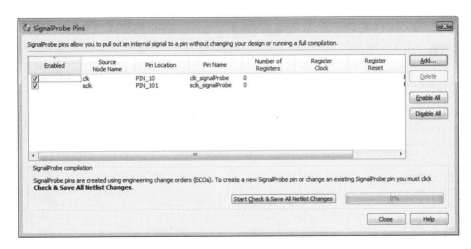

图 11.61　设置信号探针引脚对话框

（3）添加信号探针。单击"Add"按钮，弹出节点输入对话框，如图 11.62 所示。选择要监视的内部节点信号名称和信号探针名称，单击"OK"按钮，此时探针列表会出现在图 11.61 所示的设置信号探针引脚对话框中。

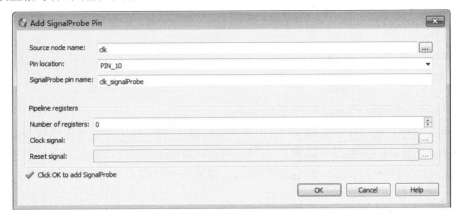

图 11.62　节点输入对话框

（4）启动信号探针编译。执行菜单命令 Processing→Start→Start SignalProbe Compliation，进行 SignalProbe 编译，完成程序的编译并下载。待目标电路板程序开始运行后，便可利用硬件电路中指定的 SignalProbe 输出引脚，利用逻辑分析仪或示波器等仪器测试一路或多路信号逻辑的正确性。

11.3.3　功耗分析工具

Quartus II 的 PowerPlay Power Analyzer 是一种有效的功耗分析工具，它既可以估算静态功耗，也可以计算动态功耗。在工程设计完成综合和布局布线操作以后，运行 PowerPlay Power Analyzer 便会显示功耗报告，其中包含显示模块类型、实体名称及消耗的功率。

使用 PowerPlay Power Analyzer 进行功耗分析的具体分析步骤如下。

1．功耗分析设置

选择菜单 Assignments→Settings，弹出工程设置对话框，选择 PowerPlay Power Analyzer Settings 页面，如图 11.63 所示。选中最上方的 Input File，并通过单击"Add"按钮来指定之

前门级仿真生成的 VCD 文件，作为 PowerPlay Power Analyzer 的输入文件。

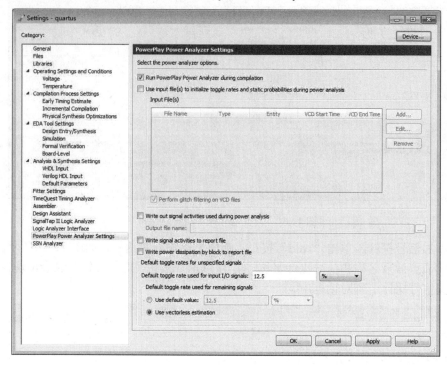

图 11.63　功耗分析设置

2. 运行 PowerPlay Power Analyzer Tool

启动 PowerPlay Power Analyzer Tool 有两种方法。第一种方法是选择菜单 Processing→
PowerPlay Power Analyzer Tool 后，弹出功耗分析工具界面，如图 11.64 所示；单击"Start"按
钮，待进度条为 100%后，单击"Report"按钮，查看分析结果。

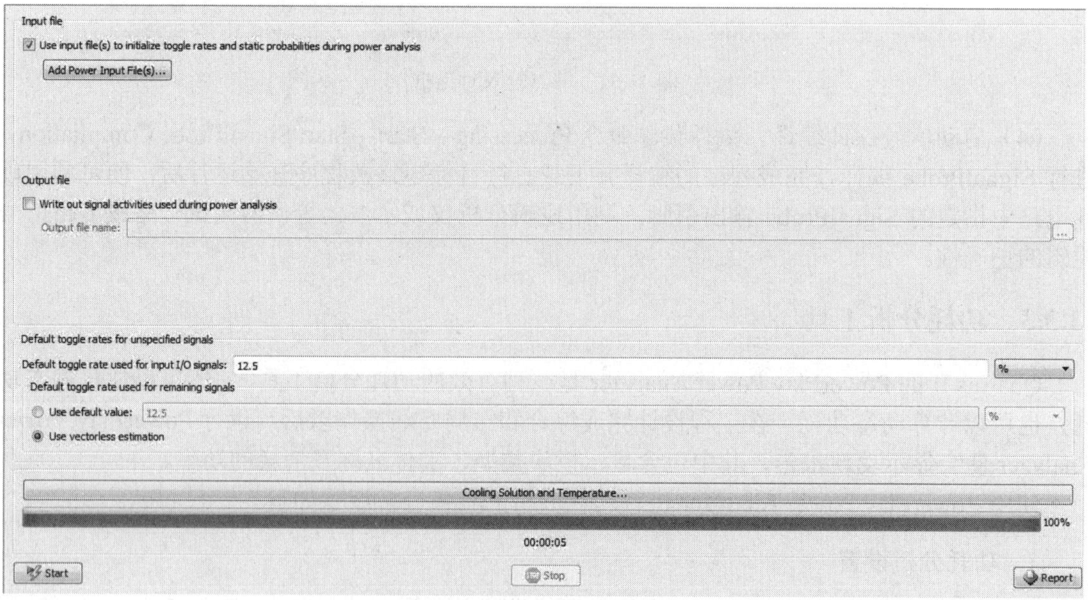

图 11.64　功耗分析工具界面

第二种方法是选择菜单 Processing→Start→Start PowerPlay Power Analyzer,启动功耗分析;待主画面的任务进度 Start PowerPlay Power Analyzer 显示为 100%后,分析完成。

3. 查看分析结果

打开 Compliation Report,单击 Table of Contens,选择在 Table of Contens 中查看 PowerPlay Power Analyzer 文件夹中的分析结果,如图 11.65 所示。从功耗分析结果可以看出,整个功耗由 3 部分组成,即内核动态功耗、静态功耗及 IO 驱动功耗。

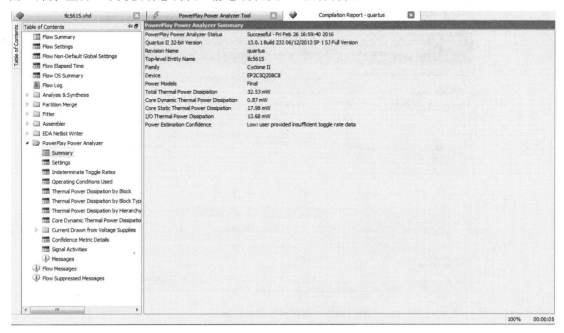

图 11.65 功耗分析结果

11.3.4 存储器内容编辑

"In-System Memory Content Editor"是一个存储器内容编辑器,用于捕获和更新器件中存储器的数据。它允许设计者在系统运行期间,独立于设计的系统时钟。它通过 JTAG 接口,对设计中的 ROM、RAM 和寄存器进行查看和修改,并且可以导入或导出内存文件(.mif 和.hex)。

存储器内容编辑的具体操作步骤如下。

1. 定义存储器 ID

在例化常量(Constant)、RAM 或者 ROM 时要使能 In-System Content Editting 功能,如采用 LPM 创建一个单端口 RAM 时,在 Mem Ini 初始化对话框中,复选框"Allow In-System Memory Content Edit"应选择使能,Instance ID 定义为 won,如图 11.66 所示。LPM_CONSTANT 的 Instance ID 定义为 con,如图 11.67 所示。

2. 存储器内容编辑与监视

在 Quartus II 主界面选择菜单 Tools→In-System Memory Content Editor,打开存储器内容编辑器主界面,如图 11.68 所示。该界面中包括实例管理器(Instant Manager)、JTAG 配置(JTAG

Chain Configuration）及 HEX 编辑器（HEX Editor）。在实例管理器中显示了用于控制的存储模块，如 con 常量模块及 won 内存模块；JTAG 配置用于选择编程硬件和编程文件（*.sof），使用户能获得内存数据；HEX 编辑器是在系统运行时，对内存的数据进行编辑、保存并显示当前数据。从图 11.68 中可以发现，常数模块设置的初始值为 x"ABCD"，通过存储器内存编辑将其值更改为 x"CDEF"。

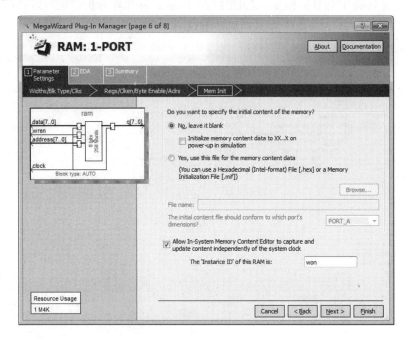

图 11.66　内存初始化对话框图

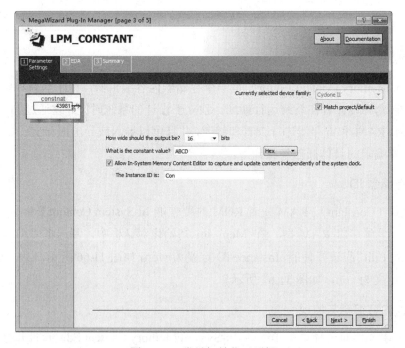

图 11.67　常量初始化对话框

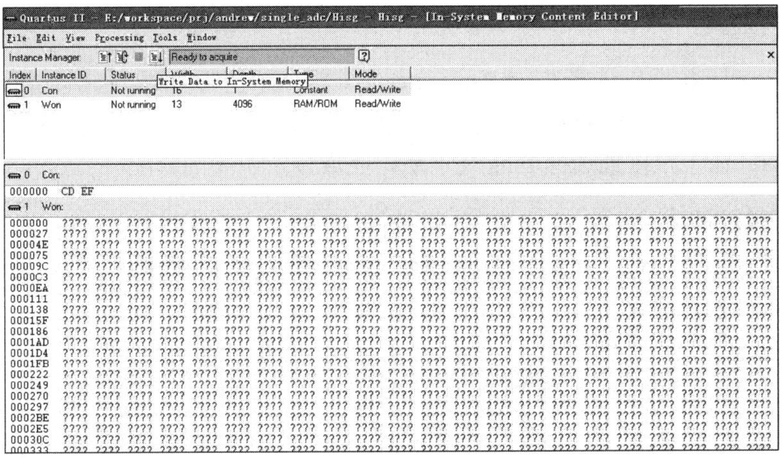

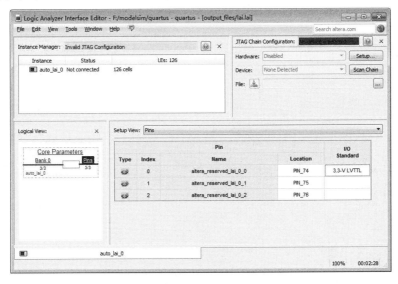

图 11.68　存储器内容编辑器主界面

11.3.5　逻辑分析仪接口编辑器

逻辑分析仪接口编辑器（Logic Analyzer Interface Editor）中的接口属于内部逻辑，用于将器件内部信号连接到少量预先保留或暂时不用的 I/O 接口上，供外部逻辑分析仪或示波器等设备使用，从而完成观察 FPGA 内部的多组信号的功能。与 SignalProbe 相比，它没有在内部信号和外部引脚之间建立一一对应的关系，具有更强的灵活性。逻辑分析仪接口编辑器的具体使用步骤如下。

1．创建逻辑分析仪接口文件（.lai）

创建逻辑分析仪接口文件有两种方法：第一种方法是在 Quartus II 主界面选择 File→New，然后在新建文件对话框中选择 Verfication/Debugging Files 标签，选择 Logic Analyzer Interface File，单击"OK"按钮，弹出 Logic Analyzer Interface Editor 主界面，新建一个*.lai 文件；第二种方法是在主界面通过选择 Tools→Logic Analyzer Interface Editor 主菜单完成。逻辑分析仪接口编辑器界面如图 11.69 所示。

图 11.69　逻辑分析仪接口编辑器界面

2．设定关键参数

在 Setup View 下拉框中选择 Core Parameter 后，将显示核心参数，包括使用引脚数目（Pin Count）、区域参数（Bank Count）、输出采集模式参数（Output/Capture mode）和上电参数（Power-up state）；在下拉框处选择 Pins 选项后，完成预留引脚的分配。

3．配置下载及调试

在完成完全编译后，通过 JTAG 下载配置，将外部逻辑分析仪连接至预先分配的引脚，就可以进行数据监控和分析了。

11.4　小结

本章主要介绍了 Quartus II 集成开发环境软件的主要功能、软件开发流程和一些辅助功能，重点是软件开发流程。

习题

1．掌握 Quartus II 软件的使用方法，熟悉利用 Quartus II 软件进行 FPGA 开发的流程。

2．用 Quartus II 软件设计一个计数器，能从 0~100 循环计数，并用七段 LED 显示。

3．设计一个乘法器，要求构建一个 RAM 区，用查表的方法进行计算。

4．设计一个数字频率计，可以测试 10 kHz 以内的信号频率（包括一个测频控制信号发生器、一个计数器和一个锁存器）。

5．将习题 2 的项目下载到实验板进行调试，并通过 SignalTap II 进行实时测试验证。

第 12 章　FPGA 器件及其开发平台

前面章节简单介绍了简单低密度器件（SPLD）和复杂高密度器件（CPLD）的结构特点，本章将重点讲述 FPGA 的芯片结构、设计流程和最小系统的开发。

12.1　FPGA 工作原理

世界著名的半导体公司 Altera、Xilinx 和 Lattice 均有 FPGA 器件产品供应，如 Altera 公司的 Startix、Cyclone 系列，Xilinx 公司的 Spartan、Virtex 系列，Lattice 公司的 EC/ECP、XP 系列，它们均获得了市场的广泛应用和认可。绝大多数的 FPGA 都采用基于 SRAM 工艺的查找表结构，即通过编程改变查找表内容实现对 FPGA 的重复配置，在使用时需要外挂片外存储器电路。上电时，将 FPGA 外部存储器芯片数据读入片内 RAM，完成配置后，进入工作状态。一旦 FPGA 掉电，SRAM 中的配置数据丢失，FPGA 恢复为白片，内部逻辑功能消失。

当用户通过硬件描述语言或者原理图设计输入的方法描述一个逻辑电路后，FPGA 开发软件会自动计算逻辑电路的所有可能结果，并将结果事先写入 RAM 中。这样，每输入一个信号进行逻辑运算就相当于输入一个地址进行查表，找到地址对应的内容，然后输出。FPGA 的核心控制单元为四输入查找表（Look-up Table，LUT），LUT 实质为一个函数发生器，能够实现四输入变量的任何逻辑功能。四输入查找表、寄存器和输出逻辑构成 FPGA 的最小单元，即逻辑单元（Logic Element，LE），若干逻辑单元就构成了 FPGA 的逻辑阵列块。

12.2　Altera FPGA 芯片

12.2.1　Altera PLD 芯片的分类

Altera 公司的 PLD 芯片分为 FPGA、CPLD 和结构化 ASIC 三大类，如表 12.1 所示。

表 12.1　Altera PLD 芯片分类

FPGA	高端 FPGA 系列	APEX II、APEX20K、Mercury、FLEX10K、ACEX1K、FLEX6000、FLEX8000、Excalibur、Stratix(GX)、Stratix II(GX)、Stratix III(L 和 E)、Stratix IV(E,GX 和 GT)、Stratix V(E,GX,GS.GT)
	中端 FPGA 系列	Arria(GX)、Arria II(GX)
	低端 FPGA 系列	Cyclone、Cyclone II、Cyclone III(LS)、Cyclone IV(E 和 GX)、Cyclone V
CPLD	MAX I 系列	MAX3000A、MAX5000、MAX9000、MAX V
	MAX II 系列	MAX II(G,Z)
结构化 ASIC		HardCopy Stratix、HardCopy II、HardCopy III、HardCopy IV(E 和 GX)、HardCopy V、HardCopy APEX

12.2.2　Altera PLD 的命名

Altera 公司的 PLD 命名比较规范，通过器件的名称即可了解该器件的基本特征，如器件系列、器件类型、封装形式、工作温度、引脚数目和速度等级。熟悉 PLD 的命名规则对器件的选型和合理使用有很大的帮助。

Altera 公司各个系列 PLD 名称的组成如下：

（1）器件系列，包括：配置器件 EPC 系列；高端 Stratix 系列 FPGA，分为 EP1S、EP2S、EP3S、EP4S 和 EP5S；中端 Arria 系列 FPGA，有 EP1A、EP2A；低端 Cyclone 系列，分为 EP1C、EP2C、EP3C 和 EP4C；HardCopy 系列，分为 HC1、HC2、HC3 和 HC4；CPLD 系列，以 EPM 字母开始，其代表产品有 MAX II、MAX3000、MAX3000 和 MAX II 系列。

（2）器件类型：分为 E-增强型、GX-收发型和 LS-低功耗型，大部分器件命名中无器件类型选项。

（3）器件密度：反映 PLD 器件集成度的高低，以阿拉伯数字表示；数值越大，表示器件资源越丰富。

（4）封装类型：有球栅阵列封装（B-BGA）、玻璃密封的陶瓷双列直插式封装（D-CerDIP）、超薄四方扁平封装（E-ETQFP）、塑料封装 BGA（F-FBGA）、针状网阵封装（G-PGA）、带引线表面贴封装（L-PLCC）、塑封双列直插封装（P-PDIP）、塑料方形扁平封装（Q-PQFP）、金属扁平封装（R-RQFP）、标贴封装（S-SOIC）、簿四方扁平封装（T-TQFP）和微型 BGA（U-UBGA）。

（5）封装引脚：以阿拉伯数字表示，有些器件直接以芯片引脚个数表示，如 144、208 等；有些器件以代号表示，如：17 表示 256 引脚，22 表示 144 引脚，23 表示 484 引脚，29 表示 780 引脚等。

（6）工作温度：以字母表示，其中 C 表示商用品温度范围（0℃～85℃），I 表示工业品温度（-40℃～100℃），A 代表汽车级温度范围（-40℃～125℃）。

（7）速度等级：以阿拉伯数字表示，常见的有 6、7、8 和 9，其中 6 表示速度最快。

（8）可选标识：表示一些特殊的芯片形式，如 N 表示先期免费器件，ES 表示工程样片，L 表示低压器件。

例如，名称为 EP2C8T144C6 的器件表示：器件系列为 EP2C 表示低成本 Cyclone II；器件密度为 8；封装类型为 T，表示簿四方扁平封装；装引脚为 144；工作温度等级为 C，表示商用品温度范围（0℃～85℃）；速度等级为 8，表示中等速度。

12.2.3　Cylone 系列 FPGA 的功能和结构

Cyclone 系列和产品种类繁多，包括 Cyclone、Cyclone II、Cyclone III（LS）、Cyclone IV（E 和 GX）和 Cyclone V 系列，分别简称为 EP1C、EP2C、EP3C、EP4C、EP5C 系列。下面以 EP2C 系列为介绍 FPGA 的功能、基本结构及性能特点。

EP2C 系列是 Altera 公司 2004 年推出的第二代低成本 FPGA 器件。该系列器件基于 1.2 V、90 nm 全铜 SRAM 工艺制造，器件密度增加到了 68 416 个逻辑单元，最多可提供 622 个可用 I/O 接口，内置高达 1.1 Mb 的存储 RAM。EP2C 系列支持高速 I/O 接口，具有灵活的时钟管理电路。EP2C 系列器件采用二维行列结构来实现定制逻辑，不同速度的行与列连接线将逻辑阵列块、嵌入式存储块以及嵌入式乘法器连接在一起。

EP2C 系列的基本组成是逻辑阵列块（Logic Array Block，LAB）、I/O 单元（IOE）、嵌入式乘法器（Embedded Multiplier）、快速连接通道、时钟资源和嵌入式内部存储器（M4K），具体内部结构框图如 12.1 所示。

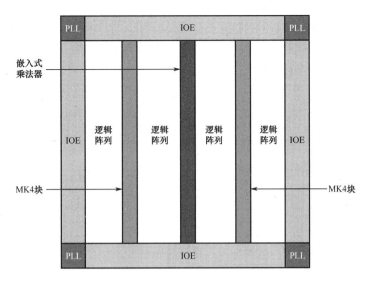

图 12.1　EP2C20 内部结构框图

1．逻辑阵列块（LAB）

Cyclone II 器件的逻辑阵列由若干 LAB 组成，每个 LAB 由 16 个逻辑单元（LE）、本地互连线路及 LAB 内部控制信号组成。逻辑单元（LE）是一个能够完成用户逻辑功能的最小单元，用来实现组合逻辑和寄存器逻辑，并被按组分布在逻辑阵列块中。所有的 LAB 在整个器件内部按行和列的顺序排列。在同一个 LAB 内部，本地内部连线用于 LE 之间的信号传输，而寄存器连接则是将一个 LE 寄存器的输出传送至相邻的 LE 寄存器。为了提高性能和芯片对面积的利用率，在经过 Quartus II 软件编译、综合后，相关的逻辑放置在一个 LAB 或者相邻的 LAB 中，这就完成了相邻 LAB 之间的互连，并允许使用本地内部连线、共享的算术链和寄存器连接线。具体的逻辑阵列块结构如图 12.2 所示。

2．逻辑单元（LE）结构

逻辑单元（LE）是构成逻辑阵列块的基本单元，其结构如图 12.3 所示。在 EP2C 系列中，16 个 LE 构成一个 LAB。

从图 12.3 中可以看出，每个 LE 的控制信号包括 2 个时钟信号、2 个时钟控制信号、2 个异步清零信号、1 个同步清零信号和 1 个同步加载信号。行和列的直连输出连通了器件中的所有逻辑块。寄存器的封装确保了在普通模式下 LUT 和寄存器驱动不同的输出，而寄存器反馈结构确保了寄存器的输出驱动 LUT 的输入。同时进位逻辑结构完成了上级 LAB 进位的输入和传输至下一级进位的正确性，以确保算术逻辑的正确性。

完成时序功能逻辑时，通过 LE 的配置，寄存器可以作为 D、T、JK 或者 RS 触发器中的任意一个使用，触发器的输入时钟信号可以由全局时钟信号驱动，使能控制信号可以通用 I/O 引脚或者内部的控制逻辑完成。当配置成组合逻辑时，寄存器会被短路，查找表的输出会直接作为 LE 的输出信号。LE 的输出信号包括本地输出、行列直连输出及寄存器直连输出。寄存器直连输出允许 LAB 以组合逻辑的方式输出信号，这种方式可提升 LAB 之间的连接效率，节省内部寄存器的使用数量。

Cyclone II 的逻辑单元通常工作于常规模式或者算术模式，而每个模式所占用的系统资源是不同的。无论逻辑单元工作在哪种模式，时钟输入信号、使能信号、复位信号、清零信号、数据输入信号和进位输入信号对于每个模式都是必不可少的。逻辑单元输入信号的不同组合将完成所设计的逻辑功能。当采用可参数化的 LPM 宏模块设计时，综合软件会根据设计功能（如计数器、加法器、减法器）自动选择工作模式。

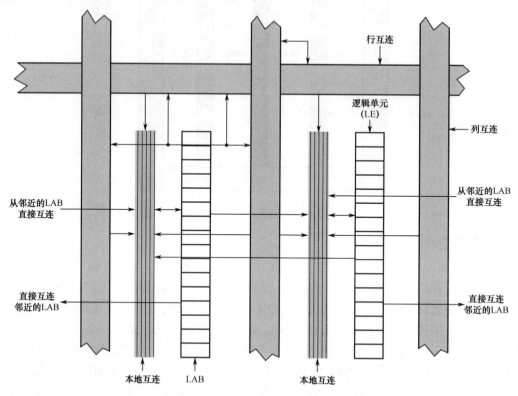

图 12.2　逻辑阵列块结构

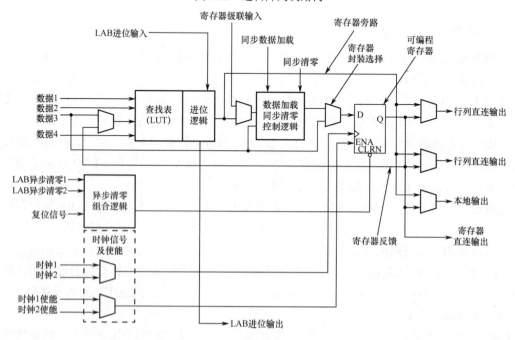

图 12.3　逻辑单元结构

3. LAB 控制信号

任何一个LAB都有一组特定的控制信号,该控制信号主要用于控制内部的逻辑单元(LE)。该组控制信号主要包括2个时钟信号和2个时钟使能信号、2个异步清零信号、1个同步清零和加载信号,其电路如图12.4所示。从图中可以看出,所有的LAB控制信号都来源于长度为6的专用LAB行时钟信号和4个本地互连信号。由于时钟1使能和同步清零信号加载着同一输入信号,因此当同步加载信号有效时,时钟1使能是无效的。同步清零和同步加载信号在整个LAB范围是有效的,会影响整个LAB寄存器的状态,经常用在一些时序控制逻辑的设计中,如计数器。所有的LAB的时钟信号和时钟信号使能信号都是连接在一起的,并且会到达每一个逻辑单元结构。

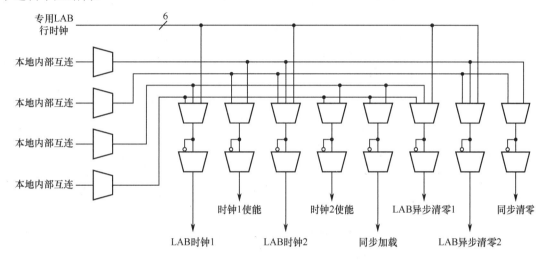

图 12.4   LAB 控制信号产生电路

4. 嵌入式内部存储器

Cyclone II 器件系列的内部存储器由 M4K 内存阵列组成,可以配置为 RAM、先入先出(FIFO)缓冲器或者 ROM。M4K 存储器支持单端口、简单双端口和真正双端口工作模式。M4K 的时钟模式有 4 种,分别是独立时钟、输入/输出时钟、读/写时钟和单独时钟。M4K 时钟模式与端口工作模式的对应关系如表 12.2 所示。

表 12.2   M4K 时钟模式与端口工作模式的对应关系

时 钟 模 式	真正的双端口	简单双端口	单端口
独立时钟	√	×	×
输入/输出时钟	√	√	√
读/写时钟	×	√	×
单独时钟	√	√	√

M4K 的接口电路主要由 RAM 块电路和互连线路组成,互连电路包括 R4、C4 互连,16 根邻近 LAB 直接互连,M4K 内部互连。R4、C4 内部互连电路完成 RAM 块信息的传送,传送的方式比较灵活,既可以通过左侧向右侧传递,也可以通过右侧向左侧传递。M4K 和 LAB 之间的接口电路如图12.5所示。

5. 嵌入式乘法器

1)乘法器模式

Cyclone II 器件最多可支持 300 个嵌入式乘法器,每个模块可支持一个单独的 18×18 位乘法器或者两个单独的 9×9 位乘法器。通过对 Quartus II 软件包的宏功能模块用户参数的输入,可设置嵌入式乘法器模块的操作模式，通过 IP 模块的形式可完成嵌入式乘法器的调用。乘法器也可以直接从 VHDL 源代码中推断出。而嵌入式乘法器常常用于通用 DSP 处理功能，如有限冲击响应（FIR）、快速傅里叶变换（FFT）和数控振荡器函数。嵌入式乘法器模块的内部结构如图 12.6 所示。

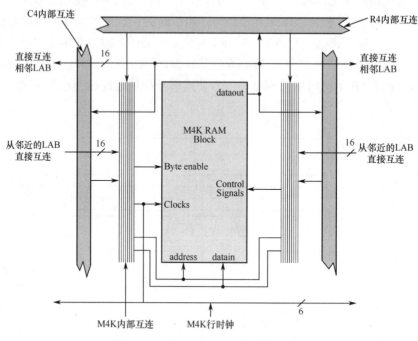

图 12.5　M4K 和 LAB 之间的接口电路

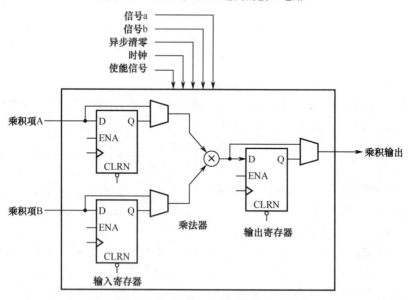

图 12.6　嵌入式乘法器模块内部结构

　　从图 12.6 可以看出，嵌入式乘法器模块主要由 3 部分组成，分别是乘法器、输入/输出寄存器和输入/输出接口电路。乘法器的两个乘积项可被定义为有符号或者无符号类型，但只要任意一个为有符号类型，其乘积输出即为有符号类型。其中信号 a 和信号 b 分别控制乘积项 A 和乘积项 B 的类型；当信号为 0 时，输出为无符号类型；当信号为 1 时，输出为有符号类型。

在 Quartus II 软件中，通过 Tools/MegaWizard Plug-In Manager 宏功能调用模块，选择 Arithmetic 中的 LPM_MULT，设置相关参数，生成 IP 模块，然后在用户设计实体中进行例化调用。

2）乘法器布线接口电路

嵌入式乘法器的布线接口电路包括 R4 行互连、C4 列互连、内部互连、行接口模块和乘法器互连，所有的布线均可以通过左、右两测完成。这种结构的互连大大提高了布线的灵活性和时效性。乘法器布线接口电路如图 12.7 所示。

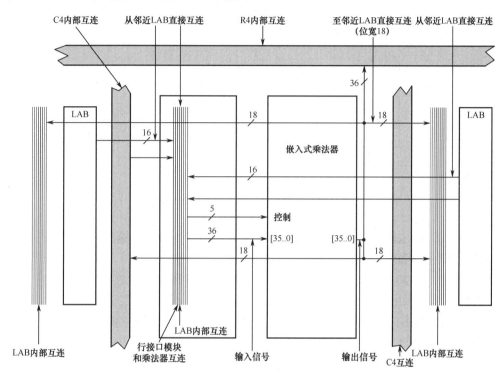

图 12.7　乘法器布线接口电路

6. I/O 单元结构

Cyclone II 器件的 I/O 单元可以配置成输入、输出及双向端口，支持各种单端口 I/O 标准电平和 I/O 差分标准电平。单端口标准电平包括 LVTTL、LVCMOS、SSTL、HSTL 和 PCI；差分标准电平包括 LVDS、RSDS 和 mini-LVDS 等，其中 LVDS 标准支持 805 Mb/s 数据速率，发送端最高数据速率为 622 Mb/s。此外，I/O 单元支持串行总线和网络接口，可快速访问外部存储器件，同时支持大量通信协议，包括以太网协议。

IO 单元结构包括 3 种寄存器，分别是输入寄存器、输出寄存器和输出使能寄存器，如图 12.8 所示。输出寄存器主要完成三态输出使能控制及漏极开路配置，并具有可编程弱上拉电阻配置功能。

7. 时钟网络和锁相环

Cyclone II 器件最多有 16 个专用时钟引脚，并分布在器件的 4 个 BANK 区。如果这种专用时钟引脚没有被用于时钟网络，也可作为普通的 I/O 脚使用。另外，器件还有 4 个锁相环，可以实现 16 个全局时钟输入源时钟的分频和倍频，并且占空比可编程；每个锁相环有 3 路分频时钟输出和 1 路外部时钟输出，支持频率和相位变化的动态重新配置。

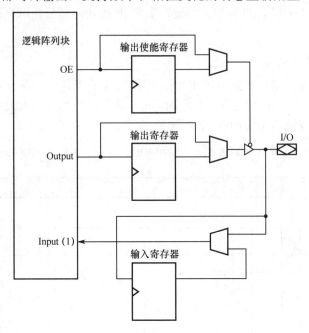

图 12.8　I/O 单元结构

除了专用的时钟引脚可以驱动全局时钟网络外，锁相环（PLL）输出、逻辑阵列内部逻辑和两用时钟引脚也都能驱动全局时钟网络。

另外，该器件有 20 个或 8 个双重用的时钟引脚（DPCLK），而且按器件的四边均匀分布。DPCLK 引脚到其他扇出终点是可见的，通过 QuartusII 软件可设置扇出终点的延时。这些 DPCLK 引脚常用来作为高扇出控制信号，如时钟、异步清零、预设、时钟使能或者协议控制信号等。

全局时钟网络可以为器件内部的所有资源提供时钟，如 I/O 控制模块、逻辑单元、存储模块和嵌入式乘法器。全局时钟线还可被控制信号使用，如时钟使能和通过外部引脚同步或异步清除反馈，也可用于 DDR SDRAM 或者 QDRII SRAM 的 DQS 信号接口。

内部逻辑也能驱动全局时钟网络产生时钟信号、异步清零信号、时钟使能信号和其他大扇出的控制信号。

全局时钟信号的选择结构可以实现时钟源的选择、动态使能或禁用功能。全局时钟可以通过 4 条途径产生：专用时钟引脚，一个 PLL 输出的两个分频信号，4 个 DPCLK 引脚，以及 4 个内部产生信号。在这 4 类源时钟中，只有 2 个时钟引脚、2 个 PLL 时钟输出引脚、1 个 DPCLK 引脚和 1 个内部逻辑信号可以被器件选择输入到时钟控制模块。在这 6 个信号中，2 个时钟引脚和 2 个 PLL 输出引脚可以被动态地选择提供给全局时钟网络。时钟控制模块从 DPCLK 和内部逻辑信号中静态选择。全局时钟信号选择结构图如 12.9 所示。

时钟开关信号通过配置文件控制多路复用器输出信号 f_{IN}，f_{IN} 给锁相环提供输入频率，锁相环输出 3 个信号：C0、C1 和 C2。内部逻辑信号作为时钟选择信号在用户工作模式下控制四选一数据选择器，以决定时钟源的选择来自于外部时钟引脚或锁相环输出信号。内部逻辑信号作为时钟使能信号在 FPGA 运行模式下可以动态禁止或使能全局时钟。对于静态时钟选择信号，必须在配置时固定选择，在 FPGA 运行模式下不能动态更改。可以看出，FPGA 全局时钟信号的结构非常灵活，通过程序配置选择外部时钟源，通过内部逻辑信号对时钟控制模块的控制，可以使能产生或禁止全局时钟。

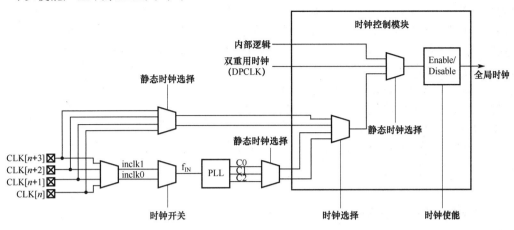

图 12.9　全局时钟信号选择结构图

12.3　FPGA 与 CPLD 的比较

12.3.1　FPGA 与 CPLD 的相同点

（1）数字电路设计功能：FPGA 和 CPLD 均属于复杂高密度器件，可以通过多种设计输入的方法，描述一个数字组合或时序电路。这个数字电路的功能可以简单到只是一个数字器件，也可以复杂到成为一个高性能的 CPU。通过软件仿真可以事先验证设计的正确性。在综合软件布局布线结束后，还可以在线修改布局布线。

（2）缩短开发周期，提高系统可靠性。和传统的数字电路设计方法相比，采用 CPLD/FPGA 器件开发数字电路，可以大大缩短开发周期，提高系统的可靠性。

（3）降低了 IC 设计成本。CPLD 和 FPGA 的推广使用，大大促进了 EDA 软件和硬件描述语言的应用，对数字 IC 的原型设计和验证起到了重要作用。

12.3.2　CPLD 和 FPGA 的区别

（1）结构工艺：MAX CPLD 为乘积项结构，采用 E^2CMOS 工艺，部分采用 EEPROM、Flash 和反熔丝等工艺；而 FPGA 采用查找表结构，采用 SRAM 工艺制造，部分也采用 Flash 和反熔丝工艺。

（2）逻辑功能块的大小：FPGA 逻辑单元的特点是粒度小，输入输出信号较小，因而每块芯片中有大小不等的逻辑单元，它们依赖互连完成复杂功能；相反，CPLD 中的逻辑块粒度较大，通常输入输出信号较大，每块芯片只分成几块，有些集成度较低的 CPLD 则不分块。显然，粒度大的器件不如粒度小的器件灵活，也不能充分地利用资源。

（3）互连结构及引脚延时：CPLD 的逻辑块互连是集总式的，故布线资源相对有限，其器件延时固定可预测，这种结构给设计者带来了很大方便；而 FPGA 的互连则是分布式结构，具有丰富的布线资源，而且布线灵活，因此器件延时不固定，不可预测。

（4）应用范围也有所不同：CPLD 适合用于功能较简单，侧重于逻辑处理，对输入/输出数量要求较多的控制密集型场合。例如，实现一个 DRAM 控制器，它由 4 个功能块组成，即刷新状态机、刷新地址计数器、刷新定时器和地址选择开关，由于需要几十个输入端，故用 CPLD 更合适。FPGA 由于粒度小，适用于具有复杂时序功能的设计及具有复杂算法的应用场合。

（5）逻辑利用率：逻辑利用率是指器件中资源被利用的程度。CPLD 逻辑强而寄存器少，逻辑利用率低；FPGA 逻辑弱而寄存器多，逻辑利用率高。

（6）保密性：一般类型的 FPGA 编程信息保存在外部存储器，要附加存储器芯片，因此保密性较差。由于 CPLD 多采用 FLASH 工艺，其内部加载了高性能的加密算法，故加密性较好。

（7）编程与配置：FPGA 通常有两种配置方式，即外挂 Boot ROM 和通过 CPU 或 DSP 等器件在线编程。大多数 FPGA 器件基于 RAM 工艺，掉电后程序丢失；而 CPLD 有两种编程方式，一种方式是通过编程器烧写芯片，另一种方式是通过 ISP 模式将编程数据下载到目标器件。由于 CPLD 大多基于 ROM 工艺，掉电后程序不丢失。

（8）成本与价格：CPLD 实现的功能简单，成本低，价格低；而 FPGA 则成本高，价格也较高。

12.4　FPGA 开发流程

通俗地讲，自顶向下（Top-Down）是一种先进的产品设计方法，是在产品开发的初期就按照产品的功能要求先定义产品架构并考虑组件与零件、零件与零件之间的约束和定位关系，在完成产品的方案设计和结构设计之后，再进行单个零件的详细设计。这种设计过程可最大限度地减少设计阶段不必要的重复工作，有利于提高工作效率。

自顶向下设计方法是指在设计过程中，采用概念驱动和规则驱动，从高层次的系统级设计入手，完成设计。设计步骤包括方案设计与验证、电路与印刷板设计和底层的 ASIC 版图设计。这些步骤由系统与电路工程师采用 EDA 手段完成，从而实现设计、测试、工艺的一体化。在以往的电子系统设计中，设计人员通常将注意力放在设计的"抽象"行为上，而忽略了设计的底层和结构细节。然而，在系统设计结束之后，考核系统设计成败的关键因素主要来自于两方面：一方面是整体性能是否能够达到预期的目标，另一方面是每个子系统是否能够达到预期的功能。FPGA 的设计流程从总体上看，和自顶向下的设计思想是吻合的。

FPGA 的基本开发流程包括设计输入、设计综合、布局布线、设计仿真和配置下载这 5 个步骤。基于 Altera 公司的 FPGA 器件的工程开发，由于 Quartus II 集成开发环境集成了 FPGA 开发的所有过程，从功能上讲，开发无须借用其他任何第三方 EDA 开发软件便能完成。

（1）设计输入。利用 HDL 语言、电路图、波形图、状态图和状态表作为设计输入。在传统的设计中几乎都是使用电路图输入方式，这种方法的优点是直观、便于理解，而且元件库资源丰富。如今设计的复杂度越来越高，传统的设计方法由于可维护性差，已经无法实行。Quartus II 软件的设计输入工具包括 HDL 代码输入、原理图编辑工具、波形输入工具和状态机设计输入工具。

（2）设计综合。设计综合是将设计者所输入的 HDL 语言、原理图等设计文件翻译成由与门、或门、非门、RAM 和寄存器等基本逻辑单元组成的逻辑网表，并根据目标器件和约束条件优化生成逻辑连接，输出 edf 等文件。在综合过程中，设计者需要制定设计约束，确定工作频率，权衡面积与速度的关系等，这些都要告诉综合器。Quartus II 软件自带综合分析（Analysis & Synthesis）工具，同时可以内嵌 Mentor Graphics 公司的 Leonardospectrum 和 Synplicity 公司的 Synplify 综合软件，实现无缝链接。

（3）布局布线。在综合后产生网表文件，依据设计者所写的设计约束，借助于 Quartus II 软件的布局布线工具（Fitter & Assembler）完成门级的布局和布线工作。

（4）设计仿真。设计仿真主要包括功能仿真和时序仿真，Quartus II 软件集成了功能仿真（Functional Simulation）和时序仿真（Timing Simulation）两种仿真工具。时序仿真与功能仿真相比，其仿真结果包括器件延时信息，能较好地反映 FPGA 的实际工作情况。

（5）配置下载。当完成以上步骤的设计并全编译后（Full Compliation），Quartus II 软件将自动生成 FPGA 的 RAM 配置文件 sof 和 PROM 配置文件 pof。配置下载通过 JTAG 接口或 AS 接口完成。

12.5 FPGA 开发平台：最小系统设计

FPGA 各系列的最小系统板的单元组成基本相同，仅具体电路存在差异。一般将 FPGA 最小系统分为 6 个部分，即 FPGA 核心芯片、PROM 存储芯片、电源电路、全局时钟发生电路、JTAG 电路和 AS 下载电路。其开发平台以低成本的 Cyclone 系列 EP2C5T144C8N 器件作为核心 FPGA 芯片。该芯片的基本情况如下：内核电压为 1.2V，基本逻辑单元数量为 8256 个，用户可用 I/O 数量为 85 个，内存大小为 16 588 b，嵌入式乘法器数量为 36 个，锁相环 2 个，全局时钟 8 个。该芯片具有高容量、高性能和低功耗的特点，为成本敏感的商用需求提供了理想的解决方案。

12.5.1 FPGA 芯片有关引脚

EP2C5T144C8N 核心 FPGA 芯片的下载配置引脚如表 12.3 所示。

表 12.3 下载配置引脚

引脚名称	引脚数	类型	功　　能
TDO	PIN_10	JTAG	输出引脚，边界扫描数据输出，数据在 TCK 下降沿输出
TMS	PIN_11	JTAG	输入引脚，边界扫描模式选择
TCLK	PIN_12	JTAG	输入引脚，边界扫描时钟输入，JTAG 操作时的同步时钟信号
TDI	PIN_13	JTAG	输入引脚，边界扫描数据输入，数据在 TCK 的上升沿输入
DATA	PIN_14	配置	输入引脚，配置数据写入
DCLK	PIN_15	配置	输出引脚，配置时钟信号
nCE	PIN_16	配置	输入引脚，配置使能
nCONFIG	PIN_20	配置	输入引脚，配置过程中为低电平
nSTATUS	PIN_82	配置	输入引脚，配置状态信号，配置时为低电平
CONF_DONE	PIN_83	配置	输入引脚，上升沿代表结束配置过程
MSEL1	PIN_84	配置	输入引脚，配置模式选择
MSEL0	PIN_85	配置	输入引脚，配置模式选择

在 EP2C5T144C8N 器件中，共有 8 个系统时钟输入引脚，它们均为全局时钟输入引脚，如表 12.4 所示。

表 12.4 全局时钟引脚

	引脚数	类型	功　　能
CLK0	PIN_17	时钟	全局时钟输入引脚
CLK1	PIN_18	时钟	全局时钟输入引脚
CLK2	PIN_21	时钟	全局时钟输入引脚
CLK3	PIN_22	时钟	全局时钟输入引脚
CLK4	PIN_91	时钟	全局时钟输入引脚
CLK5	PIN_90	时钟	全局时钟输入引脚
CLK6	PIN_89	时钟	全局时钟输入引脚
CLK7	PIN_88	时钟	全局时钟输入引脚

在 FPGA 电源系统中有 3 类电源，即内核供电电源、I/O 供电电源和锁相环电源，它们的引脚名称、引脚数、类型及功能如表 12.5 所示。

表 12.5 供电电源引脚

引脚名称	引脚数	类型	功　能
VCCIO1	PIN_5，PIN_23，PIN_29	I/O 电源	I/O 引脚供电电源 3.3V
VCCIO2	PIN_116，PIN_127，PIN_138	I/O 电源	I/O 引脚供电电源 3.3V
VCCIO3	PIN_77，PIN_95，PIN_102	I/O 电源	I/O 引脚供电电源 3.3V
VCCIO4	PIN_46，PIN_54，PIN_66	I/O 电源	I/O 引脚供电电源 3.3V
VCCINT	PIN_50，PIN_62，PIN_124，PIN_131	内核电源	内部核心供电 1.2V
GND	PIN_6，PIN_19，PIN_33 PIN_39，PIN_49，PIN_56 PIN_61，PIN_68，PIN_78 PIN_98，PIN_105，PIN_111 PIN_117，PIN_123，PIN_128 PIN_130，PIN_140	系统地	整个芯片的 0V
VCCA_PLL	PIN_35，PIN_109	PLL 电源	锁相环模拟电源
VCCD_PLL	PIN_37，PIN_107	PLL 电源	锁相环数字电源
GNDA_PLL	PIN_38，PIN_110	PLL 电源	锁相环模拟电源
GND_PLL	PIN_34，PIN_36，PIN_106，PIN_108	PLL 电源	锁相环数字电源

12.5.2　PROM 芯片型号及电路连接

1．PROM 芯片型号的选择

对于 Altera 公司的串行配置芯片，共有 EPCS1、EPCS4、EPCS16、EPCS64 和 EPCS128 等 5 个系列，这些配置芯片是 Altera 公司为其 FPGA 设计的；对每一个不同型号的 FPGA 都有一款最佳的 PROM 芯片与之配套，使得其性价比达到最高。Altera PROM 型号的性能特点如表 12.6 所示，Cyclone II 系列 FPGA 的最佳配套 PROM 型号如表 12.7 所示。

表 12.6　Altera PROM 型号的性能特点

PROM 系列	容量/Mb	封　装	工作电压/V	在线编程	重复编程	级　联
EPCS1	1	SOIC-8	3.3	支持	支持	不支持
EPCS4	4	SOIC-8	3.3	支持	支持	不支持
EPCS16	16	SOIC-8	3.3	支持	支持	不支持
EPCS64	64	SOIC-16	3.3	支持	支持	不支持
EPCS128	128	SOIC-16	3.3	支持	支持	不支持

表 12.7　Cyclone II 系列 FPGA 的最佳配套 PROM 型号

Cyclone II	配置文件大小/b	EPCS1	EPCS4	EPCS16	EPCS64	EPCS128
EP2C5	1 265 792	√	√	√	√	√
EP2C8	1 983 536	×	√	√	√	√
EP2C20	3 892 496	×	√	√	√	√
EP2C35	6 848 608	×	×	√	√	√
EP2C50	9 951 104	×	×	√	√	√
EP2C70	14 319 216	×	×	√	√	√

2．PROM 芯片外部引脚图

图 12.10 所示为 PROM 外部引脚图，其中（a）为 EPCS1、EPCS4 和 EPCS8 的外部引脚图，（b）为 EPCS64 和 EPCS128 的外部引脚图。

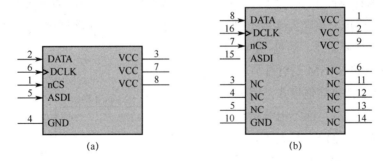

图 12.10　PROM 外部引脚图

3．PROM 芯片与 FPGA 的电路连接

Cyclone II 系列 FPGA 与 PROM 的连接电路（串行模式）如图 12.11 所示。

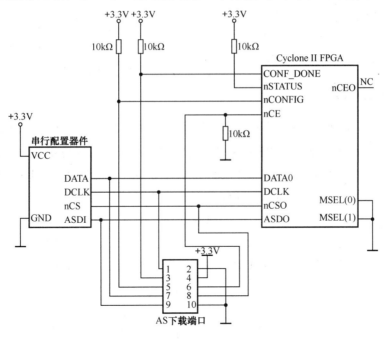

图 12.11　Cyclone II 系列 FPGA 与 PROM 的连接电路

12.5.3　全局时钟发生电路

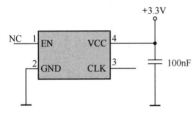

图 12.12　50 MHz 全局时钟发生电路

有源晶振集成了晶体振荡电路的时钟发生器，常用于产生 FPGA 的全局时钟输入信号。只要给有源晶振施加电源和系统地，它就会产生稳定的频率输出，电路连接简单，使用方便。因为 FPGA 芯片的 I/O 引脚电平为 3.3 V，因而选择供电电源为 3.3 V 的有源晶振。50 MHz 全局时钟发生电路如图 12.12 所示。

12.5.4 JTAG 下载电路

JTAG 是一种边界扫描测试（BST）规范，BST 结构能对 PCB 上的紧凑元件进行有效的测试。BST 结构能够在器件正常工作时，不用物理测试探针和捕获功能即可实现引脚连接测试。用户可以采用 JTAG 电路移送配置数据到器件。当通过 Quartus II 软件对工程全编译完成后，会自动生出成.sof 配置文件，通过 JTAG 接口对 FPGA 内部的 SRAM 进行配置。JTAG 接口电路优于任何其他模式，因为 JTAG 配置可以随时进行，而不用等待其他配置模式的完成。在 JTAG 模式下，可以通过 USB-Blaster 下载电缆对 Cyclone 系列器件进行下载。JTAG 接口需要通过 4 根数据线 TDI、TDO、TCK 和 TMS 直接与 FPGA 进行对应的连接，就可以直接对 FPGA 进行 JTAG 方式下载，但配置数据会因掉电而丢失。具体的 JTAG 接口下载电路如图 12.13 所示。

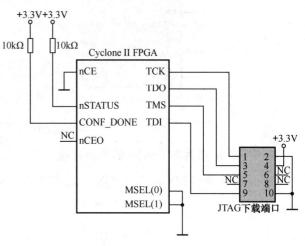

图 12.13　JTAG 下载电路

12.5.5 电源电路设计

根据 EP2C5T144C8N 器件的供电要求，需要提供 I/O 引脚电压和内核电压，分别为 3.3 V 和 1.2 V。为了满足不同芯片的电源供给要求，电源电路采用两级电压变换设计。第一级电压变换完成从输入 5 V 到输出 3.3 V 的电压变换，采用低差压线性稳压器 LM1117-3.3 集成芯片完成。该芯片具有过热保护和限流功能，且外部电路连接简单。第二级变换电路完成从 3.3 V 到 1.5 V 或 1.2 V 的电压变换，采用可调稳压电源集成芯片 LM317 完成。LM317 是一种可调三端正电压稳压器，具有输出短路保护、过流保护和过热保护等功能，以及良好的负载调整率。LM317 输出电压调节范围为 1.2V～37V，最大输出电流为 1.5A。具体的连接电路如图 12.14 所示。

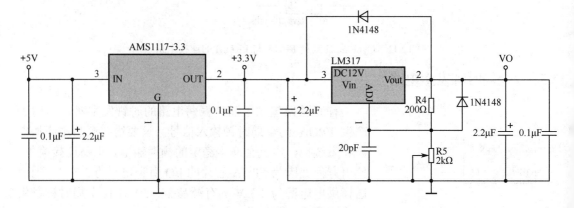

图 12.14　FPGA 电源电路

在图 12.14 中，输出电压 $V_0 = 1.25 \times \left(1 + \dfrac{R_5}{R_4}\right)$，当 $R_5 = 0\ \Omega$ 时，输出电压为 1.2 V；当 $R_5 = 150$ Ω 时，输出电压为 1.5 V。

12.5.6 其他 IO 接口电路

FPGA 除了具有配置下载、时钟引脚之外，还有大量的 I/O 引脚，它们的分布在 FPGA 的 BANK1～BANK4 区域，如图 12.15 所示。

U1A

引脚名称	引脚号	信号
IO, (ASDO)	1	ASDO
IO, (nCSO)	2	nCS
IO, LVDS9p (CRC_ERROR)	3	I/O3
IO, LVDS9n (CLKUSR)	4	I/O4
IO, VREFB1N0	7	I/O7
IO, LVDS5p, (DPCLK0/DQS0L)	8	I/O8
IO, LVDS5n	9	I/O9
IO, LVDS4p (DPCLK1/DQS1L)	24	I/O24
IO, LVDS4n	25	I/O25
IO, LVDS3p	26	I/O26
IO, LVDS3n	27	I/O27
IO, VREFB1N1	28	I/O28
IO	30	I/O30
IO, PLL1_OUTp	31	I/O31
IO, PLL1_OUTn	32	I/O32

EP2C5T144C8N

(a) RANK1

U1C

引脚名称	引脚号	信号
IO, LVDS42n, (DM1R/BWS#1R)	73	I/O73
IO, LVDS42p, DQ1R8	74	I/O74
IO, LVDS41n (INIT_DONE)	75	I/O75
IO, LVDS41p (nCEO)	76	I/O76
IO, VREFB3N1	79	I/O79
IO, LVDS37n	80	I/O80
IO, LVDS37p	81	I/O81
IO, LVDS36n, DQ1R7	86	I/O86
IO, LVDS36p, (DPCLK6/DQS1R)	87	I/O87
IO, LVDS35n, DQ1R6	92	I/O92
IO, LVDS35p, (DPCLK7/DQS0R)	93	I/O93
IO, LVDS34n, DQ1R5	94	I/O94
IO, LVDS34p, DQ1R4	96	I/O96
IO, LVDS33n, DQ1R3	97	I/O97
IO, VREFB3N0	99	I/O99
IO, LVDS30n, DQ1R2	100	I/O100
IO, LVDS30p, DQ1R1	101	I/O101
IO, PLL2_OUTp, DQ1R0	103	I/O103
IO, PLL2_OUTn	104	I/O104

EP2C5T144C8N

(b) RANK3

U1B

引脚名称	引脚号	信号
IO, LVDS28n	112	I/O112
IO, LVDS28p	113	I/O113
IO, LVDS27n	114	I/O114
IO, LVDS27p	115	I/O115
IO, LVDS25n	118	I/O118
IO, LVDS25p, (DPCLK8/DQS0T)	119	I/O119
IO, VREFB2N0	120	I/O120
IO, LVDS24n	121	I/O121
IO, LVDS24p	122	I/O122
IO, LVDS21n, DQ1T0	125	I/O125
IO, LVDS21p, DQ1T1	126	I/O126
IO, DQ1T2	129	I/O129
IO, VREFB2N1	132	I/O132
IO, LVDS17n, DQ1T3	133	I/O133
IO, LVDS17p, DQ1T4	134	I/O134
IO, LVDS13n, DQ1T5	135	I/O135
IO, LVDS13p, (DPCLK10/DQS1T)	136	I/O136
IO, LVDS12n, DQ1T6	137	I/O137
IO, LVDS12p, DQ1T7	139	I/O139
IO, LVDS11p, DQ1T8	141	I/O141
IO, LVDS11n (DEV_CLRn)	142	I/O142
IO, LVDS10p, (DM1T/BWS#1T)	143	I/O143
IO, LVDS10n	144	I/O144

EP2C5T144C8N

(c) RANK2

U1D

引脚名称	引脚号	信号
IO, LVDS58n (DEV_OE)	40	I/O40
IO, LVDS58p (DM1B/BWS#1B)	41	I/O41
IO, LVDS57p, DQ1B8	42	I/O42
IO, LVDS57n, DQ1B7	43	I/O43
IO, LVDS56p, DQ1B6	44	I/O44
IO, LVDS56n, DQ1B5	45	I/O45
IO, LVDS55p, (DPCLK2/DQS1B)	47	I/O47
IO, LVDS55n	48	I/O48
IO, VREFB4N1	51	I/O51
IO, LVDS54p, DQ1B4	52	I/O52
IO, LVDS53p, DQ1B3	53	I/O53
IO, LVDS53n, DQ1B2	55	I/O55
IO, LVDS52p, DQ1B1	57	I/O57
IO, LVDS52n, DQ1B0	58	I/O58
IO, LVDS51p	59	I/O59
IO, LVDS51n	60	I/O60
IO, VREFB4N0	63	I/O63
IO, LVDS46p, (DPCLK4/DQS0B)	64	I/O64
IO, LVDS46n	65	I/O65
IO, LVDS45n	67	I/O67
IO, LVDS44p	69	I/O69
IO, LVDS44n	70	I/O70
IO, LVDS43p	71	I/O71
IO, LVDS43n	72	I/O72

EP2C5T144C8N

(d) RANK4

图 12.15 FPGA 的 BANK1～BANK4 区域

为了方便最小系统的扩展应用，将普通 I/O 引脚和电源输出的接口电路采用双排插针，具体电路如图 12.16 所示。

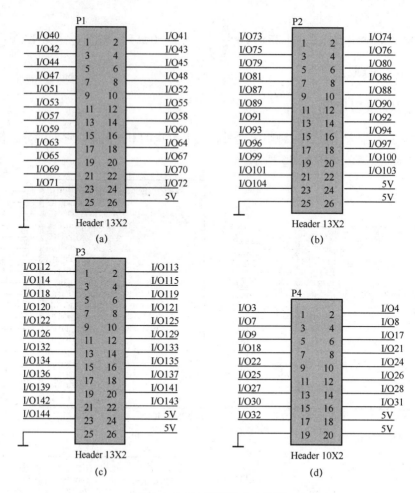

图 12.16　I/O 引脚输出电路图

12.6　小结

本章主要讲述了 Altera 公司的 Cyclone II 系列 FPGA 的工作原理、分类、命名方式、器件结构，以及与 CPLD 的性能比较；同时讲述了在此系列器件基础上的 FPGA 开发流程和最小系统的设计。

习题

1. 简要介绍 FPGA 的一般工作原理和结构，查阅其他公司 FPGA 产品的相关资料，说明各公司 FPGA 产品的工作原理、结构与特性的异同。

2. 查阅相关资料，试以表格方式列出 Cyclone II 系列器件和 Stratix II 系列器件的工艺技术、结构特点、逻辑单元数量等参数。

第 13 章　FPGA 典型应用设计

通过前面章节的学习，我们对 VHDL 硬件描述语言以及 FPGA 数字系统设计的方法、工具和技巧已经有了比较全面的了解，本章将详细介绍几个典型、实用的应用设计实例。

13.1　IP 知识产权模块

13.1.1　IP 模块的概念

IP 核（IP CORE）的英文全称为 Intellectual Property Core，即知识产权产品，称为虚拟的元件或者宏单元。在片上系统（SOC）的设计中，IP 核是指通过知识产权贸易在各设计公司之间流通并完成特定功能的电路模块。从电路设计的角度来看，IP 核与公司内部自行建立的可复用的电路模块差别不大，也就是说，一个完整的 IP 核同样要具备功能说明文档、测试文档及接口文档。

在 SOC 设计技术中，IP 核的可复用是一个非常重要的概念。"可复用"（Reusable）是指在设计新产品时采用已有的各种功能模块，即使进行修改也非常有限。这样，可以减少设计的人力和风险，缩短设计周期，确保设计产品的可靠性。

13.1.2　IP 模块的分类

根据内部组成及所提供的电路形式，IP 核可以分为 3 种，即硬核（Hard Core）、固核（Firm Core）和软核（Soft Core）；根据功能则可分为两种，即嵌入式 IP 核和通用 IP 核。

1．硬核

硬核（Hard Core）是一种已经对性能、尺寸和功耗进行优化过的可重用的 IP 模块，它对一个特定的工艺技术进行映射，以完全布局和布线的网表或以规定的布图格式（如 GDSII 格式）提供。因此，在系统设计时，硬核是在 FPGA 中已经用硬件实现并可直接应用的功能模块，它以设计产品的掩膜方式提供。

硬 IP 核在提供给客户之前，不仅经过了功能验证，而且经过了详细的功能优化验证、时序验证和测试过程，这些过程都是在布局布线之后完成的。部分 IP 核经过了投片验证与测试，因而硬 IP 核的功能是非常安全可靠的，并且在设计应用中可以大大压缩设计周期。而这些都是采用硬 IP 核设计的优势。

硬 IP 核的缺点是设计严重依赖于设计时所参考的加工工艺，所以当设计工艺发生改变时，硬核的适应性变得较差，甚至不能使用。另外，硬 IP 核的版图在使用时，必须直接安放在待设计芯片的版图中，而这一点常常会受到芯片面积的约束和限制，因此硬 IP 核在应用范围方面受到了一定的限制。

2．固核

固核（Firm Core）是软核和硬核的中间产物，它也是可综合和可重用的 IP 模块。这些固核模块已经在结构和拓扑方面对性能和面积进行了平面布局优化，因此可以在一定的工艺技术范围内，作为可综合的 RTL 代码或通用库元件的网表文件提供。系统设计者可以根据特殊需要对固核模块进行二次开发应用，而且如果客户使用的固核来自同一生产线的单元库，IP 模块的成功率就会比较高。

3. 软核

软核（Soft Core）的提供方式有两种：一种是可以综合的 RTL 级描述语言或通用库元件，另一种是以网表形式提供。软核是可重用的 IP 模块，设计功能与具体实现的工艺无关。软核使用者要负责实际功能的实现和布图，其优势是对工艺性的适应性很强，应用新的加工工艺或改变芯片加工厂家时，很少需要对软核进行改动。由于原来设计好的芯片可以很方便地移植到新的工艺中，所以软核具有很强的通用性、灵活性和适应性。

软核注重 RTL 级的描述，对工艺技术考虑较少，所以存在一定比例的软核在后序工艺处理中无法适应芯片设计，从而在一定程度上需要对软核进行修正。软核的主要缺点，是缺乏对时序、面积和功耗的预见性，后续的功能与时序验证设计工作量较大。

4. 嵌入式 IP 核

嵌入式 IP 核是指可编程 IP 模块，主要是指 CPU 与 DSP。嵌入式 IP 除了 IP 本身设计所要考虑的因素，还需要良好的开发环境、软件支持和完善的服务体系；因此嵌入式 IP 核技术门槛较高，竞争不是十分激烈。另外，嵌入式 IP 核供应商通常提供基于平台芯片的设计方案，即由供应商提供大部分的芯片方案，设计师则着重考虑 IP 核和设计芯片之间的接口，并设计芯片的驱动软件。这种平台设计方案可以大幅度地降低设计风险，加快设计进度；缺点是无法达到最优化的性能设计和面积设计，需要牺牲部分芯片性能以降低芯片成本。提供嵌入式 IP 核的供应商往往具有比较大的利润空间，生态环境较好，因为基于平台化的设计方案可以最大限度地提高嵌入式 IP 核供应商的利益。

5. 通用 IP 核

通用 IP 核是指由存储控制器、通用接口电路和通用功能电路所封装形成的，并具有参数化编程的设计模块。由于通用 IP 模块开发技术相对比较简单，面临的竞争也比较激烈。通用 IP 核一旦设计完成，其复制就不需要花费太高的成本，因而其价格随着 IP 核应用范围的拓展而迅速降低。通用 IP 模块的价格依赖于 IP 的技术含量、IP 核的品质和供应商的信誉。基于先进工艺的通用 IP 核或包含一定的专利技术的通用 IP 核通常具有较好的市场前景。对技术要求较高的 IP 核，如高速接口模块、高速锁相环（PLL）模块及模拟电路功能的 IP 模块，都具有较强的市场竞争能力。

存储器 IP 核和其他通用 IP 核有所不同，通常存储器的设计严重依赖于芯片的加工工艺，而且存储器是片上系统必不可少的部件，在大多数 SOC 芯片上存储器的版图面积占用了整个芯片面积的三分之二以上。因此，芯片的性能主要由存储器的存取时间决定。存储器 IP 核通常由芯片加工厂商提供，而且绝大多数是以 IP 核的方式提供的，部分厂家还可依据特殊工艺提供 DRAM IP 核。

13.1.3　IP 模块的复用

集成电路行业的特点是技术日新月异，产品更新换代的速度很快。对于大多数的设计公司，产品面世时间的长短是公司生存的关键。例如，中等规模的 ASIC 电路的设计周期为 2~3 个月，复杂 CPU 的设计周期也不会超过一年时间。所以，在片上系统的设计中，各个 IP 模块的复用程度，以及能否快速完成以技术转让、授权等方式转化为片上系统的设计单元，成为设计的关键环节。常规的 IP 复用技术环节可分为以下 3 个层次：

- 软件宏单元复用，即综合之前的寄存器传输级（RTL）模型；
- 固件宏单元的复用，即带有平面规划（Flooring Plan）的网表信息；
- 硬件宏单元的复用，即经过功能及时序验证的设计版图。

从完成 IP 模块设计所花费的代价来看，硬件宏单元最高，因而复用成本也最高；而从 IP 模块的使用灵活性来讲，软件宏单元的可重复性最高。一个 IP 模块的价值，不仅与模块本身的用途和设计复杂性有关，而且和其可重复使用的程度有关。从期望 IP 模块价值最高的角度出发，将 IP 模块复用至版图设计，会使 IP 模块的可复用性降低。

寄存器传输级的硬件描述语言模型的可复用性和价值都较为适中，是片上系统设计经常采用的设计单元。

在下面的实用 IP 模块设计中，除了考虑模块本身的功能之外，每个模块将以通用 IP 核的形式出现，以方便 IP 核的使用。

13.2 分频器的设计验证

分频器是一种基本时序电路，有着非常广泛的应用。在实际的设计中，输入端的外部高速晶振只有一个，而内部功能设计单元可能需要多种不同的时钟，这时就需要通过分频器得到需要的时钟频率。常见的分频器有二进制分频器、偶数次分频器和奇数次分频器，以及占空比可调分频器和小数分频器。分频的方法很多，最常见的是利用加法计数器对时钟信号进行分频，或者采用直接频率合成法来生成任意频率。在下面的设计中，充分考虑通用 IP 核使用的广泛性和兼容性，旨在设计一种输入参数可调的整数分频器。

13.2.1 奇偶数分频器通用 IP 核的设计

1. 设计要求

根据上面的描述，该分频器的具体设计要求如下：

（1）奇偶数不限：既可以奇数次分频，也可以偶数次分频，范围在 2～100 次之间并可以预置；

（2）参数化编程：可以实现分频系数、占空比等参数的外部输入。

设计所要求的分频时序图如图 13.1 所示。

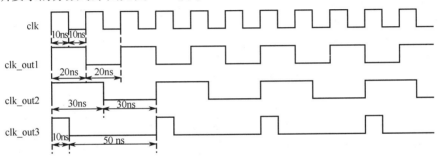

图 13.1 偶数、奇数、占空比可调的分频时序图

2. 设计原理

利用加法计数器原理，对输入时钟脉冲进行计数，描述一个通用计数器电路。由于要完成奇数次分频，所以不仅要完成时钟上升沿的计数，而且还要完成时钟下降沿的计数。根据图 13.1，分频器的设计参数表如表 13.1 所示。

表 13.1　分频器设计参数表

	周期（T）/ns	频率（f）/MHz	正脉宽（T_{on}）/ns	占空比（$m:k$）	占空比/%	分频系数（k）
clk	10	100	5	1:1	50	输入源信号
clk_out1	40	25	20	1:1	50	4
clk_out1	50	20	25	1:1	50	5
clk_out2	50	20	10	1:4	25	5

根据表 13.1，可以推算出以下关系式：

$$T_{clk\_outx}=k \times T_{clk} \tag{13.1}$$

$$f_{clk\_outx}=f_{clk}/k \tag{13.2}$$

$$D_{clk\_outx}=m/(m+k) \tag{13.3}$$

$$T_{on}=D \times T_{clk\_outx} \tag{13.4}$$

3. VHDL 描述

例 13-1 根据设计原理及设计参数，采用 GENERIC 参数化的 VHDL 描述如下：

```
LIBRARY IEEE;
USE IEEE.STD_LOGIC_1164.ALL;
USE IEEE.STD_LOGIC_UNSIGNED.ALL;
USE IEEE.STD_LOGIC_ARITH.ALL;
ENTITY divider IS
GENERIC ( K:INTEGER:=5);--K>=3
PORT (clk,en: IN STD_LOGIC;
clk_out: OUT STD_LOGIC);
END divider;
ARCHITECTURE archi OF  divider IS
SIGNAL c_rise,c_fall:INTEGER:=0;
SIGNAL even:STD_LOGIC;
SIGNAL K_vector:STD_LOGIC_VECTOR(7 DOWNTO 0);
BEGIN
  K_vector<=CONV_STD_LOGIC_VECTOR(K,8);
  even<=K_vector(0);
  p1:PROCESS (clk)
  BEGIN
     IF (clk'EVENT AND clk='1')  THEN
         IF c_rise=K-1 THEN
             c_rise<=0;
         ELSE
             c_rise<=c_rise+1;
END IF;
     END IF;
```

```
        END PROCESS p1;
        p2:PROCESS (clk)
        BEGIN
            IF (clk'EVENT AND clk='0')  THEN
                IF c_fall=K-1 THEN
                    c_fall<=0;
                ELSE
                    c_fall<=c_fall+1;
                END IF;
            END IF;
        END PROCESS p2;
        p3:PROCESS (en,c_rise,c_fall)
        BEGIN
            IF (en='1') THEN
                IF even='1' THEN
                    IF c_fall<=(K-3)/2 OR c_rise<=(K-3)/2 THEN
                        clk_out<='1';
                    ELSE
                        clk_out<='0';
                    END IF;
                ELSIF even='0' THEN
                    IF c_rise<=K/2-1 THEN
                        clk_out<='1';
                    ELSE
                        clk_out<='0';
                    END IF;
                END IF;
            END IF;
        END PROCESS p3;
    END archi;
```

4. 原理图符号

分频器原理图符号如图 13.2 所示。

端口说明：

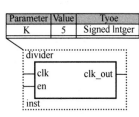

图 13.2　分频器原理图符号

- clk：输入信号，待分频的时钟，这里预设为 100 MHz；
- en：输入型、使能控制端，高电平有效；
- clk_out：输出型、分频后的时钟。

参数说明：

- k：分频系数。

从图 13.2 可以看出，此通用 IP 核为参数化的输入方式，其中输入参数"K"即为分频系数 k，输入信号为输入时钟（clk）和分频使能信号（en），输出信号为 clk_out。

5. 仿真验证

将源程序通过 Quartus II 进行编译仿真。选择系统时钟频率为 10 MHz，占空比为 50%；输入信号脉宽为 5 ns，周期为 10 ns，分别进行 k=4 和 k=5 奇偶仿真验证。仿真结果如图 13.3 和图 13.4 所示。

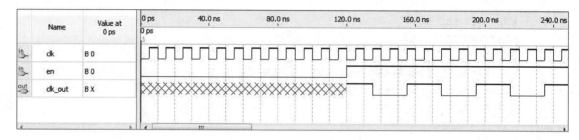

图 13.3 $k=4$ 时的仿真结果

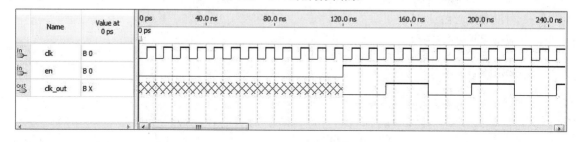

图 13.4 $k=5$ 时的仿真结果

从仿真结果的时序波形图中可以清晰地看到，当分频系数为偶数时（如 $k=4$），只有上升沿的处理逻辑电路，clk_out 的周期为 40 ns，为 4 分频；当分频系数为奇数时（如 $k=5$），则包含了上升沿和下降沿的处理逻辑电路，clk_out 的周期为 50 ns，为 5 分频；而且占空比均为 50%。因此仿真结果与式（13.1）和式（13.2）一致，表明仿真验证结果正确。

13.2.2 占空比可调的分频器的设计

1. 设计要求

通过修改程序的输入参数实现脉冲占空比范围与步进精度的调整，具有灵活的现场可更改性；而且占空比调整范围与步进精度主要取决于电路内部参数设置，故具有较好的可移植性。该分频器的具体参数如下：

- 精度为 $1/k$；
- 占空比可调，即占空比可实现的范围为 $0\sim m/k$，且 $k \geqslant m \geqslant 2$。

2. 设计原理

根据脉冲占空比可调电路的设计要求，利用一个周期远小于窄脉冲脉宽的高频时钟对窄脉冲上升沿进行采样；然后采用内部计数器对高频时钟上升沿进行计数，以控制输出信号电平，进而实现占空比范围与步进精度的可调。这里预设两个参数，一个为分频系数 k，一个为正脉冲宽度 m。

3. VHDL 描述

例 13-2 占空比可调分频器的 VHDL 描述。

```
LIBRARY IEEE;
USE IEEE.STD_LOGIC_1164.ALL;
USE IEEE.STD_LOGIC_UNSIGNED.ALL;
USE IEEE.STD_LOGIC_ARITH.ALL;
```

```
ENTITY divider IS
GENERIC ( m:INTEGER:=1;k:INTEGER:=4);--k>=3
PORT (clk,en: IN STD_LOGIC;
clk_out: OUT STD_LOGIC);
END divider;
ARCHITECTURE archi OF  divider IS
SIGNAL c_rise:INTEGER:=0; BEGIN
p1:PROCESS (clk)
 BEGIN
    IF (clk'EVENT AND clk='1')  THEN
        IF c_rise=k-1 THEN
            c_rise<=0;
        ELSE
            c_rise<=c_rise+1;
        END IF;
    END IF;
END PROCESS p1;
p2:PROCESS (en,c_rise)
BEGIN
    IF (en='1') THEN
        IF c_rise<m THEN
            clk_out<='1';
        ELSE
            clk_out<='0';
        END IF;
    END IF;
END PROCESS p2;
END archi;
```

4．元件符号和端口

占空比可调分频器的元件符号如图 13.5 所示。

端口说明：

- clk：输入信号，待分频的时钟，这里预设为 100
  MHz；
- en：输入型、使能控制端，高电平有效；
- clk_out：输出型、分频后的时钟。

参数说明：

- m：输入高电平脉冲计数；
- k：分频系数。

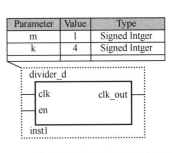

图 13.5　占空比可调的分频器元件符号

5．仿真结果

将源程序通过 QuartusII 进行编译仿真。选择系统时钟频率为 10 MHz，占空比为 50%；输入信号脉宽为 10 ns，周期为 1 μs，分别选择 m=1、k=4 和 m=3、k=4 两种情况进行验证。仿真结果如图 13.6 和图 13.7 所示。

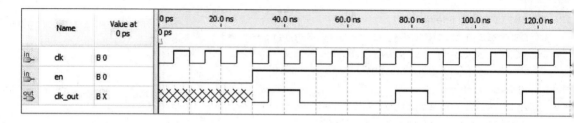

图 13.6　*m*=1、*k*=4 的仿真结果

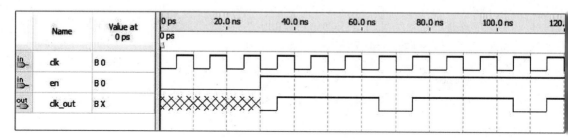

图 13.7　*m*=3、*k*=4 的仿真结果

图 13.6 和图 13.7 所示分别为当输入参数 *m*=1、*n*=4 和 *m*=3、*n*=4 的仿真结果，其占空比分别为 25% 和 75%，精度为 25%。因此可以看出，*k* 为分频系数，*m/k* 为占空比，*1/k* 为占空比步进精度。由 Altera 公司的 Quartus II 软件仿真结果可得，本设计在一定的范围内实现了输入窄脉脉信号的占空比范围与步进精度可调的要求。

13.3　交通灯控制器的设计

在十字路口，每条道路各有一组红灯（R）、黄灯（Y）和绿灯（G），用来指示机动车或过路行人有序地通过道路。其中红灯亮，表示该条道路禁止通行；黄灯亮，表示该条道路停车缓行；绿灯亮，表示该条道路可以通行。交通灯控制器用于自动控制十字路口交通灯的工作情况，指挥各种车辆和行人安全通行。

13.3.1　设计要求

交通灯控制器的具体设计要求如下：

（1）具有主干道、辅干道控制功能，即主干道绿灯通行时间大于辅干道绿灯通行时间。

（2）主干道绿灯、黄灯和红灯的持续时间可通过参数预设，预设值分别为 90 s、5 s 和 30 s。

（3）辅干道绿灯、黄灯和红灯的持续时间可通过参数预设，预设值分别为 25 s、5 s 和 90 s。

（4）当有特殊情况（如消防车、救护车等）时，两个方向均为红灯亮；当特殊情况结束后，控制器恢复原来状态，继续正常运行。

（5）利用数码管以倒计时方式显示通行或禁止通行的时间。

13.3.2　设计原理

交通灯控制逻辑为典型的状态控制逻辑，通过分析上述设计要求，可分解出如表 13.2 所示的状态转换表。

表 13.2 状态转换表

当前状态	主干道			辅干道			下一状态	状态含义	持续时间
	红	黄	绿	红	黄	绿			
S0	1	0	0	1	0	0	S1	紧急情况，主、辅道禁止通行	×
S1	0	0	1	1	0	0	S2	主干道准许通行	G_M
S2	0	1	0	1	0	0	S3	主干道警示缓行停车	Y
S3	1	0	0	0	0	1	S4	辅干道准许通行	G_A
S4	1	0	0	0	1	0	S2	辅干道警示缓行停车	Y

　　根据状态转换表,可得交通灯状态图如图 13.8 所示。

　　在进行 VHDL 描述时,采用两段式进程行为描述:第一个进程为时序转换进程,主要描述根据计数时间作为状态转换的时间,并根据计数时间计算主干道、辅干道的通行绿灯、缓行黄灯及禁止通行红灯的倒计时时间;第二个进程为组合描述,主要描述确定输出驱动的逻辑状态值。

13.3.3 VHDL 语句描述

例 13-3 交通灯状态机的 VHDL 描述。

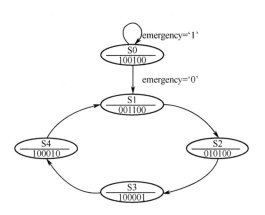

图 13.8 交通灯状态图

```
LIBRARY IEEE;
USE IEEE.STD_LOGIC_1164.ALL;
USE IEEE.STD_LOGIC_UNSIGNED.ALL;
USE IEEE.STD_LOGIC_ARITH.ALL;
ENTITY traffic_lights IS
    GENERIC(G_M:INTEGER:=90;Y:INTEGER:=5;G_A:INTEGER:=25);
    PORT(clk,emergency:IN STD_LOGIC;
    num_aux,num_main:OUT STD_LOGIC_VECTOR(6 DOWNTO 0);
    led_driver:OUT STD_LOGIC_VECTOR(5 DOWNTO 0));
END traffic_lights;
ARCHITECTURE archi OF  traffic_lights IS
    CONSTANT s0_lights:STD_LOGIC_VECTOR(5 DOWNTO 0):="100100";
    CONSTANT s1_lights:STD_LOGIC_VECTOR(5 DOWNTO 0):="001100";
    CONSTANT s2_lights:STD_LOGIC_VECTOR(5 DOWNTO 0):="010100";
    CONSTANT s3_lights:STD_LOGIC_VECTOR(5 DOWNTO 0):="100001";
    CONSTANT s4_lights:STD_LOGIC_VECTOR(5 DOWNTO 0):="100010";
  TYPE  states IS  (s0,s1,s2,s3,s4);
  SIGNAL state:states;
  SIGNAL count:INTEGER RANGE 0 TO G_M+2*Y+G_A:=G_M+2*Y+G_A-1;
  SIGNAL main,aux:INTEGER RANGE 0 TO G_M+2*Y+G_A:=0;
BEGIN
 reg1:PROCESS(clk)  --时序逻辑进程
 BEGIN
    IF (clk'EVENT AND clk ='1') THEN
```

```
                    IF (count=0)  THEN
                        count<=G_M+2*Y+G_A-1;
                    ELSE
                        count<=count-1;
                    END IF;
                END IF;
            END PROCESS reg1;
            reg2:PROCESS(count,emergency)
            BEGIN
                IF (emergency='1') THEN
                state<=s0;aux<=0;main<=0;
                ELSIF (count>(G_M+G_A+Y-1)) THEN
                state<=s4;aux<=Y-(count-G_M-Y-G_A)-1;main<=G_A+Y-(count-G_M-Y)-1;
                ELSIF (count>G_M+Y-1 AND count<=G_M+G_A+Y-1) THEN
        state<=s3;aux<=G_A-(count-G_M-Y)-1;main<=G_A+Y-(count-G_M-Y)-1;
                ELSIF (count>G_M-1 AND count<=G_M+Y-1) THEN
                state<=s2;aux<=G_M+Y-count-1;main<=Y-(count-G_M)-1;
                ELSIF count<=G_M-1 THEN
                    state<=s1;aux<=G_M+Y-count-1;main<=G_M-count-1;
                END IF;
            END PROCESS reg2;
            com:PROCESS(state,emergency) -- --组合逻辑进程
            BEGIN
                CASE state IS
                    WHEN s0=> led_driver<=s0_lights;
                    WHEN s1=> led_driver<=s1_lights;
                    WHEN s2=> led_driver<=s2_lights;
                    WHEN s3=> led_driver<=s3_lights;
                    WHEN s4=> led_driver<=s4_lights;
                END CASE;
            END PROCESS com;
            num_main<=CONV_STD_LOGIC_VECTOR(main,7);
            num_aux<=CONV_STD_LOGIC_VECTOR(aux,7);
        END rchi;
```

13.3.4 元件符号及端口说明

交通灯控制器元件符号如图 13.9 所示,端口说明如下:

(1)clk:输入时钟,采用的频率为 1Hz,来源于系统源时钟分频后的时钟。

(2)emergncy:紧停输入信号,高电平有效;当此信号有效时,主干道、辅干道均处于禁止通行状态。此信号可作为消抖处理后的信号。

(3)num_aux:辅干道秒倒计时数据输出,可直接连接至译码器输出。

(4)num_main:主干道秒倒计时数据输出,可直接连接至译码器输出。

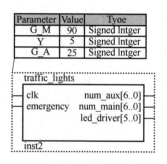

Parameter	Value	Tyoe
G_M	90	Signed Intger
Y	5	Signed Intger
G_A	25	Signed Intger

traffic_lights

clk   num_aux[6..0]
emergency   num_main[6..0]
             led_driver[5..0]

inst2

图 13.9 交通灯控制器元件符号

（5）led_driver：主干道红、黄、绿及辅干道红、黄、绿显示灯的亮灭控制信号。

参数说明：

（1）G_M：主干道绿灯倒计时时间；

（2）Y：主干道、辅干道黄灯倒计时时间；

（3）G_A：辅干道秒倒计时时间。

13.3.5 仿真验证

交通灯控制器的仿真结果如图 13.10 和图 13.11 所示，num_aux 及 num_main 以十进制数显示。从图 13.10 中可以发现：当 emergncy='1'时，为紧急情况，led_driver="100100"，主干道、辅干道红灯亮，倒计时显示为 0。当 emergncy='0'时，交通灯控制器开始正常工作。首先为 led_driver="001100"，主干道绿灯亮、辅干道红灯亮，为 S1 状态，num_aux 红灯倒计时开始，num_main 绿灯倒计时开始；当主干道绿灯倒计时结束时，状态转换至 led_driver="010100"，即主干道黄灯亮，辅干道红灯继续倒计时，为 S2 状态。

从图 13.11 中可以看出：当主干道黄灯倒计时结束时，状态转换至 S3 状态，即 led_driver="100001"，辅干道绿灯亮，开始倒计时，主干道开始红灯倒计时；当辅干道绿灯倒计时结束后，开始黄灯倒计时，主干道红灯继续倒计时，状态转换至 S4 状态。

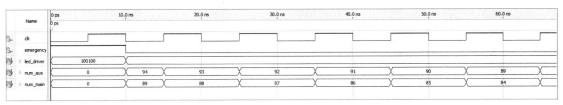

图 13.10　交通控制器仿真图 1

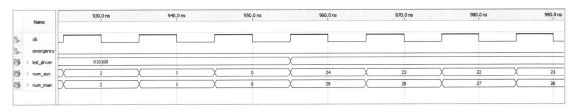

图 13.11　交通控制器仿真图 2

13.4　串口异步收发控制器的设计

RS232C 接口是目前最常用的一种串行接口，是 1970 年由美国电子工业协会联合企业共同制定的串行通信标准。该标准对 RS232 的电气特性、逻辑电平和各种信号线的功能都做了规定，如逻辑 0 为+3～+15V，逻辑 1 为-3～-15V；而其硬件物理接口，常见的有 DB9 接口和 DB25 接口。由于 RS232C 用正、负电压表示逻辑状态，与 TTL 的以高低电平表示的逻辑状态规定不同，因此需要类似 Maxim 的 MAX232 的标准信号幅度变换芯片进行搭配，来实现计算机接口和 TTL 终端设备之间的通信。

通用异步收发控制器（Universal Asynchronous Receiver/Transmitter），通常称作 UART，是一种异步收发传输器，也是目前最常用的一种串行通信协议。UART 采用通用的 RS232C 串行接口标准。该协议的优点是使用广泛，几乎所有计算机和串行外设都置有这种接口，其传输距离可达 15 m，并且实现较简单，用于双向连接时最少只需要 3 条导线即可实现基本通信。

13.4.1　UART 数据帧格式

UART 的数据帧格式如图 13.12 所示，每帧数据依次由空闲位、起始位、数据位、校验位和停止位组成。

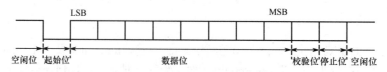

图 13.12　UART 数据帧格式

其中，起始位为低电平；数据位的长度可以为 5 位、6 位、7 位、8 位不等，常用长度为 8 位；奇偶校验模式有无校验、奇校验、偶校验；停止位为高电平，具体长度为 1 位、1.5 位和 2 位不等；这些选项都通过 UART 内部的线性控制寄存器来确定。当没有数据发送时，发送引脚和接收引脚都保持高电平。

13.4.2　UART 的实现

前面章节已经介绍现代数字电子系统的设计方法，即自顶向下（Top-Down）的设计方法。该设计方法首先把设计任务划分成几个模块，然后分模块进行设计。UART 串行通信模块由波特率发生器、UART 接收模块和 UART 发送模块三大模块组成，其顶层设计原理图如图 13.13 所示。

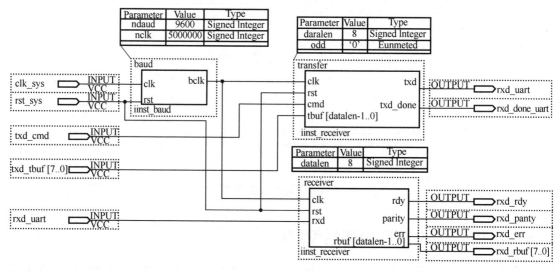

图 13.13　UART 顶层设计原理图

1．波特率发生器

1）设计原理

波特率是指每秒传送二进制数据的位数，其单位是波特（Baud），它是一个衡量串行数据速度快慢的重要指标。假设每个串行数据字符是由 1 个起始位、8 个有效数据位、1 个奇偶校验位和 2 个停止位构成，如果每秒能传送 100 个字符，那么数据传送的波特率就是 1 200 Baud，每个二进制数据的长度就是它的倒数。常用的波特率为 1 200、2 400、4 800、9 600，19 200 和 38 400（Baud），等等。

波特率发生器模块的主要功能是将外部输入的基准时钟（clk）进行分频，产生一个 UART 通信时所需要的时钟频率（如收发模块所用到的 bclk）。这个时钟频率是波特率时钟频率的 16 倍，目的是为了在接收时进行精确的采样。该模块实质上是一个分频系数可调的可控分频器，在波特率发生器的复位信号 rst 无效的情况下，波特率发生器开始对输入基准时钟进行分频。每计满一个波特率除数的时候就产生一个正脉冲，然后重新计数，以产生下一个脉冲。分频器所产生的时钟信号从 bclk 输出，作为 UART 模块工作时数据收发的时钟。

2）波特率发生器语言的 VHDL 描述

例 13-4 波特率发生器的 VHDL 源程序。

```
LIBRARY IEEE;
USE IEEE.STD_LOGIC_1164.ALL;
USE IEEE.STD_LOGIC_ARITH.ALL;
USE IEEE.STD_LOGIC_UNSIGNED.ALL;
ENTITY baud IS
 GENERIC (nbaud:INTEGER:=9600;
 nclk:INTEGER:=50000000);--50M
 PORT (clk,rst:IN STD_LOGIC;
 bclk:OUT STD_LOGIC);
END baud;
ARCHITECTURE archi OF baud IS
SIGNAL cnt:INTEGER:=0;
BEGIN
 PROCESS (clk,rst)
 BEGIN
    IF rst='1' THEN cnt<=0;bclk<='0';
    ELSIF clk'EVENT AND clk='1' THEN
        IF cnt= nclk/(9600*16) THEN cnt<=0;bclk<='1';
        ELSE cnt<=cnt+1;bclk<='0';
        END IF;
    END IF;
 END PROCESS;
END archi;
```

3）原理图符号

波特率发生器生成模块的原理图符号如图 13.14 所示。

端口说明：

- clk：输入信号，待分频的全局时钟；
- rst：输入型、复位控制端，高电平有效；
- bclk：输出型信号分频后的波特率时钟。

参数说明：

- nbaud：输入波特率，默认为 9 600（Baud），常用的有 4 800、19 200 和 38 400 等；
- nclk：源输入待分频频率参数，此参数必须和外部输入 clk 的频率保持一致，否则会出

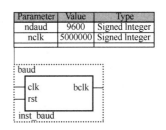

图 13.14　波特率发生器生成模块原理图符号

现调用错误。

4）仿真验证结果

波特率发生器生成模块的仿真结果如图 13.15 所示。

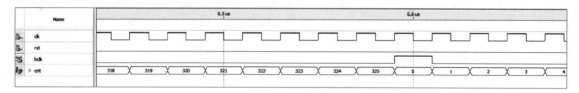

图 13.15　波特率发生器生成模块仿真结果

根据预设的参数，clk=50 MHz，预设波特率为 9 600 Baud，所以分频系数 cut=$5 \times 10^7/$（9600×16）=325。根据图 13.15 所示的仿真结果，可以看出在计数器计数到 325 时，bclk 输出脉冲信号，所以仿真结果是正确的。

2．UART 接收模块

1）设计原理

UART 接收模块的功能是接收 rxd 串行数据，并将其转化为并行数据。总体而言，其接收和处理过程可分为以下几个步骤：

（1）由于串行数据帧和接收时钟是异步的，当发送来的数据由逻辑 1 变为逻辑 0 时，可以认为是一个数据帧的开始。为了避免毛刺和数据误判，内部采样时钟（bclk）是 16 倍的波特率时钟，所以逻辑 0 需要连续判断 8 个采样波特率时钟周期，才是正常的起始位。

（2）由于接收数据存在 6 位、7 位、8 位 3 种串行数据长度的问题，所以首先必须根据预先设计的参数将数据完整地取下来；然后每隔 16 个内部采用时钟采样每个数据位的中点，将采集到的电平移位输入接收移位寄存器（buf）；最后输出数据（rbuf），还要输出一个数据接收标志信号（rdy）标志数据接收完毕。图 13.16 所示为 UART 接收模块的状态转换图。

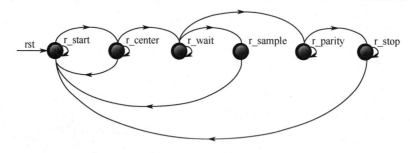

图 13.16　UART 接收模块状态转换图

从图 13.16 可以看出，接收模块状态机一共有 6 个状态：起始状态（r_start）、起始位检测状态（r_center）、等待采样状态（r_wait）、数据采样状态（r_sample）、校验位采样状态（r_parity）和停止状态（r_stop）。这里特别需要注意的是，在数据采样状态结束后，即进入校验位的采样过程。和接收过程一样，内部采样时钟也是实际传输波特率的 16 倍。对于停止位的检测，无论是 1 位还是 1.5 位或者 2 位，状态机只要检测到高电平'1'，便可认为一帧完整数据传输结束；否则进行错误标志（err）输出。各个状态之间的逻辑转换关系如表 13.3 所示。

表 13.3　状态转换表

序号	源状态	目标状态	切换条件	执行操作
1	r_start	r_start	rxd='1'OR rst='1'	rdy='0'
2	r_start	r_center	rxd='0'	rdy='0'; rcnt='0'
3	r_center	r_start	rxd='1'	null
4	r_center	r_center	rxd='0' AND scnt<"0100"	scnt= scnt+1
5	r_center	r_wait	rxd='0' AND scnt="0100"	scnt="0000"
6	r_wait	r_wait	scnt<"1110"	scnt= scnt+1
7	r_wait	r_sample	scnt≥"1110"AND rcnt< datalen	scnt="0000"
8	r_wait	r_parity	scnt≥"1110"AND rcnt= datalen	scnt="0000"
9	r_sample	r_wait	null	rcnt= rcnt+1;buf(rcnt)<= rxd;
10	r_parity	r_parity	scnt<"1110"	scnt= scnt+1
11	r_parity	r_stop	scnt>="1110"	scnt="0000"; parity<=rxd
12	r_stop	r_stop	scnt<"1110"	scnt= scnt+1
13	r_stop	r_start	scnt>="1110"	scnt="0000";rdy='1';rbuf<=buf

2）接收模块描述

例 13-5　接收模块的 VHDL 源程序。

```
LIBRARY IEEE;
USE IEEE.STD_LOGIC_1164.ALL;
USE IEEE.STD_LOGIC_ARITH.ALL;
USE IEEE.STD_LOGIC_UNSIGNED.ALL;
ENTITY receiver IS
    GENERIC (datalen:INTEGER:=8);
    PORT (clk,rst,rxd:IN STD_LOGIC;
    rdy,parity,err:OUT STD_LOGIC;
    rbuf:OUT STD_LOGIC_VECTOR(datalen-1 DOWNTO 0));
END receiver;
ARCHITECTURE archi OF receiver IS
TYPE STATES IS (r_start,r_center,r_wait,r_sample,r_parity,r_stop);
SIGNAL state:STATES:=r_start;
BEGIN
    p2:PROCESS(clk,rst,rxd)
    VARIABLE scnt:STD_LOGIC_VECTOR(3 DOWNTO 0);
    VARIABLE rcnt:INTEGER:=0;
    VARIABLE buf:STD_LOGIC_VECTOR(datalen-1 DOWNTO 0);
    BEGIN
    IF rst='1' THEN
    state<=r_start;scnt:="0000";
    ELSIF (clk'EVENT AND clk='1') THEN
        CASE state IS
        WHEN r_start=>
            IF rxd='0' THEN state<=r_center;rcnt:=0; rdy<='0';
            ELSE state<=r_start;END IF;
            err<='0';
        WHEN r_center=>
            IF rxd='0' THEN
```

```
                        IF scnt="0100" THEN state<=r_wait;scnt:="0000";
                        ELSE scnt:=scnt+1;state<=r_center;
                        END IF;
                    ELSE state<=r_start;
                    END IF;
                WHEN r_wait=>
                        IF scnt>="1110" THEN scnt:="0000";
                            IF rcnt=datalen THEN state<=r_parity;
                            ELSE state<=r_sample;
                            END IF;
                ELSE
                        scnt:=scnt+1; state<=r_wait;
                        END IF;
                WHEN r_sample=>buf(rcnt):=rxd;rcnt:=rcnt+1;
                        state<=r_wait;
                WHEN r_parity=>
                        IF scnt>="1111" THEN scnt:="0000";
                        parity<=rxd;state<=r_stop;
                        ELSE
                        scnt:=scnt+1;state<=r_parity;
                        END IF;
                WHEN r_stop=>
                        IF scnt="1111" THEN scnt:="0000";state<=r_start;
                            IF rxd='1' THEN
                            rdy<='1'; rbuf<=buf;
                            ELSE
                            err<='1';
                            END IF;
                        ELSE scnt:=scnt+1; state<=r_stop;
                        END IF;
                WHEN OTHERS=>state<=r_start;
                END CASE;
            END IF;
        END PROCESS;
    END archi;
```

3）原理图符号

接收模块的原理图符号如图 13.17 所示。

端口说明：

- clk：输入信号，采样时钟，为实际波特率的 16 倍；
- rst：输入型复位控制端，高电平有效；
- rxd:串行输入信号；
- rdy：输出准备信号，发送完毕后为高电平；
- parity：输出奇偶校验信号；
- err：输出型错误信号；
- rbuf：输出型，接收到的并行信号。

参数说明：

- datalen：数据长度，常见的为 6 位、7 位、8 位。

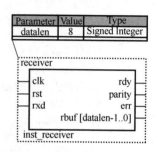

图 13.17　接收模块的原理图符号

4）模块仿真

用 ModelSim 对接收模块进行仿真。假设以 0 作为起始位、数据位长度为 8、数据校验方式为奇校验、停止位长度为 1 位的串行数据为 " 0010011101 " 输入接收模块，采用测试平台进行仿真测试，其程序见例 13-6。

例 13-6　测试平台程序代码。

```
LIBRARY IEEE;
USE IEEE.STD_LOGIC_1164.ALL;
USE IEEE.STD_LOGIC_ARITH.ALL;
USE IEEE.STD_LOGIC_UNSIGNED.ALL;
ENTITY tb_receiver IS
END tb_receiver;
ARCHITECTURE archi OF tb_receiver IS
COMPONENT receiver
   GENERIC (datalen:INTEGER:=8);
   PORT (clk,rst,rxd:IN STD_LOGIC;
   rdy,parity,err:OUT STD_LOGIC;
   rbuf:OUT STD_LOGIC_VECTOR(datalen-1 DOWNTO 0));
END COMPONENT;
CONSTANT datalen:INTEGER:=8;
SIGNAL clk,rst,rxd:STD_LOGIC;
SIGNAL rdy,parity,err:STD_LOGIC;
SIGNAL rbuf:STD_LOGIC_VECTOR(datalen-1 DOWNTO 0);
BEGIN
   clk_gen:PROCESS
   BEGIN
   clk<='1';
   WAIT FOR 10 ns;
   clk<='0';
   WAIT FOR 10 ns;
   END PROCESS clk_gen;
   rst<='1','0' AFTER 40 ns;
   rxd<='1','0' AFTER 60 ns,'1' AFTER 700 ns,'0' AFTER 1020 ns,
       '1' AFTER 1660 ns,'0' AFTER 2620 ns,'1' AFTER 2940 ns;
   u0: receiver   GENERIC MAP(8)
   PORT MAP(clk,rst,rxd,rdy,parity,err,rbuf);
END archi;
```

在上述的描述中，所有的输入信号（clk、rst 及 rxd）均由测试平台激励产生，其中 clk 是周期为 20 ns 的时钟信号，rst 为 40 ns 的复位信号，rxd 为串行数据 " 0010011101 "（其变化周期为 clk 变化的 16 倍）。具体仿真结果如图 13.18 和图 13.19 所示。

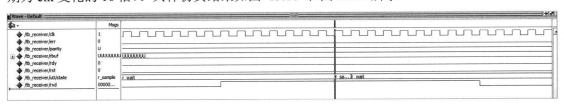

图 13.18　仿真结果 1

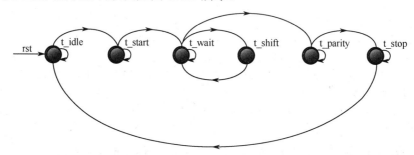

图 13.19 仿真结果 2

图 13.18 的仿真结果表明，采样时刻是等待计满了 15 个 clk 之后，在第 16 个 clk 期间，也就是串行数据位（rxd）的中点进行数据采样。图 13.19 的仿真结果表明，并行的数据输出结果为 " 01110010 "，即十六进制数 0X72。由于其表现形式为高位在前，低位在后，因而实际的串行数据为 " 01000111 "，与实际输入的串行数据保持一致，故仿真结果正确。

3．UART 发送模块

1）设计原理

UART 发送模块的作用是将要发送的一定位长的并行数据变为串行数据，同时在数据头部加上起始位，在数据位尾部加上奇偶校验位和停止位；然后按照设定的波特率，在发送时钟 tclk 的作用下，从端口 txd 端输出，同时将发送期间的线路状态信息保存在状态寄存器中。

当 UART 发送模块被复位信号复位以后，发送模块立刻进入准备发送状态。在该状态下，UART 发送模块读取并行数据到寄存器中，之后对发送时钟上升沿进行计数，输出 16 个 tclk 时钟周期的逻辑 0 电平作为起始位；从起始位的下一位开始，对 UART 串行通信所要求的波特率时钟 tclk 的上升沿计数，每计一次数从寄存器中按照由低位到高位的顺序取出一位数据送到 txd 端；当计数到达数据位长时，也就是确保发送了所有的数据位，同时也将 8 位并行数据转换为 8 位串行数据；根据 8 位数据位中逻辑 1 的个数确定校验位，然后输出校验位，最后输出逻辑 1 作为停止位。

UART 发送模块的状态转换图如图 13.20 所示。

图 13.20　UART 发送模块状态转换图

从图 13.20 中可以看出，发送模块状态机共有 6 个状态：空闲状态（t_idle）、起始状态（t_start）、等待发送状态（t_wait）、数据移位状态（t_shift）、校验位发送状态（t_parity）和停止状态（t_stop）。这里需要特别注意的是，在并行数据移位发送状态结束后，即进入校验位的发送过程。在本例中调用了奇偶校验部件，此校验部件在组合电路设计章节已经仿真验证，这里直接安装映射即可。对于停止位的发送，默认采用 1 位高电平发送，状态机只要发送 16 个时钟周期的高电平'1'，便可认为一帧完整数据传输结束。各个状态之间的逻辑转换关系如表 13.4 所示。

表 13.4　发送模块状态转换表

序号	源状态	目标状态	切 换 条 件	执 行 操 作
1	t_idle	t_idle	cmd='0'	null
2	t_idle	t_start	cmd='1'	txd_done<='0';
3	t_start	t_start	tcnt16<"001111"	txd<='0'; tcnt16:= tcnt16+1
4	t_start	t_wait	tcnt16>"001111"	tcnt16:=0
5	t_wait	t_wait	tcnt16<"001111"	tcnt16:= tcnt16+1
6	t_wait	t_shift	tcnt16≥"001111" AND tbitcnt<datalen	null
7	t_wait	t_parity	tcnt16≥"001111" AND tbitcnt=datalen	tbitcnt:=0
8	t_shift	t_wait	null	txd<=tbuf(tbitcnt); tbitcnt:= tbitcnt+1
9	t_parity	t_parity	tcnt16<"001111"	txd<=parity; tcnt16:= tcnt16+1
10	t_parity	t_stop	tcnt16≥"001111"	tcnt16:=0
11	t_stop	t_stop	tcnt16<"001111"OR tcnt16≥"001111"　AND cmd='1'	txd<='1'; tcnt16:= tcnt16+1
12	t_stop	t_idle	tcnt16≥"001111" AND cmd='0'	tcnt16:=0

例 13-7　发送模块的 VHDL 描述。

```
LIBRARY IEEE;
USE IEEE.STD_LOGIC_1164.ALL;
USE IEEE.STD_LOGIC_ARITH.ALL;
USE IEEE.STD_LOGIC_UNSIGNED.ALL;
ENTITY transfer IS
    GENERIC (datalen:INTEGER:=8;odd:std_logic :='0'); --0 IS EVEN;1--odd
    PORT (clk,rst,cmd:IN STD_LOGIC;
      tbuf:IN STD_LOGIC_VECTOR(datalen-1 DOWNTO 0);
    txd,txd_done:OUT STD_LOGIC);
END transfer;
ARCHITECTURE archi OF transfer IS
TYPE STATES IS (t_idle,t_start,t_wait,t_shift,t_parity,t_stop);
SIGNAL state:STATES:=t_idle;
SIGNAL tcnt,inparity:INTEGER:=0;
SIGNAL tparity:STD_LOGIC;
COMPONENT parity_check IS
    GENERIC (n:INTEGER :=8;odd:std_logic :='0');
    PORT (a:IN STD_LOGIC_VECTOR(n-1 DOWNTO 0);
    c:OUT INTEGER;y:OUT STD_LOGIC);
END COMPONENT;
BEGIN
u0:parity_check GENERIC MAP(datalen,odd)
  PORT MAP(tbuf,inparity,tparity);
p1:PROCESS (clk,rst,cmd,tbuf)
  VARIABLE tcnt16:STD_LOGIC_VECTOR(4 DOWNTO 0):="00000";
  VARIABLE tbitcnt:INTEGER:=0;
 VARIABLE txds:STD_LOGIC;
 BEGIN
   IF rst='1' THEN
   state<=t_idle;txd_done<='0';txds:='1';
   ELSIF clk'EVENT AND clk='1' THEN
```

```
        CASE state IS
            WHEN t_idle=>
            IF cmd='1' THEN state<=t_start;txd_done<='0';
            ELSE state<=t_idle;
            END IF;
            WHEN    t_start=>
            IF tcnt16="01111" THEN state<=t_shift;tcnt16:="00000";
            ELSE tcnt16:=tcnt16+1;txds:='0';state<=t_start;
            END IF;
            WHEN t_wait=>
            IF tcnt16>="01110" THEN
            IF tbitcnt=datalen THEN state<=t_parity;tbitcnt:=0;
            ELSE state<=t_shift;
            END IF;
            tcnt16:="00000";
            ELSE tcnt16:=tcnt16+1;state<=t_wait;
            END IF;
            WHEN t_shift=>
            txds:=tbuf(tbitcnt);tbitcnt:=tbitcnt+1;state<=t_wait;
            WHEN t_parity=>
            IF tcnt16>="01111" THEN tcnt16:="00000";state<=t_stop;
            ELSE
            tcnt16:=tcnt16+1;txds:=tparity;state<=t_parity;
            END IF;
            WHEN t_stop=>
            IF tcnt16="01111" THEN
            IF cmd='0' THEN state<=t_idle;tcnt16:="00000";
            ELSE state<=t_stop;
            END IF;
            txd_done<='1';
            ELSE
             tcnt16:=tcnt16+1;txds:='1';state<=t_stop;
            END IF;
            WHEN OTHERS=>state<=t_idle;
        END CASE;
    END IF;
    txd<=txds;
  END PROCESS;
END archi;
```

3）原理图符号

发送模块的原理图符号如图 13.21 所示。

端口说明：

- clk：输入信号，数据发送时钟，为实际波特率的 16 倍；
- rst：输入型复位控制端，高电平有效；
- cmd：输入短脉冲信号；
- tbuf：输入信号，为待发送的并行信号；
- txd：串行输出信号；
- txd_done：输出信号，为发送状态信息。

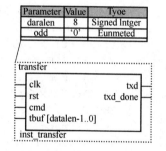

图 13.21　发送模块原理图符号

参数说明：

- datalen：发送的串行数据长度，默认长度为 8；
- odd：奇偶校验参数，0 位奇校验，1 为偶校验。

4）模块仿真

和接收模块一样，利用 ModelSim 对发送模块进行仿真，tbuf 信号为随机产生的并行信号。采用测试平台进行仿真测试，其程序见例 13-8。

例 13-8　测试平台程序代码。

```
LIBRARY IEEE;
USE IEEE.STD_LOGIC_1164.ALL;
USE IEEE.STD_LOGIC_ARITH.ALL;
USE IEEE.STD_LOGIC_UNSIGNED.ALL;
ENTITY tb_transfer IS
END tb_transfer;
ARCHITECTURE archi OF tb_transfer IS
COMPONENT transfer IS
    GENERIC (datalen:INTEGER:=8;odd:std_logic:='0'); --0 IS EVEN;1--odd
    PORT (clk,rst,cmd:IN STD_LOGIC;
     tbuf:IN STD_LOGIC_VECTOR(datalen-1 DOWNTO 0);
    txd,txd_done:OUT STD_LOGIC);
END COMPONENT;
CONSTANT datalen:INTEGER:=8;
SIGNAL clk,rst,cmd,txd,txd_done:STD_LOGIC;
SIGNAL tbuf:STD_LOGIC_VECTOR(datalen-1 DOWNTO 0);
BEGIN
 clk_gen:PROCESS
 BEGIN
    clk<='1';
    WAIT FOR 10 ns;
    clk<='0';
    WAIT FOR 10 ns;
    END PROCESS clk_gen;
    rst<='1','0' AFTER 40 ns;
    cmd<='0','1' AFTER 60 ns,'0' AFTER 3580 ns;
    tbuf<=X"00",X"77" AFTER 60 ns,X"00"AFTER 3580 ns;
    u0: transfer  GENERIC MAP(8,'1')
    PORT MAP(clk,rst,cmd,tbuf,txd,txd_done);
END archi;
```

5）仿真结果

发送模块的仿真结果如图 13.22 所示。

从图 13.22 可以看出，对于十六进制数 0X77，在 cmd 有效的情况下，串行数据从输出端口 txd 发出，而且发送时钟是实际串行数据波特率的 16 倍。

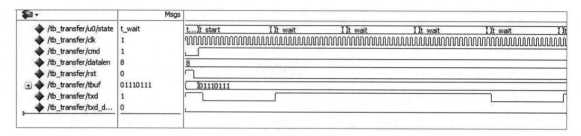

图 13.22　发送模块仿真结果

13.5　I²C 总线通信控制器的设计

13.5.1　I²C 总线简介

I²C 总线是 Philips 公司开发的一种用于芯片间通信的串行传输总线，由于它具有连线少、允许多主机控制、有总线仲裁和时钟同步等特点，被广泛应用于众多领域，并已经成为一种世界性的工业标准。I²C 总线上的数据传输速率在标准模式下可达 100 Kb/s，在快速模式下可达 400 Kb/s，在高速模式下可达 3.4 Mb/s。其中，100 Kb/s 和 400 Kb/s 这两种模式可直接获得支持，而对于 3.4 Mb/s 模式则需要专门 I/O 的支持。

I²C 是一种两线制的通信接口，由串行时钟（SCL）线和串行数据（SDA）线组成。将这两条线连接到总线上，可以在各器件之间传输数据。每一个器件在总线中被分配一个唯一的地址与之相对应。每个器件均可以作为主机或从机，即作为发送器或者接收器完成数据的通信。

在实际应用中，当前端处理器提供了 I²C 总线接口时，SCL 和 SDA 信号线可以直接与外围芯片相应引脚相连；如果前端处理器不具备 I²C 总线功能，则可以采用软件模拟方法实现 I²C 总线接口功能。

13.5.2　I²C 总线帧格式

I²C 总线上的数据传输以字节为单位，每字节 8 位，每位占用一个时钟脉冲，最高有效位在前，每字节后跟随一个应答位（ACK）信号。数据在传输时，由于每一位都在时钟总线 SCL 高电平期间进行采样，因而数据总线 SDA 必须在时钟线 SCL 高电平期间保持稳定，变化只能发生在 SCL 低电平期间。在时钟总线 SCL 高电平期间，如果 SDA 总线高低状态发生转变，则表示主器件发出了开始或者停止信号。这一过程的具体分析如下。

（1）数据有效：在时钟总线 SCL 高电平期间，数据总线 SDA 上的数据必须保持稳定，数据总线 SDA 的高低状态只能在时钟总线 SCL 低电平期间发生变化。

（2）开始和停止信号：当 SCL 线是高电平时，SDA 线从高电平向低电平跳变表示起始信号；反之，当 SCL 是高电平时，SDA 线由低电平向高电平跳变表示停止信号。其具体时序图如图 13.23 所示。

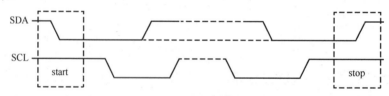

图 13.23　I²C 总线开始/停止时序图

（3）器件地址：在 I²C 协议中，从器件地址是一个唯一的 7 位地址，而第 8 位为读/写方向的标志位，读状态是高电平，写状态是低电平。当读写操作发生更改时，传输方向也将发生改变，且要产生开始信号并发送从器件地址，方向位取反。

（4）数据传输：在地址和方向传输完毕后，紧接着发送 8 位的二进制数据（data）。

（5）应答信号（ACK）：每一个传输字节后必须跟随一个应答信号（ACK）。在应答时钟脉冲期间，发送器件必须释放数据传输总线信号 SDA，接收器件在应答时钟脉冲期间必须将数据总线 SDA 拉低。当发生传输错误或者接收器正在进行其他操作时，是无法进行数据接收和发送操作的，这时数据总线 SDA 保持高电平，即视为传输超时处理。此时主器件发出停止信号，以终止传输或者重新进行下一次的传输。具体的 I²C 总线数据传输时序如图 13.24 所示。

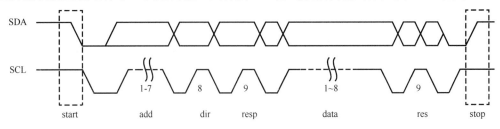

图 13.24　I²C 总线数据传输时序图

13.5.3　I²C 总线顶层模块设计

根据 I²C 协议的传输帧格式及特点，以 I²C 写数据为例，可将 I²C 总线的顶层模块划分为 SCK 字节生成模块和字节发送模块。SCK 字节生成模块主要产生 SCK 的上升沿、上升沿中间时刻以及下降沿、下降沿中间时刻 4 个阶段，并分频生成指定传输速率的 SCK 串行时钟频率；字节发送模块包括起始、结束条件的产生，地址、数据的发送和相应信息的判断。I²C 总线顶层模块原理图如图 13.25 所示。

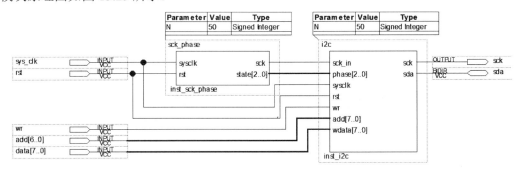

图 13.25　I²C 总线顶层模块原理图

13.5.4　I²C 时钟模块的设计

I²C 时钟模块的 VHDL 描述如例 13-9 所示。

例 13-9　I²C 时钟模块的 VHDL 描述。

```
LIBRARY IEEE;
USE IEEE.STD_LOGIC_1164.ALL;
USE IEEE.STD_LOGIC_ARITH.ALL;
USE IEEE.STD_LOGIC_UNSIGNED.ALL;
ENTITY sck_phase IS
```

```
GENERIC (N:INTEGER:=50);
PORT(sysclk,rst:IN STD_LOGIC;
sck:OUT STD_LOGIC;
state:OUT STD_LOGIC_VECTOR(2 DOWNTO 0));
END sck_phase;
ARCHITECTURE archi OF sck_phase IS
CONSTANT other:STD_LOGIC_VECTOR(2 DOWNTO 0):="000";
CONSTANT rising:STD_LOGIC_VECTOR(2 DOWNTO 0):="001";
CONSTANT center_r:STD_LOGIC_VECTOR(2 DOWNTO 0):="010";
CONSTANT falling:STD_LOGIC_VECTOR(2 DOWNTO 0):="011";
CONSTANT center_f:STD_LOGIC_VECTOR(2 DOWNTO 0):="100";
BEGIN
PROCESS(sysclk)
VARIABLE cnt:INTEGER RANGE 0 TO N-1:=0;
BEGIN
    IF sysclk'EVENT AND sysclk='1' THEN
        IF rst='1' THEN
        sck<='1';cnt:=0;state<=other;
        ELSIF cnt=N-1 THEN
         cnt:=0;state<=rising;sck<='1';
        ELSIF cnt>=N/2-1 THEN
          sck<='0';
          IF cnt=N/2-1 THEN
          state<=falling;
          ELSIF cnt=3*N/4-1 THEN
          state<=center_f;
          ELSE state<=other;
          END IF;
          cnt:=cnt+1;
        ELSE
          sck<='1';
           IF cnt=N/4-1 THEN
           state<=center_r;
           ELSE state<=other;
           END IF;
           cnt:=cnt+1;
        END IF;
    END IF;
END PROCESS;
END archi;
```

在上述程序中，state[2..0]为输出状态，其中"001"为上升沿，"010"为上升沿中间时刻，"011"为下降沿，"100"为下降沿中间时刻。

13.5.5 I²C 写数据模块设计

1. VHDL 语言描述

I²C 写数据模块的 VHDL 描述如例 13-10 所示。

例 13-10 I²C 写数据模块的 VHDL 描述。

```
LIBRARY IEEE;
USE IEEE.STD_LOGIC_1164.ALL;
```

```vhdl
USE IEEE.STD_LOGIC_ARITH.ALL;
USE IEEE.STD_LOGIC_UNSIGNED.ALL;
ENTITY i2c IS
    GENERIC (N:INTEGER:=50);
    PORT(
    sck_in:IN STD_LOGIC;
    phase:IN STD_LOGIC_VECTOR(2 DOWNTO 0);
    sysclk,rst,wr:IN STD_LOGIC;
    add:IN STD_LOGIC_VECTOR(7 DOWNTO 0);
    wdata:IN STD_LOGIC_VECTOR(7 DOWNTO 0);
    sck:OUT STD_LOGIC;
    sda:INOUT STD_LOGIC);
END i2c;
ARCHITECTURE archi OF i2c IS
TYPEstatesIS(idle,start_r,start,dir,s_add,ack_add,data,ack_data,stop_r,
    stop);
    SIGNAL state :states:=idle;
    SIGNAL sda_buf:STD_LOGIC;
    CONSTANT other:STD_LOGIC_VECTOR(2 DOWNTO 0):="000";
    CONSTANT rising:STD_LOGIC_VECTOR(2 DOWNTO 0):="001";
    CONSTANT center_r:STD_LOGIC_VECTOR(2 DOWNTO 0):="010";
    CONSTANT falling:STD_LOGIC_VECTOR(2 DOWNTO 0):="011";
    CONSTANT center_f:STD_LOGIC_VECTOR(2 DOWNTO 0):="100";
BEGIN
    sck<=sck_in;
    PROCESS(sysclk,rst,wr)
    VARIABLE cnt:INTEGER RANGE 0 TO 7:=0;
    BEGIN
        IF rst='1'  THEN
            state<=idle;
            ELSIF sysclk'EVENT AND sysclk='1' THEN
            CASE(state)IS
                WHEN idle =>IF wr='1' THEN state<=start_r; ELSE state<=
                    idle;END IF;
                WHEN start_r=>IF phase=center_r THEN sda<='1'; state<=
                    start;END IF;
                WHEN start =>IF phase=center_r THEN sda<='0'; state<=
                    dir;END IF;
                WHEN dir =>IF phase=center_r THEN sda<='0';state<=s_add;
                    END IF;
                WHEN s_add  =>
                IF phase=falling  THEN
                    IF cnt=6 THEN cnt:=0;state<=ack_add;
                    ELSE cnt:=cnt+1;
                    sda<=add(cnt);state<=s_add;
                    END IF;
                END IF;
                WHEN ack_add =>IF phase=rising  THEN sda_buf<=sda; END IF;
```

```
                    IF phase=center_r THEN
                        IF sda_buf='1' THEN state<=ack_add; ELSE state<=data;
                          END IF;
                    END IF;
                    WHEN data  =>IF phase=center_f  THEN
                    IF cnt=7 THEN  sda<=wdata(cnt);cnt:=0;state<=ack_data;
                        ELSE cnt:=cnt+1;
                        sda<=wdata(cnt);state<=ack_data;
                        END IF;
                    END IF;
                    WHEN ack_data  =>
                    IF phase=rising  THEN sda_buf<=sda; END IF;
                    IF phase=center_r THEN
                        IF sda_buf='1' THEN state<=ack_data;
                        ELSE
                        state<=stop_r;
                        END IF;
                    END IF;
                    WHEN stop_r=>
                        IF phase=center_f THEN sda_buf<='0';state<=stop;ENDIF;
                    WHEN stop=>
                        IF phase=center_r THEN sda_buf<='1';state<=idle;ENDIF;
                    WHEN  others=>state<=idle;
                END CASE;
            END IF;
        END PROCESS;
    END archi;
```

2．状态机分析

通过 VHDL 代码所生成的状态机可以发现，整个状态机分为 10 个状态，其中包括休闲状态（idle）、启动条件生成状态（start_r、start）、地址发送状态（dir、s_add）、数据发送状态（data）、响应判定状态（ack_add、ack_data）和停止条件生成状态（stop_r、stop）等。I^2C 状态机的 10 个状态如图 13.26 所示。

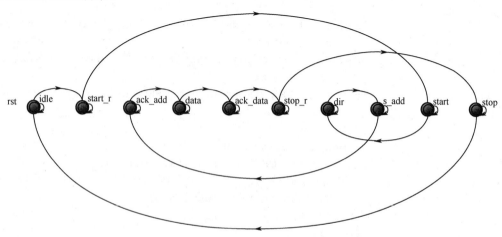

图 13.26　I^2C 状态机状态图

13.6 并行 ADC0809 控制模块设计

13.6.1 设计原理

在以往的 AD 采样控制器设计中，多数以单片机或 CPU 为控制核心，虽然编程简单、控制灵活，但存在控制周期长、速度慢的缺点。特别是当 AD 本身的采样速度比较快时，单片机的速度更是限制了 AD 的高速采样性能；而支持高速率的 FPGA 可以很好地发挥 AD 的高速采集性能，适合一些高速采集的场合。

8 位 A/D 转换器 ADC0809 为单极性输入逐次逼近型 A/D 转换器，其主要包括 8 通道多路转换器、3 位地址锁存器和译码器，可实现对 8 路输入模拟量 IN0~IN7 的输入采集。当地址锁存允许信号 ALE 有效时，ADC0809 将 3 位地址 ADDA、ADDB 和 ADDC 锁入地址锁存器中；然后经译码器选择后，其中一路模拟量通过 8 位 A/D 转换器转换输出。输出端具有三态输出锁存缓冲器，当输出允许信号 OE 为高电平时，打开输出缓冲器三态门，转换结果输出到数据总线上；当该信号为低电平时，输出数据线则呈高阻态。ADC0809 的时钟信号 CLOCK 的最高允许值为 640 kHz，ADC0809 的转换速度在最高时钟频率下为 100 μs，其具体器件符号如图 13.27 所示。

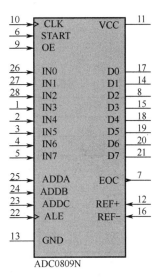

图 13.27　ADC0809 器件符号

从图 13.27 中可以看出，输入控制信号为 CLK，输入控制信号为转换启动信号（START）、地址锁存信号（ALE）及输出使能信号（OE）。转换过程描述如下：首先，ALE 施加正脉冲锁存 3 位通道选择地址（ADDA、ADDB、ADDC）信号，选通 8 通道中的某一个对应的通道。然后，在转换启动控制 START 端加正脉冲，启动 AD 转换。最后，地址锁存 ALE 和 START 施加低电平，输出使能端 OE 为低电平；若 EOC 为低，表示转换结束，否则等待 A/D 完成转换。

地址锁存 ALE 和 START 施加低电平，OE 置高，数据输出有效。具体的工作时序图如图 13.28 所示。

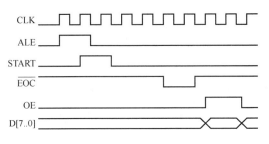

图 13.28　ADC0809 工作时序图

13.6.2 状态机设计

根据 ADC0809 的工作时序图，可以将其工作过程分为 6 个状态，即初始化状态（init）、地址锁存状态（lock_add）、转换启动状态（start_up）、转换等待状态（wait_finish）、输出使能状态（output_enable）和锁存输出状态（latch_data），其状态转换图和转换条件表分别如图 13.29 和表 13.5 所示。

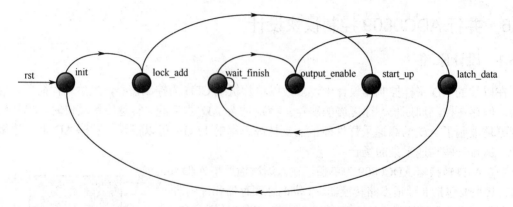

图 13.29   ADC0809 状态机状态转换图

表 13.5   转换条件表

序号	源状态	目标状态	切换条件	执 行 操 作
1	init	lock_add	null	ale<='0';start<='0';oe<='0';lock_reg<='0';
2	lock_add	start_up	null	ale<='1';start<='0';oe<='0';lock_reg<='0';
3	start_up	wait_finish	null	ale<='0';start<='1';oe<='0';lock_reg<='0';
4	wait_finish	wait_finish	eoc='0'	ale<='0';start<='0';oe<='0';lock_reg<='0';
5	wait_finish	output_enable	eoc='1'	ale<='0';start<='0';oe<='0';lock_reg<='0';
6	output_enable	latch_data	null	ale<='0';start<='0';oe<='1';lock_reg<='0';
7	latch_data	init	null	ale<='0';start<='0';oe<='1';lock_reg<='1';

13.6.3   VHDL 语言描述

并行 ADC 0809 控制模块的 VHDL 描述如例 13-11 所示。

例 13-11   并行 ADC 0809 控制模块的 VHDL 完整描述如下。

```
LIBRARY IEEE;
USE IEEE.STD_LOGIC_1164.ALL;
ENTITY adc0809 IS
    PORT(datain:IN STD_LOGIC_VECTOR(7 DOWNTO 0);
        add_in:IN STD_LOGIC_VECTOR(2 DOWNTO 0);
        clk,eoc:IN STD_LOGIC;
        ale,start,oe:OUT STD_LOGIC;
        add:OUT STD_LOGIC_VECTOR(2 DOWNTO 0);
        lock:OUT STD_LOGIC;
        dataout:OUT STD_LOGIC_VECTOR(7 DOWNTO 0));
    END adc0809;
ARCHITECTURE archi OF adc0809 IS
    TYPE states IS (init,lock_add,start_up,wait_finish,output_enable,
        latch_data);
    SIGNAL present_state,next_state:states:=init;
    SIGNAL lock_reg:STD_LOGIC;
    SIGNAL reg:STD_LOGIC_VECTOR(7 DOWNTO 0);
    BEGIN
add<=add_in;dataout<=reg;lock<=lock_reg;
p0:PROCESS(present_state,eoc)
```

```
BEGIN
    CASE present_state IS
        WHEN init=>ale<='0';start<='0';oe<='0';lock_reg<='0';
            next_state<=lock_add;
        WHEN lock_add=>ale<='1';start<='0';oe<='0';lock_reg<='0';
            next_state<=start_up;
        WHEN start_up=>ale<='0';start<='1';oe<='0';lock_reg<='0';
            next_state<=wait_finish;
        WHEN wait_finish=>ale<='0';start<='0';oe<='0';lock_reg<='0';
            IF eoc='1' THEN
            next_state<= wait_finish;
            ELSE next_state<= output_enable;
            END IF;
        WHEN output_enable=>ale<='0';start<='0';oe<='1';lock_reg<='0';
            next_state<=latch_data;
        WHEN latch_data=>ale<='0';start<='0';oe<='1';lock_reg<='1';
            next_state<=init;
        WHEN OTHERS=>ale<='0';start<='0';oe<='0';lock_reg<='0';
            next_state<=init;
    END CASE;
END PROCESS p0;
p1:PROCESS(clk)
BEGIN
    IF clk='1' AND clk'EVENT THEN
        present_state<=next_state;
    END IF;
END PROCESS p1;
p2:PROCESS(lock_reg)
BEGIN
IF lock_reg='1' AND lock_reg'EVENT THEN
reg<=datain;
END IF;
END PROCESS p2;
END archi;
```

13.6.4　测试平台的设计

为了仿真验证上述设计的可行性及正确性，考虑到 ADC0809 控制模块涉及多个信号的时序模拟和控制，故采用测试平台进行仿真。测试平台的 VHDL 描述如例 13-12 所示。

例 13-12　测试平台的 VHDL 描述。

```
LIBRARY IEEE;
USE IEEE.STD_LOGIC_1164.ALL;
ENTITY adc0809_tb IS
    END adc0809_tb;
ARCHITECTURE archi OF adc0809_tb IS
  COMPONENT adc0809 IS
    PORT(datain:IN STD_LOGIC_VECTOR(7 DOWNTO 0);
        add_in:IN STD_LOGIC_VECTOR(2 DOWNTO 0);
        clk,eoc:IN STD_LOGIC;
        ale,start,oe:OUT STD_LOGIC;
```

```
            add:OUT STD_LOGIC_VECTOR(2 DOWNTO 0);
            lock:OUT STD_LOGIC;
            dataout:OUT STD_LOGIC_VECTOR(7 DOWNTO 0));
        END COMPONENT;
        SIGNAL datain,dataout: STD_LOGIC_VECTOR(7 DOWNTO 0);
        SIGNAL clk,eoc,ale,start,oe,lock: STD_LOGIC;
        SIGNAL add_in,add: STD_LOGIC_VECTOR(2 DOWNTO 0);
        BEGIN
    clk_gen:PROCESS
        BEGIN
        clk<='0';
        WAIT FOR 10 ns;
        clk<='1';
        WAIT FOR 10 ns;
        END PROCESS clk_gen;
        eoc<='0','1'AFTER 90 ns,'0'AFTER110ns,'1'AFTER200 ns,'0' AFTER 220 ns;
        datain<=X"00",X"7E" AFTER 90 ns,X"00" AFTER 130 ns,X"DF" AFTER 400 ns;
        add_in<="000","001" AFTER 130 ns,"010" AFTER 250 ns;
        u0:adc0809PORTMAP(datain,add_in,clk,eoc,ale,start,oe,add,lock,dataout);
    END archi;
```

通过上述的测试平台程序可知：所有的输入激励信号均通过测试平台完成，其中时钟信号为周期 20 ns 的方波，eoc 为状态转换结束标志且低电平有效，datain 为输入数据，add_in 为地址信号。

13.6.5 仿真结果

并行 ADC0809 控制模块的仿真结果如图 13.30 所示。

图 13.30　并行 ADC 0809 控制模块仿真结果

从图 13.30 中可以看出：ale 是高电平有效，锁存通道地址 add_in；start 是转换启动信号，高电平有效；eoc 产生一个负脉冲，表示转换结束；在 eoc 的上升沿，oe 为高电平，三态缓冲器被控制打开，并将转换完毕的 8 位数据 data_in 输出至输出数据总线 dataout。至此，ADC0809 控制模块的一次转换过程结束。

13.7　串行 DAC TLC5615 控制模块设计

目前，数模转换器按接口的不同可以分为两类，其中一类为并行接口数模转换器，另一类为串行接口数模转换器，二者各有优缺点。并行接口数模转换器的优点是速度快、控制简单，缺点是引脚多、占用资源；而串行接口数模转换器的优点是引脚少、功耗低、占用资源少，缺点是控制时序复杂。

TLC5615 数模转换器是美国德州仪器公司推出的产品，是一种具有串行 SPI 接口的数模转换器，其工作电压为 5 V 单电源，最大输出电压为基准电压的 2 倍。TLC5615 数模转换器与微处理器的接口为四线制串行 SPI 接口。

13.7.1 设计原理

TLC5615 数模转换器的引脚排列图如图 13.31 所示，其主要引脚的说明如下：DIN 为串行数据输入端；SCLK 为串行时钟输入端；CS 为芯片选通端，低电平有效；DOUT 为用于级联时的串行数据输出端；OUT 为模拟电压输出端。

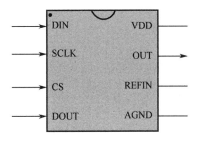

当 CS 为低电平时，片选信号有效，串行输入数据被移入 16 位移位寄存器；接着在每一个 SCLK 时钟的上升沿将 DIN 的数据，按从高位到低位的顺序移入 16 位移位寄存器。在 DIN 输入的 16 位数据中，有效数据位为 12 位。前 4 位为高虚拟位；中间 10 位为输入的 D/A 转换数据，且高位在前，低位在后；后两位为写入数值为 0 的低位 LSB 位。在 CS 的上升沿时刻，将 16 位移位寄存器中的 10 位有效数据锁存到 10 位

图 13.31 TLC5615 数模转换器引脚排列图

DAC 寄存器，供 DAC 进行电路转换。TLC5615 控制模块的工作时序图如图 13.32 所示。

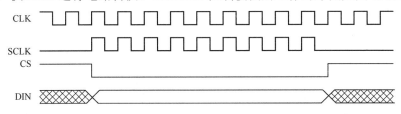

图 13.32 TLC 5615 控制模块工作时序图

13.7.2 设计状态图

根据图 13.32 所示的工作时序图，可将整个 SPI 总线传递数据的过程分为 4 个状态，即空闲状态（idle）、数据加载状态（load）、数据移位状态（shift）及结束状态（finish）。具体的状态图如图 13.33 所示。

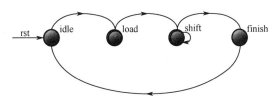

图 13.33 TLC5615 控制模块状态图

13.7.3 VHDL 源程序

TLC5615 控制模块的 VHDL 描述如例 13-13 所示。

例 13-13 TLC 5615 控制模块 VHDL 描述。

```
LIBRARY IEEE;
USE IEEE.STD_LOGIC_1164.ALL;
```

```vhdl
USE IEEE.STD_LOGIC_ARITH.ALL;
USE IEEE.STD_LOGIC_UNSIGNED.ALL;
ENTITY tlc5615 IS
    PORT(clk,rst:IN STD_LOGIC;
         datain:IN STD_LOGIC_VECTOR(9 DOWNTO 0);
         sclk,ncs:OUT STD_LOGIC;
         din:OUT STD_LOGIC);
    END tlc5615;
ARCHITECTURE archi OF tlc5615 IS
SIGNAL shift_reg:STD_LOGIC_VECTOR(11 DOWNTO 0);
TYPE states IS(idle,load,shift,finish);
SIGNAL current_state,next_state:states:=idle;
SIGNAL ncs_reg,din_reg,wait_on:STD_LOGIC:='0';
SIGNAL bit_cnt:INTEGER RANGE 16 DOWNTO 0:=16;
SIGNAL datain_reg:STD_LOGIC_VECTOR(15 DOWNTO 0):=X"0000";
BEGIN
 reg:PROCESS(rst,clk)
 BEGIN
    IF (rst='1') THEN current_state<=idle;
    ELSIF (clk'EVENT AND clk='1') THEN
    current_state<=next_state;
        IF wait_on='1' THEN
            IF bit_cnt=0 THEN
            bit_cnt<=15;
            ELSE
            bit_cnt<=bit_cnt-1;
            END IF;
        END IF;
    END IF;
 END PROCESS reg;
 com:PROCESS(current_state,rst,datain,bit_cnt,datain_reg)
 BEGIN
    CASE current_state IS
    WHE Nidle=>next_state<=load;ncs_reg<='1';din_reg<='Z';wait_on<= '0';
    WHEN load =>next_state<=shift;wait_on<='0';
    datain_reg<="XXXX"& datain & "XX";
    din_reg<='Z';
    WHEN shift=>IF bit_cnt=0 THEN next_state<=finish;
                ELSE next_state<=shift;
                END IF;
                din_reg<=datain_reg(bit_cnt);
                ncs_reg<='0';
                wait_on<='1';
    WHEN finish=>next_state<=idle;ncs_reg<='1';din_reg<='Z';wait_on <='0';
    WHEN OTHERS=>next_state<=idle;
    END CASE;
 END PROCESS;
 ncs<=ncs_reg;
```

```
din<=din_reg;
sclk<=clk AND (NOT ncs_reg);
END archi;
```

13.7.4 元件符号及端口说明

TLC5615 控制模块的元件符号如图 13.34 所示。

端口说明：

- rst：输入型，复位信号，高电平有效；
- clk：输入型，时钟信号；
- datain[9..0]：输入型，待写入的并行数据；
- sclk：输出型，SPI 总线串行时钟输出；
- ncs：输出型，TLC5615 片选信号，低电平有效；
- din：输出型，SPI 总线串行数据输出。

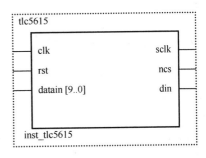

图 13.34 TLC5615 元件符号

13.7.5 仿真验证

本设计的仿真验证，借助于 Quartus 13.0 中的内嵌仿真器 Quartus II Simulator 完成。仿真结果如图 13.35 所示。

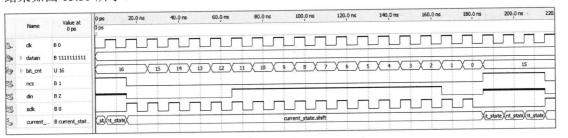

图 13.35 串行 DAC TLC5615 控制模块仿真结果

从仿真结果可以看出，串行 16 位数据是在片选信号低电平的状态下完成的。由于传入的并行数据为 10 位，而移位寄存器为 16 位。因此，在移位数据中的高 4 位数据及最后低 2 位数据为虚拟位，填入数据零。din 在片选信号有效的情况下，为 datain 数据的串行输出；sclk 为串行输出时钟，且在数据移位过程中有效，其他状态无效。仿真结果与 TLC5615 控制模块的工作时序图一致，即仿真结果和预期设计结果一致。

13.8 正弦信号发生器的设计

Quartus II 软件提供了种类齐全、功能丰富的可参数化 LPM 宏功能模块，这些宏功能模块具有设计可靠、占用资源少、电路优化等特点。因此，在实际电路的设计中，根据需求选择合适的 LPM 模块封装成新的 IP 核或将其直接添加入到当前设计工程中，是实现电路可靠设计的重要途径之一。

13.8.1 正弦信号发生器工作原理

如图 13.36 所示，正弦信号发生器由计数器或地址发生器和正弦信号数据存储器（ROM，含有 64 个 8 位数据）组成。

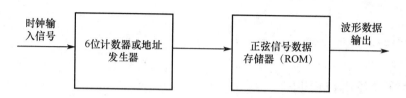

13.36　正弦信号发生器原理框图

13.8.2　定制初始化数据文件

在 Quartus II 窗口中，选择 File→New 命令，然后在 New 窗口中选择 Memory Initialization File 选项。单击"OK"按钮后，产生 ROM 内存编辑文件（.mif），将能产生正弦波的十六进制数据填入表中，如图 13.37 所示。

内存编辑文件（.mif）也可以用程序语言（如 C 语言）生成。

13.8.3　定制 LPM_ROM 元件

1．启动向导程序

在 Quartus II 主界面中，选择 Tools→ Mega Wizard Plug-In Manager 菜单命令，弹出 LPM 产生向导对话框，如图 13.38 所示。

Addr	+0	+1	+2	+3	+4	+5	+6	+7
0	255	254	252	249	245	239	233	225
8	217	207	197	186	174	162	150	137
16	124	112	99	87	75	64	53	43
24	34	26	19	13	8	4	1	0
32	0	1	4	8	13	19	26	34
40	43	53	64	75	87	99	112	124
48	137	150	162	174	186	197	207	217
56	225	233	239	245	249	252	254	255

图 13.37　波形数据文件

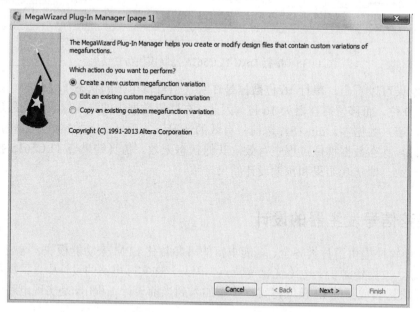

图 13.38　LPM 产生向导对话框

2．选择 LPM 模块

单击图 13.38 中的"Next"按钮，进入向导的第二个界面。该界面中列出了 Mega-function 的所有组件分类，主要包括算数运算组件（Arithmetic）、通信组件（Communications），DSP

组件、门级组件（Gates）、I/O 组件、通信接口组件（Interfaces）、JTAG 扩展组件、内存组件（Memory）和锁相环组件（PLL）。由于本设计为内存文件，故选择 Memory Comelier 中的模块名称为"ROM：1-PORT"。LPM 选择模块对话框如图 13.39 所示。在此对话框中，要设置所选器件系列，并创建输出文件的名称和类型。

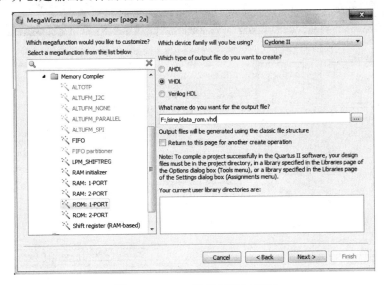

图 13.39　LPM 选择模块对话框

3．LPM 参数设置

单击图 13.39 中的"Next"按钮，进入参数设置界面，如图 13.40 所示。关键参数是输出数据位长和 ROM 所占资源空间的大小，而此资源空间的大小务必与图 13.37 波形数据文件定义的空间大小保持一致，否则将造成读数据错误。

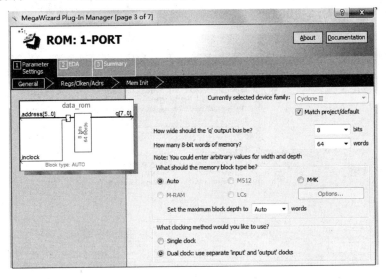

图 13.40　参数设置界面

4．ROM 初始化

单击"Next"按钮，进入内存初始化界面（Mem Init），如图 13.41 所示。单击"Browse"按钮，选择预先保持好的内存编辑文件（sine_rom.mif）。复选 Allow In-System Memory Content

Editor 将会在内存编辑器中实现在线的监视，所例化的名称为 ROM1。

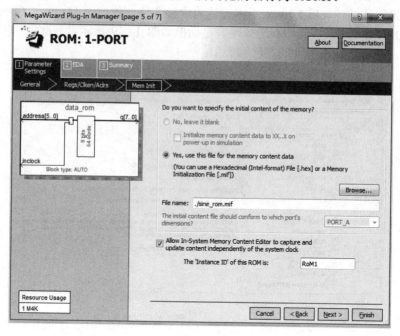

图 13.41　ROM 初始化界面

5. 选择输出文件

单击图 13.41 中的"Next"按钮，将会出现输出文件选择界面，如图 13.42 所示。根据需要，选择实际例化的 LPM 输出文件。最后单击"Finish"按钮，向导设计结束。

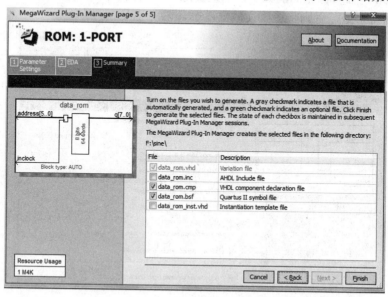

图 13.42　输出文件选择界面

6. 插入 LPM 符号

在顶层设计实体中，插入已经设计完毕的 data_rom 符号，再添加分频模块，然后保存文件，便完成了整个工程的设计输入。插入 LPM 符号后的顶层设计文件如图 13.43 所示。

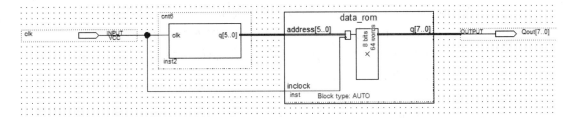

图 13.43　插入 LPM 符号后的顶层设计文件

7．仿真结果

在完成了引脚约束、编译综合、创建矢量波形文件等步骤后，最后的仿真结果如图 13.44 所示。对照 ROM 初始化数据，从仿真结果可以验证，正弦波数据输出至 Qout 端口，经过外部 D/A 器件转换后，输出正弦波形。

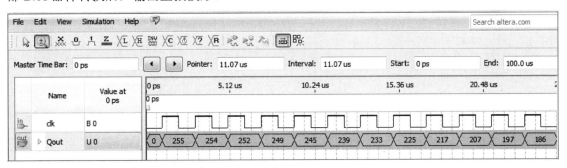

图 13.44　正弦信号发生器仿真结果

13.9　小结

本章介绍了若干典型的应用设计实例，包括分频器、交通控制器、串口控制器、总线控制器、模数控制器、数模控制器的设计，以及 LPM 宏功能模块的调用。

习题

1．设计一个数码管显示 IP 核。数码管为共阳极七段数码管，显示数字为 0～9，显示字母为 A～F。

2．设计一个层数可通过参数输入的电梯控制 IP 核，分为主控 IP 核和分控 IP 核。主控 IP 核为电梯内部的控制核心单元，每一层电梯入口处有一个分控 IP 核。

主控 IP 核的功能如下：

（1）在电梯开关打开时响应请求，否则不响应。

（2）电梯初始位置是 1 层。

（3）电梯运行时，指示运行方向和当前所在楼层。

（4）当电梯到达所请求的楼层时，自动开门，等待 5 秒后自动关门，继续运行；如果没有请求信号，则停留在当前楼层。

（5）收到请求信号后，自动到达用户所在楼层，自动开门。

（6）记忆电梯内外所有请求，并按电梯运行顺序执行，在执行后清除请求。

（7）电梯运行规则：上行上优先，下行下优先。当电梯处于上升状态时，仅响应比电梯位置更高的用户请求；当电梯处于下降状态时，仅响应比电梯位置更低的用户请求。

（8）具有提前关门和延迟关门功能。

分控 IP 核的功能如下：

（1）设有上升请求按钮和下降请求按钮，实时检测用户按键；

（2）指示电梯当前楼层；

（3）当电梯到达本层时，清除请求。

主要参考文献

[1] [爱] Grout I．基于 FPGA 和 CPLD 的数字系统设计．北京：电子工业出版社，2009．

[2] Zwolinski M．VHDL 数字系统设计．北京：电子工业出版社，2004．

[3] 武庆生，邓建．数字逻辑．北京：机械工业出版社，2008．

[4] 陈荣，陈华．VHDL 芯片设计．北京：机械工业出版社，2006．

[5] [美]Bhasker J．VHDL 教程．第 3 版．北京：机械工业出版社，2006．

[6] [美]Ashenden P J．VHDL 设计指南．北京：机械工业出版社，2005．

[7] 徐惠民，安德宁．数字逻辑设计与 VHDL 描述．第 2 版．北京：机械工业出版社，2004．

[8] 曾繁泰，曾祥云．VHDL 程序设计教程．北京：清华大学出版社，2014．

[9] 马建国，孟宪元．FPGA 现代数字系统设计．北京：清华大学出版社，2010．

[10] 邢建平．VHDL 程序设计教程．北京：清华大学出版社，2007．

[11] 北京理工大学 ASIC 研究所．VHDL 语言 100 例详解．北京：清华大学出版社，1999．

[12] 王传新．FPGA 设计基础．北京：高等教育出版社，2007．

[13] 付永庆．VHDL 语言及其应用．北京：高等教育出版社，2005

[14] 刘波文，张军，何勇．FPGA 嵌入式项目开发三位一体实战精讲．北京：北京航空航天大学出版社，2012．

[15] 刘延飞．基于 Altera FPGA/CPLD 的电子系统设计及工程实践．北京：人民邮电出版社，2009．

[16] 侯伯亨，刘凯，顾新．VHDL 硬件描述语言与数字逻辑电路设计．第 4 版．西安：西安电子科技大学出版社，2014．

[17] 褚振勇，翁木云，高楷娟．FPGA 设计及应用．第 3 版．西安：西安电子科技大学出版社，2011．

[18] 王彦．基于 FPGA 的工程设计与应用．西安：西安电子科技大学出版社，2007．

[19] 孟庆海，张洲．VHDL 基础及经典实例开发．西安：西安交通大学出版社，2014．